W0254122

K.-J. Neumärker · M. Seidel
D. Janz · H. W. Kölmel (Hrsg.)

Grenzgebiete zwischen Psychiatrie und Neurologie

Mit 26 Abbildungen

Springer-Verlag
Berlin Heidelberg NewYork
London Paris Tokyo
Hong Kong Barcelona

Herausgeber:

Prof. Dr. med. K.-J. Neumärker
Klinik und Poliklinik für Psychiatrie und Neurologie,
Bereich Medizin (Charité), Humboldt-Universität,
Schumannstraße 20/21, 1040 Berlin

Priv. Doz. Dr. med. M. Seidel
Klinik und Poliklinik für Psychiatrie und Neurologie,
Bereich Medizin (Charité), Humboldt-Universität,
Schumannstraße 20/21, 1040 Berlin

Prof. Dr. med. D. Janz
Burgunderstraße 8, 1000 Berlin 38

Prof. Dr. med. H. W. Kölmel
Neurologische Abt., Universitäts-Klinikum Rudolf Virchow,
Freie Universität Berlin, Augustenburger Platz 1, 1000 Berlin 65

ISBN-13: 978-3-642-93483-4 e-ISBN-13: 978-3-642-93482-7
DOI: 10.1007/978-3-642-93482-7

Satz und graphische Gestaltung: Jan Adams, Berlin

25/3020-543210 – Gedruckt auf säurefreiem Papier

Autorenverzeichnis

Bresser, Hermann-Josef, Dr. med.
Klinik und Poliklinik für Neurologie und Psychiatrie
der Universität zu Köln
Joseph Stelzmann-Str. 9, 5000 Köln 41

Bzufka, Michael Werner, Dipl.-Psych., Dr. med.
Abteilung für Psychiatrie und Neurologie des Kindes- und
Jugendalters der Klinik und Poliklinik für Psychiatrie und
Neurologie der Medizinischen Fakultät (Charité) der
Humboldt-Universität zu Berlin
Schumannstr. 20/21, O-1040 Berlin

Donalies, Christian, Dr. med.
Krankenpflegeheim Wittstock
Rosa-Luxemburg-Str. 38, O-1930 Wittstock

Ernst, Klaus, Prof. Dr. sc. med.
Nervenklinik der Universität Rostock
Gehlsheimerstr 20, O-2540 Rostock 40

Gaebel, Wolfgang, Priv. Doz. Dr. med.
Psychiatrische Klinik und Poliklinik im
Universitätsklinikum Rudolf Virchow,
Eschenallee 3, 1000 Berlin 19

Janz, Dieter, Prof. Dr. med.
Burgunderstr. 8, 1000 Berlin 38

Kölmel, Hans Wolfgang, Prof. Dr. med.
Neurologische Abteilung im Universitätsklinikum Rudolf Virchow,
Augustenburger Platz 1, 1000 Berlin 65

Littmann, Eckhard, Dipl.-Psych.
Abteilung für forensische Psychiatrie und Psychologie,
Klinik und Poliklinik für Psychiatrie und Neurologie der Medizinischen Fakultät (Charité) der Humboldt-Universität zu Berlin,
Schumannstr. 20/21, O-1040 Berlin

Neumärker, Klaus-Jürgen, Prof. Dr. sc. med.
Klinik und Poliklinik für Psychiatrie und Neurologie der Medizinischen Fakultät (Charité) der Humboldt-Universität zu Berlin,
Schumannstr 20/21, O-1040 Berlin

Peters, Uwe Hendrik, Prof. Dr. med.
Klinik und Poliklinik für Neurologie und Psychiatrie der Universität zu Köln,
Joseph Stelzmann-Str. 9, 5000 Köln

Poeck, Klaus, Prof. Dr. med.
Abteilung für Neurologie der Medizinischen Fakultät an der Rheinisch-Westfälischen Technischen Hochschule Aachen,
Goethestr. 27-29, 5100 Aachen

Putzke, Hans Peter, Prof. Dr sc. med.
Institut für Pathologische Anatomie der Universität Rostock,
Strempelstr. 14, 2500 Rostock 1

Schmiedebach, Heinz-Peter, Dr. med.
Institut für Geschichte der Medizin der Freien Universität Berlin,
Klingsorstr. 119, 1000 Berlin 45

Schröter, Paul, Prof. Dr. sc. med.
Nervenklinik der Universität Rostock,
Gehlsheimerstr. 20, 2440 Rostock 40

Schulze, Heinz Albert Friedrich, Prof. Dr. sc. med.
Klinik und Poliklinik für Psychiatrie und Neurologie der Medizinischen Fakultät (Charité) der Humboldt-Universität zu Berlin,
Schumannstr. 20/21, O-1040 Berlin

Seidel, Michael, Priv.-Doz. Dr. med.
Klinik und Poliklinik für Psychiatrie und Neurologie der Medizinischen Fakultät (Charité) der Humboldt-Universität zu Berlin,
Schumannstr. 20/21, O-1040 Berlin

Spohr, Hans-Ludwig, Dr. med.
Psychiatrische Universitäts-Poliklinik für Kinder und Jugendliche,
Freiestr. 15, CH-8028 Zürich

Steinhausen, Hans-Christoph, Prof. Dr. med.
Psychiatrische Universitäts-Poliklinik für Kinder und Jugendliche,
Freiestr. 15, CH-8028 Zürich

Stoffels, Hans, Dr. med.
Abteilung Sozialpsychiatrie, Medizinische Hochschule Hannover,
Konstanty-Gutschow-Str. 8, 3000 Hannover 61

Wolf, Peter, Prof. Dr. med.
Epilepsie-Zentrum Bethel,
Maraweg 21, 4800 Bielefeld 13

Vorwort

Dieses Buch enthält Arbeiten, die als Vortrag auf dem ersten deutsch-deutschen neurologisch-psychiatrischen Symposium gehalten wurden.

Das Symposium war für die deutsche und speziell die Berliner Psychiatrie und Neurologie ein außerordentliches und bemerkenswertes Ereignis. Zum einen sollte der Gründung der Psychiatrischen- und Nervenklinik der Charité vor 125 Jahren gedacht werden. Dies war ein Werk Wilhelm Griesingers, der nur zwei Jahre später, nämlich 1867 auch Begründer der "Berliner Medizinisch-Psychologischen Gesellschaft" war. Die Gesellschaft, die später die Bezeichnung "Berliner Gesellschaft für Psychiatrie und Neurologie" erhielt, hatte bis zum Kriegsende fast stets im Hörsaal der Nervenklink der Charité getagt, war 1947 neu gegründet worden, hatte sich aber aufgrund der politischen Verhältnisse in Deutschland und in unserer Stadt 1953 geteilt. Seit der friedlichen Revolution des 9. November 1989 mit der Maueröffnung hatten sich schnell wissenschaftliche und persönliche Kontakte zwischen den Universitätskliniken beider Stadthälften ergeben. Die schon länger geplante Jubiläumsveranstaltung der Psychiatrischen und Nervenklinik der Charité konnte jetzt in ihrem Programm erweitert werden. Sie fand als erste gemeinsam veranstaltete wissenschaftliche Sitzung der beiden Berliner Gesellschaften für Psychiatrie und Neurologie statt und wurde so zu einem bewegenden Erlebnis.

Wohl zum letzten Mal mußte von dem vorbereitenden Komitee (insbesondere D. Janz, H. W. Kölmel, K.-J. Neumärker, H.A.F. Schulze, M. Seidel) ein gewisser Proporz zwischen Sprechern und Moderatoren aus BRD und DDR beachtet werden.

Auch das Tagungsthema hatte sich als ein Verbindendes verstanden, nämlich "Grenzgebiete zwischen Psychiatrie und Neurologie" auszuleuchten. Es folgte damit dem Vermächtnis Griesingers, der die Auffassung vertreten und gelebt hatte, daß die beiden Fächer Psychiatrie und Neurologie "nur in der innigsten Gemeinschaft mit Erfolg zu bearbeiten" sind. Es entstand so ein Programm mit verschiedenen Schwerpunkten. Zum einen der historische Aspekt (M. Seidel, H. B. Schmiedebach) als selbstverständlicher Tribut an das zu feiernde Ereignis. Neuropsychologische Forschung war ein weiteres wichtiges Thema (H. A. F. Schulze, K. Poeck). U. H. Peters schlug hier mit seinem Vortrag eine Brücke zur Psychosomatik, über die D. Janz aus neurologischer Sicht referierte. Auch W. Gaebel benutzte in seiner Forschung psychologische Verhaltensaspekte für die Psychiatrie. Grenzgänger zwischen Neurologie und Psychiatrie waren K. Ernst, W. Gaebel, H. W. Kölmel und P. Wolf in ihren Beiträgen. Besonderen Patientengruppen, nämlich Kindern und Jugendlichen, forensisch-psychiatrischen Kranken, neuro-psychiatrischen Patienten in Pflegeheimen und schließlich Überlebenden des Nazi-Terrors waren die Beiträge von Steinhausen, Neumärker, Littmann, Donalies und Stoffels gewidmet.

Wir sind sicher, daß die Tagung mehr als nur in ihren wissenschaftlichen Themen und Ergebnissen Grenzen überwunden und Brücken geschlagen hat, auf daß nicht nur die beiden 36 Jahre lang getrennten Berliner Gesellschaften für Psychiatrie und Neurologie sich wieder in gemeinsamer wissenschaftlicher Arbeit finden können.

W. Greve
Vorsitzender der (bisher West-)
Berliner Gesellschaft für
Psychiatrie und Neurologie

H. A. F. Schulze
Vorsitzender der (bisher Ost-)
Berliner Gesellschaft für
Psychiatrie und Neurologie

Inhaltsverzeichnis

Der Beitrag der Psychiatrischen und Nervenklinik der Berliner Charité zur Entwicklung von Psychiatrie und Neurologie

M. Seidel

Die Geschichte von Psychiatrie und Neurologie an der Berliner Charité spiegelt einerseits in einer sehr charakterischen Weise die Entwicklung dieser eng verbundenen Fachgebiete wider und beeinflußte andererseits in einem besonderen Maße die allgemeine Entwicklung dieser Disziplinen in Deutschland [1].

Die eigentliche Geschichte systematischer psychiatrischer Arbeit an der Charité begann mit einem Unglücksfall. Im September 1798 nämlich brannte das Irrenhaus in der Krausenstraße ab. Dieses erste selbständige Berliner Irrenhaus – bis dahin hatte das als Waisen-, Armen- und Krankenhaus dienende Große Friedrichs-Hospital Geisteskranke betreut (vergl. Nicolai 1987) – war im ersten Drittel des 18. Jahrhunderts im Hause eines ohne Erben verstorbenen psychisch kranken Kaufmannes gegründet und später erweitert worden. In einer zeitgenössischen Schilderung hieß es: "Von den Einwohnern der Residenzen werden ganz Arme unentgeltlich, die übrigen und Auswärtige gegen billige Verpflegungskosten und alle bei dringender Gefahr sogleich aufgenommen, auch nicht eher als nach Gutachten des Arztes von dem Armendirektorium wieder entlassen, und wenn sie arm sind, in andere Armenhäuser gebracht. Die ganz Rasenden, solange sie sich in diesem Zustande befinden, werden in gewissen, von starken Bohlen gemachten Verschlägen, denen nur sehr uneigentlich die Benennung von Kasten gegeben wird und die im Winter durch oberhalb gezogene Röhren gewärmt werden, aufbewahrt und zum Teil angeschlossen. Die anderen halten sich in ordentlichen Zimmern auf und genießen alle den Umständen nach mögliche Freiheit, im Hause, Hofe und Garten herumzugehen; die dazu geschickt sind, werden mit Spinnen und anderen Arbeiten beschäftigt. Ein besonderer Arzt und Wundarzt tragen für die Wiederherstellung der Gesundheit dieser unglücklichen Personen die möglichste Sorge; und im Hause ist durch Bestellung eines Inspektors, Kontrolleurs, einer Haushälterin, nötiger Zuchtmeister und Bedienten alles zur möglichsten Erleichterung der Not, Ordnung, Reinlichkeit und Sicherheit eingerichtet. Die unglücklichen Kranken werden, soweit möglich, liebreich behandelt. Ihre Anzahl ist seit 1764 ungefähr 150 mehr und weniger" (Nicolai 1987, S. 277 f). Die Namen von drei Ärzten am Irrenhaus in der Krausenstraße sind überliefert: Dr. Ludolf, Dr. Lieberkühn und Dr. Proloff (Bonhoeffer 1940). Schon im Jahre 1774 hatte man auf beiden Seiten des in der Mitte des Gebäudekomplexes gelegenen Hofes sogenannte "Dollkasten" für besonders unruhige Insassen eingerichtet. Später schuf man auch Raum für Kranke aus höheren Ständen. Während die Heilerfolge angesichts einer geringen Zahl von Entlassungen nicht bedeutend gewesen sein können, mußten die Kranken für die Volksbelustigung in Form sonntäglichen Publikumsverkehrs herhalten. Als nun dieses Irrenhaus in der Krausenstraße im Herbst 1798 niederbrannte, mußten seine Insassen verlegt werden. Zum Teil kamen sie ins Arbeitshaus, darüberhinaus bestimmte eine Königliche Cabinetsordre, man möge sie, um den Bau eines eigenen Irrenhauses zu ersparen, versuchsweise in der 1727 gegründeten Charité unterbringen.

Bereits vor der Übernahme der Kranken aus der Krausenstraße hatte es in der Charité natürlich solche Geisteskranke und Epileptiker gegeben, bei denen oft neben den psychischen Störungen auch schwere körperliche Krankheiten bestanden. Bedeutende Ärzte der Charité wie F.H.L. Muzell (1744-1784) oder C.G. Selle (1784-1800) hatten sich mit großem Interesse psychisch Kranken zugewandt (Artelt 1948, Donalies 1969). Muzell gar berichtete über eine Fieberbehandlung eines melancholisch Kranken und erregte mit diesem Bericht im In- und Ausland großes Aufsehen (Artelt 1948). Viel später sollten Abwandlungen des Verfahrens, nämlich die Malariakuren von Wagner-Jauregg, die Behandlung der Paralyse ermöglichen.

Erst 1798 waren in der Charité durch Verlegungen chronisch Kranker Erleichterungen für die Betreuung akut kranker Patienten geschaffen worden. Aber mit der Aufnahme der ca. 100 Patienten aus der Krausenstraße wurde die Charité schnell die größte preußische Irrenanstalt (Artelt 1948). Zugleich stellte sich eine neuerlich komplizierte Lage ein. Überfüllte Abteilungen in mehreren Stockwerken ohne ausreichende Trennung der Geschlechter, verdorbene Luft und allgemeine Unsauberkeit gestalteten die Versorgung der bis zu 200 Kranken zweifellos äußerst schwierig, zumal das Personal untauglich und überfordert war (Horn 1818). Daß dennoch selbst aus entfernten Gegenden Deutschlands Kranke nach Berlin zur Charité geschickt wurden, verdeutlicht, wie schlimm anderenorts die Verhältnisse gewesen sein mögen. Angesichts der prekären Lage dachte Langermann (1786-1832) im Jahre 1812 schon an die Errichtung einer Berliner Irrenheilanstalt, damit die Patienten der Irrenabteilung aus der Charité entfernt werden könnten. Die Lage der psychisch Kranken besserte sich in der Amtszeit von Ernst Horn (1774-1848), der von 1806 bis 1818 als zweiter Dirigierender Arzt der Königlichen Charité tätig war [2].

Horn übernahm sein Amt von J.F. Fritze (1735-1807), der wie Horn in seiner theoretischen Grundrichtung dem Brownianismus verpflichtet war und mit dem seit 1800 – nach dem Tode Selles– das Amt des 1. Dirigierenden Arztes versehenden C.W. Hufeland

(1762-1836) in einem sehr gespannten Verhältnis stand. Fritze war es auch, der die Einsetzung von Horn betrieben hatte (Hufeland 1837). Aber Horn wandte sich später mehr und mehr vom Brownianismus ab und eklektizistischen Positionen zu. In der Charité oblag ihm die Verantwortung für die sog. inneren Patienten, zu denen in der Hauptsache innerlich Kranke (ca. 50 %), venerisch Kranke (ca. 16 %), Krätzekranke (ca. 24 %) sowie Geisteskranken und Epileptiker (ca. 10 %) zählten. Horn beschäftigte sich mit sozialmedizinischen Aspekten und hygienischen Maßnahmen, mit der Therapie von Tripper und Syphilis sowie mit der Bekämpfung der Krätze, die im Charité-Krankenhaus infolge der Unsauberkeit eine besondere Rolle spielte.

Herausgefordert durch die gegebene Situation und angeregt durch die Erfahrungen auf Studienreisen nach Wien und Paris wandte er sich den Geisteskranken zu und wurde damit einer der ersten deutschen Ärzte, die sich intensiv der Behandlung der Insassen von Irrenanstalten widmeten. Horn richtete seine Aktivitäten entschieden auf eine Ordnung der äußeren Verhältnisse, indem er die Geschlechter sowie ruhige und unruhige Patienten voneinander trennte, das Personal vermehrte und qualifizierte sowie einen subtilen Tagesplan für die Patienten festlegte. Außerdem verlegte er unheilbar Kranke in andere Einrichtungen und ließ heilbare Patienten zu Hause betreuen.

Horn veröffentlichte keine zusammenhängenden theoretischen Abhandlungen zur Psychiatrie, dennoch lassen sich seine Grundauffassungen darstellen. Nicht zuletzt geprägt von seiner täglichen Anschauung des Neben- und Nacheinanders psychischer und körperlicher Krankheitszustände, auch geleitet von Erfahrungen mit notwendigen Verlegungen von der einen in die andere zuständige Abteilung innerhalb der Charité, kam er zu der Meinung: "Alle Geisteskrankheiten sind auch zugleich körperliche Krankheiten" (Horn 1818, S. 217). Er verknüpfte mit der medizinischen Interpretation - also in entschiedener Abkehr von philosophierenden und moralisierenden Erklärungsansätzen - der psychischen Krankheiten Konsequenzen für die Wesensbestimmungen der Irrenanstalten als medizinische Einrichtung: "Irre sind Kranke, so gut wie epileptische und andere Nervenkranke, und die Irrenanstalt ist ein Krankenhaus" (Horn 1818, S. 266). Diese programmatische Formulierung kontrastiert zu der anklagenden Situationsbeschreibung, die noch im Jahre 1803 J.C. Reil (1759-1813) abgab: "Wir sperren diese unglücklichen Geschöpfe gleich Verbrechern in Tollkoben, ausgestorbene Gefängnisse, neben den Schlupflöchern der Eulen in öde Klüfte über den Stadttoren oder in die feuchten Kellergeschosse der Zuchthäuser ein (...)" (Reil 1803, S. 41).

Im therapeutischen Bereich bediente sich Horn in eklektizistischer Weise verschiedener Begründungsansätze, um ein letztlich gleichfalls heterogenes Therapiekonzept zu verwirklichen. Insgesamt stand er den somatisch orientierten Anstaltspsychiatern näher als den eher den Psychikern zuzurechnenden Universitätsvertretern der sich entwickelnden Psychiatrie.

Die Wirkung von Arzneimitteln sah Horn vor allem in einer Verminderung des Mißverhältnisses körperlicher Kräfte und damit in einer Erleichterung für die Wirkung der psychischen Kur.

Den aus heutiger Sicht abscheulichen Anwendungen von Ekelkuren, Brechkuren und sogar der Herbeiführung künstlicher Eiterungen am Kopf des Kranken legte Horn hauptsächlich die Einwirkung auf Gemeingefühl und die wohltätige Erschütterung des Nervensystems zugrunde. Ein Arsenal hydrotherapeutischer Maßnahmen, darunter Sturzgüsse, Eiswassergüsse sowie auf Leib und Geschlechtsteile gerichtete Spritzbäder sollten bei einer Vielzahl von krankhaften Erscheinungen durch Beruhigung oder Besänftigung, jedoch gelegentlich auch durch Schreck und Strafwirkung, hilfreich sein.

Die Methoden der indirekten psychischen Heilung sah Horn als einen Fortschritt im Vergleich zu den bis dahin gängigen offenen Gewaltanwendungen gegenüber psychisch Kranken an. Mit Zwangsmaßnahmen wollte er offene Gewalt verhindern und zugleich therapeutisch wirksam werden. In der massiven psychischen Einwirkung und in der Erregung negativer Gefühlsregungen sah er Faktoren, um das Gemeingefühl des Kranken umzustimmen. Im einzelnen wandte er die Drehmaschine, den Drehstuhl, den berüchtigten Hornschen Sack und das ausgeklügelte Verfahren des Zwangsstehens an. Im Einklang mit seiner Ansicht, daß häufig genug Müßiggang, einseitige Beschäftigung, Flatterhaftigkeit und gelegentlich sogar auch ein Übermaß an glücklichen Lebenserfahrungen die Quellen psychischer Krankheiten seien, setzte er mit nachgerade unerbittlichem Eifer Methoden der Arbeitstherapie und Beschäftigungsmaßnahmen ein. "Beschäftigung und Arbeit gehören zu den wirksamsten Mitteln heilbarer Geisteskranker sowie zu den besten Palliativmitteln bei unheilbar Kranken" (Horn 1818, S. 242).

Er legte eine ausgiebiges zeitliches und inhaltliches Reglement für die Abteilung fest. Bis auf wenige Ausnahmen der sog. Erholungsbeschäftigungen mit Spaziergängen, Vorlesungen, Kegeln und Spielen sollten die Maßnahmen vor allem gegen die Neigungen der Patienten gehen und sie mehr oder weniger belasten. Darum gehörten militärisches Exerzieren mit schweren Gewehrattrappen und sandgefüllten Tornistern selbst für Frauen, anstrengende körperliche Verrichtungen wie Umgraben, Ausheben von Gräben, Holzhacken und Ziehen eines hölzernen Wagens zu diesen Maßnahmen. Eine besondere Rolle maß Horn der Wirkung frischer Luft bei. Deshalb wurden viele Aktivitäten der Patienten ins Freie verlegt. Weiterhin legte er Wert auf religiöse Erbauung und belehrende geistige Beschäftigungen. Auch in den Dienstleistungsbereich innerhalb der Charité waren die Patienten einbezogen. Insgesamt vermochte Horn das therapeutische Niveau erkennbar zu heben; zunehmend mehr Patienten der höheren Schichten wurden in der Irrenabteilung der Charité behandelt. Eine 1810 von Horn vorgebrachte Bewerbung um eine Universitätsprofessur wurde von Humboldt abgelehnt, erst 1821 erlangte er eine ordentliche Professur an der Universität.

Bei allen seinen Aktivitäten ließ sich Horn von einer philanthropischen Einstellung leiten. Darum war er auch bestrebt, der Öffentlichkeit Einblick in die bis dahin sorgfältig abgeschirmte Arbeit mit den psychisch Kranken an der Charité zu gewähren. Über die bislang vorherrschende Praxis, die Kranken bloß zu verwahren und zu disziplinieren, hinaus trachtete er danach, therapeutisches Bemühen im eigentlichen Sinne zu verwirklichen. Was heute wie bösartige Peinigung der schutzbefohlenen Kranken wirken mag, leitete sich aber tatsächlich aus den Vorstellungen seiner Zeit ab. Reil, Autor der "Rhapsodien über die Anwendung der psychischen Curmethode auf Geisteszerrüttungen", empfahl gleichalls neben einer idyllisch und utopisch anmutenden Gestaltung einer Irrenanstalt solche Heilmittel wie Brennen, Schlagen, Peitschen, eiskalte Duschen usw.

Bonhoeffer (1949) weist später darauf hin, daß wohl nicht allein die tatsächlichen Erfolge der heroischen Verfahren, sondern zugleich die Erfahrung der Hilflosigkeit gegenüber den unruhigen Kranken die Anwendung der seinerzeitigen Verfahren aufrecht erhielten.

In seinen schriftlichen Hinterlassenschaften, namentlich in den von einem Schüler herausgegebenen "Aphorismen" (Hauck 1849) finden sich tiefe Einsichten Horns über den Stellenwert des Psychischen bei allen Erkrankungen ebenso wie die Erkenntnis, daß Geisteskranke Nervenkranke sind. Auch kannte er ererbte, angeborene und erworbene Dispositionen zum Wahnsinn.

Als Horns Nachfolger in der Irrenabteilung der Charité und als klinischer Lehrer wirkte von 1818-1828 der zuvor in Stettin tätige

Karl Georg Neumann (1774-1850). Über seine Tätigkeit gibt es keine detaillierten Nachrichten. Allerdings berichtete Damerow (1798-1866) später, daß ihm der Unterricht von Neumann viel genützt habe. Seine Auffassungen werden mit der naturphilosophischen Schule in Verbindung gebracht (Leibbrand u. Wettley 1961). In seinem Buch "Krankheiten des Vorstellungsvermögens" (1822) stellte er heraus, daß allein der Mensch über die Hirntätigkeit der Vorstellung verfüge. Als Kantianer lehnte er sich an die vermögenspsychologische Theorie an (Leibbrand u. Wettley 1961).

Als Neumann im Jahre 1828 in Pension ging, trat Carl Wilhelm Ideler (1795-1860) (Kirchhoff 1921) die Nachfolge – zunächst noch dem Geheimen Medizinalrat Dr. Kluge unterstellt – an. Aber schon 1830 wurde Ideler zum Dirigierenden Arzt der mittlerweile verselbständigten, von den inneren und Hautkranken getrennten Abteilung für Geisteskranke ernannt. Nach seiner Habilitation 1831 hielt Ideler klinische Vorlesungen zur Psychiatrie. Nach außen hin wirkte er vor allem als Verfasser mehrerer Bücher, mit denen er sich an das Fachpublikum und an das gelehrte Publikum wandte. Seine Werke waren gleichermaßen gekennzeichnet von einem hohen ethischen Standpunkt wie von einer allzu breiten Art der Darstellung (Kirchhoff 1921). In seiner "Allgemeinen Diätetik für Gebildete" (1846) stellte er gleichsam in Vorwegnahme psychohygienischer Intentionen die geistig-sittliche Stärkung der Persönlichkeit als Prophylaxe von Seelenstörungen dar. Neben seinen schriftstellerischen Aktivitäten widmete sich Ideler mit vorbildlicher Aufopferung seinen dienstlichen Pflichten, obwohl seine und seiner Familie wirtschaftliche Lage schwierig und seine Gesundheit durch rezidivierende Episoden eigener psychischer Erkrankung ernstlich untergraben waren.

Die äußere Lage der Irrenabteilung besserte sich einigermaßen mit dem Umzug in die 1835 fertiggestellte sog. Neue Charité, ein großes,dreistöckiges Gebäude, das hinfort der Beherbergung der psychisch Kranken neben den krätzig Kranken und venerisch Kranken diente. Trotzdem stellte Ideler mehrfach Anträge auf Errichtung eines gesonderten Zellenbaues, da die wünschenswerte Beschränkung der Zwangsmittel eine Separierung der Tobsüchtigen geraten sein lasse. Erst 1876 sollte ein solcher Zellenbau verwirklicht werden. Die psychiatrische Therapeutik Idelers gründete auf der Vorstellung, daß die Ursachen der psychischen Störungen in einer übersteigerten Leidenschaft zu sehen seien. Unter Leidenschaften verstand jene Zeit: "Leidenschaft ist die eingewurzelte Gewohnheit gewisser Triebe oder Begierden, welche durch eine lange und allmähliche Steigerung eine solche Herrschaft in der Seele erlangt haben, daß die geringsten Veranlassungen zu einem erneuten Hervortreten derselben genügen und so das Seelenleben in seinem gesunden Gleichgewichte gestört wird (...) wird der Gegenstand ihrer Befriedigungen dauernd entzogen, so kann der gequälte Zustand der Seele leicht in Geistesstörung übergehen (...), am leichtesten führen unbefriedigter Ehrgeiz, verschmähte Liebe dem Irrenhaus zu" (Brockhaus 1868, Bd.9 S. 350).

Ideler berief sich auf Esquirol (1772-1840), der gleichfalls zwischen Leidenschaft und Wahnsinn Beziehungen sah.

Gemäß dieser Vorstellung versuchte er durch ermahnenden Zuspruch die Kranken zur Vernunft zu bringen. Inmitten der ringsumher aufgestellten Patienten hielt er ihnen predigtartige Reden und nahm sich einzelne von ihnen vor. Gewiß in einer karikierenden Übertreibung gab ein zeitgenössischer Anonymus folgenden Bericht:

"Bei seinem Krankenbesuche, welcher von 9 bis 11 Uhr morgens stattfindet, werden die kranken Männer, welche den Sommer über auf dem Hofe mit Holzsägen beschäftigt sind, im Winter aber in einem großen Saale in Masse (40 bis 60 und noch mehr) angeredet. Mit gefalteten Händen und gegen den Himmel gerichtetem Blick redet er zu dem, aus den verschiedensten Klassen zusammengesetzten Haufen von Irren in einem Style, den er durch eine elegante Accentuation und Declamation zu einer beneidenswerthen Predigt macht. Nach einigen allgemeinen Exhortationen rief er einen aus dem Haufen namentlich heraus, und redet ihn folgendermaßen an:

Ideler: Nun Schlinger, bist du zur Erkenntnis der Thorheiten gelangt, welche du begangen hast?
Schlinger: Ja!
Ideler: Nun so sage laut und verständlich, worin deine Vergehen bestehen?
Schlinger: Ich weiß es nicht!
Ideler: Wie? Du weißt es nicht? Habe ich sie dir nicht seit 6 Monaten erklärt, auseinandergesetzt, und du sagtest, sie eingesehen zu haben. Wie? Sind das die Früchte einer halbjährigen täglichen Besprechung und Zurechtweisung? Du antwortest nicht? Nun! Er soll gedreht werden! – Ein Charité-Chirurgus zeichnet sogleich den Namen und die Strafe auf.
Ideler: Schleier! (Er erscheint auf dem Proscenium)
Was hast du getan? Bist du endlich zum Bewußtseyn deiner frühren Greuel gelangt? Hast du nun eingesehen, daß ein solcher aus-

schweifender Wandel deine moralische Kraft zerrüttet, deine körperliche aufgerieben?
Antwort: Ja!
Ideler: Nun, so gestehe laut, was dein Vergehen war?
Antwort: Ich habe ausschweifend gelebt, bin den Mädchen nachgelaufen, in Freudenhäuser gegangen, habe Brandwein getrunken, Eigensinn gehabt, und murmelte noch einige unverständliche Worte.
Ideler: Sage laut und bekenne offen und freimüthig, dann sollst du auch auf Urlaub gehen dürfen!
Der Kranke : Ich habe einen Diebstahl begangen, um meine Bedürfnisse zu befriedigen.

Ideler läßt sich dann über das Gehässige eines solchen Verbrechens aus, nickte ihm wohlwollend zu, und der Unglückliche tritt in den Haufen zurück" (Amil'n 1831).

Ideler war wohl einer der ersten Irrenärzte, die dem mimischen Ausdruck der Kranken gezielte Aufmerksamkeit schenkten. Eins seiner Ziele war es, Philosophie und Heilkunde miteinander zu verbinden. Ideler widmete sich auch dem Studium des sog. religiösen Wahnsinns, und er erwarb sich mit seinem Werk "Versuch einer Theorie des religiösen Wahnsinns" (1848) die Anerkennung durch A. von Humboldt.

In seinem 1835-1838 zweiteilig erschienenen "Grundriß der Seelenheilkunde" erwähnte Ideler, auch auf mannigfaltige Beobachtungen gestützt, körperliche Verursachungsmöglichkeiten psychischer Erkrankungen. Ein bezeichnendes Licht auf die Grundhaltung Idelers wirft seine Reaktion auf eine Affäre, die durch ein Inserat in der Kreuzzeitung vom 7.4.1859 ausgelöst wurde [3]. Dort wurde gefragt, ob es stimme, daß den Rekonvaleszenten in der Charité die Nationalzeitung und andere Blätter zur Unterhaltung gegeben würden, und ob man damit auf homöopathische Weise den Morbus democraticus heilen wolle. Ideler antwortete: "Getreu meinen Grundsätzen, aus denen ich alle revolutionären Bestrebungen auf das Tiefste verabscheue, würde ich niemals die Verbreitung demokratischer Zeitungen oder Schriften auf der Irrenabteilung geduldet haben (...)".[4] Nach insgesamt 32 Jahren der Tätigkeit für die Charité ereilte den 65jährigen Ideler während eines Urlaubsaufenthaltes ein Schlaganfall, an dessen Folgen er verstarb. Für Jahre blieb seine Stelle dann vakant.

Die Charité-Verwaltung wollte keinen sich ausschließlich mit der Psychiatrie beschäftigenden Arzt als Leiter der Irrenabteilung oder gar der Gesamtanstalt. Erst im Jahre 1864 kam eine Berufungsliste mit dem Münchener Ordinarius August Solbrig (1809-1872) an erster Stelle zustande; aber Solbrig lehnte den Ruf ab. Die Charité-Direktion, in Übereinstimmung mit einem Separatvotum von Rudolf Virchow (1831-1902), plädierte für die Berufung Westphals, der seit 1858 in der Irrenabteilung arbeitete und seit 1861 habilitiert war. Der Minister der Geistlichen, Unterrichts- und Medizinalangelegenheiten, Mühlner, lenkte die Bemühungen hingegen auf Griesinger (1817-1868) [5], der als medizinischer Kliniker in Zürich wirkte und sich mit zunehmendem Eifer um die Reform der Psychiatrie und ihres Unterrichts bemüht hatte. Eben hatte Griesinger eine Berufung als Psychiater nach Göttingen abgelehnt, als sich ihm mit der Anfrage aus Berlin vom 5.11.1864 überraschend die Möglichkeit eröffnete, in das Zentrum des naturwissenschaftlichen Fortschritts in der Medizin seiner Zeit zu treten. Doch in einem Brief an seinen Freund, den Internisten Wunderlich, äußerte er seine Bedenken: "(...) ich muß mein ganzes Fach aufgeben, habe eigentlich seit 15 Jahren halb umsonst gearbeitet, und muß in einem Alter, wo man anfängt, ruhiger und bequemer zu werden, mich in ganz neue Sachen hineinarbeiten, denn offen gestanden fehlt es mir doch sehr an genügender eigener Erfahrung in der Psychiatrie, geschweige denn in der psychiatrischen gerichtlichen Medizin" [6].

Dennoch trat Griesinger in Verhandlung mit Berlin. Nach Gesprächen in Berlin schrieb er am 22.11.1864 an Theodor von Frerich, den Dekan der Berliner Medizinischen Fakultät: "(...) ich muß um Erlaubnis bitten, auf einen Punkt zurückzukommen, der bei unserer späteren Besprechung zurückgetreten war, den ich selber schon beinahe fallen gelassen hätte, der mir aber nun bei einer ruhigen Überlegung aller Seiten der Sache doch fast unerläßlich für eine gedeihliche Wirksamkeit in der neuen Stelle zu sein scheint. Es ist dies der Wunsch, daß mir doch Gelegenheit und Mittel gewährt werden möchten, die mit dem Fache der Psychiatrie auf engste verbundenen Nervenkrankheiten als Specialität zu betreiben und zu lehren (...). Sie wissen, daß meine eigene Richtung in der Psychiatrie ganz besonders auf dieser engen Verbindung basiert und ich glaube, dieser Ihnen und mir einzig richtig erscheinende Standpunkt sollte jetzt (...) von vornherein durchgeführt werden (...) ich komme also auf meinen früheren Antrag zurück, daß mir neben der Irrenabteilung in der Charité noch eine andere für Nervenkrankheiten bestimmte Abteilung übertragen würde, welche etwa 30 Betten enthielte und in welcher klinischer Unterricht in dieser Specialität (verbunden mit der Psychiatrischen Clinic) gegeben werden könnte (...) mit der Einrichtung, die ich für hier vorschlage, würde sich die erste deutsche Universität als Vorbild einer richtigen Behandlung der Psychiatrie als Wissens- und Lehrzweig allen übrigen an die Spitze stellen; es würde hier zum erstenmale etwas realisiert, was wirklich schöpferisch, dieses Fach (...) aufhellen und beleben wird" [7]. Da man in Berlin seinen Wünschen stattgab, sagte Griesinger im Dezember 1864 zu und übernahm zum 1.4.1865 die Leitung der Irrenabteilung und die Leitung der Abteilung für Nervenkrankheiten an der Charité. Dieses Datum nun ist zweifelsfrei die Geburtsstunde der Psychiatrischen und Nervenklinik der Charité. Mit ihr tritt erstmalig das Postulat von der inneren Zusammengehörigkeit der Psychiatrie und der damals noch als Neuropathologie bezeichneten Neurologie in eine institutionalisierte Form. Zu den Studenten sagte Griesinger zu Beginn des Sommersemesters 1866: "Ich beginne hiermit klinische Demonstrationen und Besprechungen, in denen zum ersten Male Geistes-Krankheiten und sonstige Nerven-Krankheiten ungetrennt voneinander den Gegenstand des Unterrichts ausmachen. Es wird hiermit auch äußerlich und lebendig der Satz realisiert, daß die Krankheiten der Nervenapparate zusammen ein untrennbares Ganzes bilden" (Griesinger 1872a, S. 107).

Mit feiner Differenzierung wird Westphal später formulieren, wiederholt sei ausgesprochen worden, daß die psychischen Krankheiten einen Teil der Krankheiten des Nervensystems bilden, dennoch habe Griesinger den Zusammenhang besonders tief verstanden und demonstriert.

Der Schritt, der auf Griesingers Forderung hin in Berlin gegangen wurde, wird auf lange Zeit richtungweisend für die Verhältnisse in Deutschland bleiben. Es etabliert sich von da an eine wesentlich als Neuropsychiatrie verstandene Universitätspsychiatrie neuer Prägung. Diese Universitätspsychiatrie wird Lehre und Forschung gleichermaßen in Richtung auf neurologische, neuroanatomische und neuropathologische Schwerpunkte beeinflussen. Während unter Griesinger selbst noch das Verhältnis zwischen psychiatrischen und neurologischen Themen im weitesten Sinne einigermaßen ausgewogen war, wird es unter seinen Nachfolgern eine ausgeprägte Dominanz der neurologischen Forschungs- und Publikationsschwerpunkte geben (Heintze u. Kulpa 1989). Diese von Griesinger gewiß nicht intendierte Entwicklung fand ihre Stütze in den weiteren Entwicklungen innerhalb der von ihm (ausdrücklich noch als Berliner medicinisch-psychologische Gesellschaft gegründeten) späteren Berliner Gesellschaft für Psychiatrie und Nervenkrankheiten[10] und im Publikationsprofil des "Archivs für Psychiatrie und Nervenkrankheiten", dessen erste

Hefte er noch selbst durch seine aufsehenerregenden Beiträge zur Reform der Psychiatrie in einem erstaunlichen Maße für moderne sozialpsychiatrische Ansätze beispielgebend gestaltete. Allein, die Absicht Griesingers, mit seinen Aufsätzen "Über Irrenanstalten und deren Weiterentwicklung in Deutschland", "Weiteres über psychiatrische Kliniken" und "Die freie Behandlung", alle im 1. Band des Archivs veröffentlicht, eine umfassende Reform der psychiatrischen Betreuung zu initiieren, löste unter den Anstaltspsychiatern heftigsten Zorn und auch scharfe persönliche Angriffe aus. [9]. Sie warfen ihm mangelnde Kenntnis der Situation und ihrer Positionen sowie Selbstüberschätzung vor. Jedenfalls vertieften sich die heftigen Auseinandersetzungen und damit die Kluft zwischen Anstalts- und Universitätspsychiatrie nachhaltig. Die von Griesinger inaugurierte Neuropsychiatrie blieb für die Beantwortung der praktischen Fragen von Pflege und Behandlung der Anstaltspatienten zunächst weithin wirkungslos, obwohl – darauf hat O.H. Marx (1972) hingewiesen – die Entdeckung der organischen Grundlagen mancher diagnostischer Kategorien mit der Zeit eine Veränderung der Zusammensetzung der Anstaltspatienten bewirkte.

Vor seiner Berliner Zeit war Griesinger als Verfasser einiger psychiatrischer Aufsätze und Rezensionen, hauptsächlich aber als Verfasser eines 1854 in erster, 1861 in zweiter, umgearbeiteter und sehr vermehrter Auflage erschienenen Lehrbuchs "Pathologie und Therapie psychischer Krankheiten" hervorgetreten.

In Berlin mußte er sich neben der Lehre vor allem auch praktischen Fragen zuwenden. Die Irrenabteilung befand sich nach wie vor unter den bedrückenden Verhältnissen der Neuen Charité, die Abteilung für Nervenkranke hingegen in der sog. Alten Charité. Schon im Oktober 1865 schrieb Griesinger an den Minister: "Daß die Verpflegung der Irren in Berlin in bisheriger Weise nicht fortgehen kann, darüber ist ja wohl so ziemlich jeder einig (...) es wird Ehrensache für den Staat sein, durch Errichtung einer Musteranstalt für klinisch-psychiatrische Zwecke in der Hauptstadt anderen Universitäten ein Vorbild zu geben (...)" [10].

Alle Bemühungen von Griesinger, in der Folgezeit einen Bauplatz in der Nähe der Charité zu finden, schlugen fehl. Der von ihm für unabdingbar gehaltene räumliche Bezug der Psychiatrie zu den anderen Kliniken war nicht nur unter dem Gesichtspunkt ihrer Gleichstellung zu sehen, sondern sollte vor allem der Erweiterung des Gesichtskreises der Psychiater dienen. Gegen anderslautende Pläne diesen räumlichen Zusammenhang gewahrt und verteidigt zu haben, ist ein weiteres bleibendes Verdienst von Griesinger [11].

Unter dem Einfluß seines Lehrers Zeller (1804-1877) war Griesinger in seinem Lehrbuch noch als Vertreter der Lehre von der Einheitspsychose hervorgetreten und übte damit breiten und anhaltenden Einfluß aus. In einem Vortrag am 2.5.1867 (Griesinger 1872b) vor den Studenten jedoch revidierte er diese Auffassung, derzufolge alle Formen psychischer Erkrankungen nur als Stadien eines einheitlichen Krankheitsprozesses aufzufassen seien, indem er nunmehr die protogenetische Bildung der Verrücktheit ohne Vorstadien als primäre Verrücktheit ausdrücklich anerkannte. Griesinger stellte die Übereinstimmung dieser seiner neu gewonnenen Einsicht mit den Auffassungen von Snell und Morel heraus. Vielleicht wegen der zwischen ihm und Westphal mittlerweile bestehenden Spannungen gab er hingegen nicht zu erkennen, daß Westphal schon im Jahre 1862 ihm gegenüber im Gespräch die Auffassung der Verrücktheit als sekundäre Geistesstörung angezweifelt hatte [12]. Trotzdem wird man annehmen dürfen, daß die Konzeption der primären Verrücktheit, mit der die Lehre von der Einheitspsychose einen entscheidenden Stoß erhielt und der Weg zu einer unbefangenen empirischen Analyse psychopathologischer Phänomene sowie zu einer differenzierten Nosologie frei wurde, maßgeblich im Ergebnis der Diskussion mit Westphal Gestalt angenommen hatte. Im gleichen Vortrag stellte Griesinger auch die sog. Primordialdelirien als typische und fundamentale Vorstellungen, die man in mehrere Hauptgruppen aufteilen könne, vor. Den Entstehungsmechanismus dachte er sich als krankhafte Mitvorstellung oder assoziierte Vorstellungen. Er äußerte: "Die Vorstellungsapparate des Hirns, durch dieselben Krankheitsursachen in denselben Zustand versetzt, agieren hier bei Tausenden und Abertausenden Menschen so, daß im Wesentlichen gleiche Bilder und Vorstellungen entstehen" [27]. Er fragte sich, ob dabei gewisse Regionen oder Provinzen von Vorstellungsapparaten erregt werden, ob es eine besondere Art der Erregung oder der Wegfall von Hemmungen für sonst latente Vorstellungen sei, was die Prämordialdelirien erzeugt. Aus heutiger Sicht könnte man in diesen Überlegungen lokalisatorische und energetisch-physiologische Ansätze, sogar Vorformen der späteren Bonhoefferschen Lehre von den Prädilektionstypen erkennen.

In welchem Maße der Wegfall der theoretischen Befangenheit durch das Konzept der Einheitspsychose sowie die Einbeziehung neuer Erfahrungsbereiche für die Wahrnehmung neuer psychopathologischer Phänomene wirksam wurden, zeigte sich schon bald in der in theoretischer Hinsicht voraussetzungsfreien Schilderung der Grübelsucht in einem Vortrag am 23.3.1868 mit dem Titel "Über einen wenig bekannten psychopathischen Zustand" (Griesinger 1872c). Bemerkenswerterweise führte Griesinger aus: "Es handelt sich um einen krankhaften Seelenzustand, den ich bis jetzt nie in einer Irrenanstalt, sondern nur bei Kranken, die sich noch frei im Leben bewegen, beobachtete, und immer mehr lerne ich die Quellen der Beobachtung schätzen, die uns für die Psychiatrie die Kranken gewähren, die wir nicht in Irrenhäusern, sondern im normalen Leben beobachten" (Griesinger 1872c, S. 180). Diese Stellungnahme korrespondierte mit den Ausführungen Griesingers über den Wirkungskreis des psychiatrischen Lehrers in seinem Aufsatz "Weiteres über psychiatrische Kliniken" (Griesinger 1872d). Auch dort hob er den Nutzen der Untersuchungen von Kranken außerhalb der psychiatrischen Einrichtungen hervor, weil so der Lehrer interessante psychopathische Zustände und Nervenkrankheiten kennenlerne, die sonst nicht in die Anstalten gelangten. Den eigentlichen Gegenstand des erwähnten Vortrages, das Bild des Grübelzwanges, stellte er anhand einer sorgfältigen psychopathologischen Beschreibung dreier Fälle vor. Später wird Westphal die Grübelsucht als eine Varietät der Zwangsvorstellungen auffassen.

Seinen letzten Vortrag zur Eröffnung der Psychiatrischen Klinik hielt Griesinger am 1. Mai 1868 (Griesinger 1872e). Er widmete ihn ausgerechnet jener Thematik, für die er sich seinem Freunde Wunderlich gegenüber als besonders wenig kompetent bezeichnet hatte, nämlich der forensischen Psychiatrie. Hier ist daran zu erinnern, daß es Griesinger war, der die persönliche Untersuchung des Straftäters einführte und forderte (Wunderlich 1869). Als ärztliche Aufgabe vor dem Gericht erläuterte Griesinger seinen Hörern die Feststellung, ob und inwieweit ein Individuum zu einer bestimmten Zeit durch organische Ursachen an der Verarbeitung seiner Gedanken und an der normalen Entschlußfähigkeit gehindert war. Dabei gab Griesinger seiner Gewißheit Ausdruck, daß selbst unter idealen Gesellschaftsverhältnissen immer Taten von der Hand Nervenkranker vorkommen werden.

Er meinte, daß bestimmte Neuropathien, besonders die Epilepsie, der Tat charakteristische Züge verleihen; mit zunehmender Kenntnis der Neuropathien werde sich die Zahl unerklärlicher Fälle mindern. Er beschloß seine Ausführungen mit den folgenden Worten: "Das Individuum zum Hauptgegenstand seiner Untersuchungen machen, nicht bloß in psychologischer, sondern in organischer, Leib und Seele zusammen betrachtender Auffassung, sein

Kranksein oder Gesundsein vor der That, und wenn das Kranksein da war, Entstehung, Entwicklung und Verlauf desselben zu demonstrieren, das unterscheidet die heutige forensische Psychiatrie wesentlich von der älteren, wo überwiegend die That zum Gegenstand der Betrachtung gemacht wurde" (Griesinger 1872e, S. 213). Die Fülle der von Griesinger in seiner kurzen Berliner Zeit in Angriff genommenen Aufgaben und Probleme hätte ihn gewiß zu weiteren neuen Perspektiven geführt, wäre dem nicht am 29.10.1868 ein früher Tod zuvorgekommen.

Mit dem plötzlichen Tod des erst 51jährigen Griesinger entstand aufs neue die Notwendigkeit, einen geeigneten Mann für das Amt des dirigierenden Arztes zu finden. Zunächst übertrug man Leitung sowie Lehrtätigkeit vorläufig auf Carl Westphal (1833-1890) [13], der, seit 1858 in der Charité tätig, bald die Stelle des 2. Assistenzarztes der Irrenabteilung innehatte und gleichzeitig die Pockenabteilung betreute. Als Anhänger des Non-restraint-Prinzips von Conolly (1794-1866) stand Westphal längst im inneren Widerspruch zu den von Ideler praktizierten Methoden; er linderte ihre Auswirkungen, wo er es angesichts seiner subordinierten Stellung konnte. Dennoch stieg er schon 1858 zum 1. Assistenten Idelers auf und habilitierte sich 1861. Durch ministeriellen Erlaß erhielt er ein Auditorium für psychiatrische Vorlesungen und Krankenvorstellungen. Rudolf Virchow, der einflußreiche Wissenschaftler und Gesundheitspolitiker, bemühte sich, für Westphal den Weg als Amtsnachfolger Idelers zu bahnen. Aber diese Bemühungen schlugen fehl. Mit der Amtsübernahme Griesingers, der doch wie Westphal einer Liberalisierung der psychiatrischen Betreuung zugetan war, stellte sich zunächst zwischen beiden Männern ein gutes Verhältnis her. Doch bald kam es zu Spannungen, die Westphal veranlaßten, sich von der Irrenabteilung zu trennen und die Innere Abteilung von Mayer zu übernehmen und den erkrankten Traube in der Propädeutik zu vertreten. Im persönlichen Verhältnis von Griesinger und Westphal aber blieb ein achtungsvolles Einverständnis untereinander bestehen.

Nach der kurzen interimsmäßigen Beauftragung gleich nach dem Tode Griesingers wurde Westphal im Jahre 1869 außerordentlicher Professor und erhielt seine definitive Anstellung als dirigierender Arzt der Irrenabteilung und der Abteilung für Nervenkranke; 1874 dann wurde er ordentlicher Professor an der Friedrich-Wilhelms-Universität zu Berlin, nachdem er seine Berufung nach Leipzig ausgeschlagen hatte. Nicht mehr vergönnt war ihm zu erleben, daß seinen Bemühungen gemäß die Psychiatrie unter die Prüfungsfächer im Staatsexamen eingereiht wurde.

Als klinischer Lehrer war Westphal auf eine nüchterne und anschauliche Vermittlung des Lehrstoffs orientiert und erfreute sich großen Zuspruchs der Hörer.

Als Arzt mit Sorgfalt und aufmerksamem Interesse seinen Patienten zugewandt, setzte er die reformerische Richtung Griesingers fort. Vor allem wehrte er erfolgreich die Versuche ab, die Psychiatrische und Nervenklinik aus dem Verband der Kliniken der Charité herauszulösen. Einen Neubau für die Psychiatrische und Nervenklinik auf dem Gelände der Charité vermochte Westphal nicht durchzusetzen, obwohl das wegen der zunehmenden räumlichen Bedrängnis infolge wachsender Belegung mit Alkoholdeliranten dringend erforderlich gewesen wäre. Aber auf sein Betreiben hin wurde 1871/72 eine Poliklinik für Nervenkranke eröffnet.

Als Wissenschaftler von Anfang an naturwissenschaftlich geprägt und im Kontakt mit vielen bedeutenden Gelehrten anderer Fakultäten, wandte sich Westphal mit großem Fleiße und vielleicht noch größerer selbstkritischer Haltung einem breiten Spektrum von Themen zu [14]. Im Mittelpunkt seiner wissenschaftlichen Aktivitäten standen die Tabes dorsalis und die progressive Paralyse sowie weitere Erkrankungen des Nervensystems wie Epilepsie, degenerative Erkrankungen, postinfektiöse Affektionen des Zentralnervensystems, Zystizerkose, Echinokokkose, Bleineuropathie, Syringomyelie, Schüttellähmung, Alkoholpolyneuropathie, Augenmuskelschädigungen, Thomsensche Erkrankung, spastische Spinalparalyse, multiple Sklerose, periodische Lähmungen und Muskelatrophien. Auf seine Verdienste um die Erforschung der hepatolentikulären Degeneration weist noch heute die Bezeichnung als Westphal-Strümpellsche Erkrankung hin. Westphal beschäftigte sich mit neurologischen Untersuchungsmethoden und neurologischer Semiologie. Unabhängig von Erb entdeckte er 1871 den von ihm als Kniephänomen bezeichneten Patellarsehnenreflex. Erst 1875 veröffentlichte er diese Beobachtungen nach mehrjähriger Prüfung. Später wies auch auf die Lokalisation der Läsion bei einem Ausfall des Kniephänomens hin.

Im Einklang mit der rasch fortschreitenden Durchdringung des Fachgebietes mittels technischer Erungenschaften seiner Zeit widmete Westphal sich neuropathologischen, neuroanatomischen und experimentellen Studien. Aber ganz zu Unrecht bleiben daher seine wichtigen Beiträge zur Entwicklung der Psychiatrie oft unberücksichtigt. Neben der progressiven Paralyse, jener Erkrankung, deren spätere ätiologische Aufklärung paradigmatische Bedeutung bekommen sollte, zogen die Puerperalpsychosen, die

Agoraphobie, die sog. konträre Sexualempfindung, die Zwangsvorstellungen und forensisch-psychiatrischen Fragestellungen sein forschendes Interesse auf sich. Aufschlußreich für den Wandel der psychiatrischen Auffassungen seiner Zeit ist die Modifikation seiner eigenen Auffassungen über das Wesen gewisser psychopathologischer Phänomene [15]. Für die sog. konträre Sexualempfindung verwendete er noch den Begriff des neuropathischen Zustandes, weil er ihm noch andere als rein psychische Symptome seitens des Zentralnervensystems zuordnen wollte. Die Agoraphobie stellte er später unter Hervorhebung des zentralen Stellenwertes der Angst allein als einen psychischen Vorgang dar. Die Zwangsvorstellungen schließlich, denen er die von Griesinger beschriebene Grübelsucht unterordnete, erklärte er als Ausdruck einer partiellen Störung des Vorstellens. Mit dieser Wesensbestimmung griff Westphal über die reine Deskription hinaus und verließ eine rein psychopathologische Analyse zugunsten eines an einem hirnphysiologischen Modell orientierten Erklärungsansatzes.

Zu erinnern ist daran, daß Westphals Wirksamkeit in eine Periode des raschen Aufschwungs der naturwissenschaftlich fundierten Medizin, der Neuorientierung der Medizin im Sinne eines gleichberechtigten Bestandteils der Medizin fiel. Diese Entwicklung traf außerdem zusammen mit der gestiegenen gesellschaftlichen Anforderung an Psychiatrie und Nervenheilkunde im Gefolge einer beschleunigten Industrialisierung und damit verbundener sozialer Differenzierungsprozesse (Baader 1982).

Nicht allein durch seine Wirksamkeit im engeren Kreis der Klinik erlangte Westphal eine Stellung, die ihn zum Haupt der ersten Berliner Schule werden ließ (Kolle 1960), sondern auch durch seine maßgeblichen Aktivitäten in der Berliner medizinisch-psychologischen Gesellschaft, deren Vorsitz auf ihn übergegangen war, und die 1879 auf seine Anregung hin in Berliner Gesellschaft für Psychiatrie und Nervenkrankheiten umbenannt wurde. In der langen Zeit unter Westphals Leitung erlangten die neurologischen Themen auch in der Berliner Gesellschaft einen zunehmend größeren Anteil und Stellenwert (Heintze u. U. Kulpa 1989, Schmiedebach 1986). Schwere Krankheit zwang ihn zu Beginn des Jahres 1889 auf ein langes Krankenlager. In der Klinik wurde er durch Oppenheim und Siemerling vertreten. Carl Westphal verstarb am 27.1.1890 an den Folgen langjähriger Krankheit.

Nicht allein die persönlichen Leistungen, die Westphal einen bleibenden Rang in der Geschichte von Neurologie und Psychiatrie sichern, sondern vor allem auch die von ihm inspirierten und geförderten Arbeiten seiner Mitarbeiter kennzeichneten die Zeit seiner Amtsführung an der Charité. Mehr als 150 Publikationen, überwiegend zu neurologischen bzw. neuroanatomischen und neuropathologischen, aber auch zu psychiatrischen und sonstigen medizinischen Themen, entstammen der Psychiatrischen und Nervenklinik unter Westphal. Beispielhaft seien im folgenden die wesentlichsten Autoren und ihre Leistungen genannt:

Im Jahre 1869 veröffentlichte O. Liebreich (1839-1908), Assistent des Pathologischen Instituts zu Berlin seine Studie über das Chloralhydrat als Hypnotikum und Anästhetikum (Liebreich 1869). Unter den Ergebnissen seiner mitgeteilten therapeutischen Versuche, mit denen dadurch , daß es sich beim Chloralhydrat um das erste synthetisch hergestellte Psychopharmakon handelte, zaghaft das Tor zur Ära der Psychopharmakotherapie geöffnet wurde, führte Liebreich Kasuistiken aus der Irrenabteilung der Charité auf. Der Autor gab seiner Hoffnung Ausdruck, Chloralhydrat werde sich zukünftig bei der Beruhigung aufgeregter Geisteskranker als hilfreich erweisen. In der 3. Auflage (Liebreich 1871) betonte Liebreich nachdrücklich, daß Chloralhydrat zwar nur als symptomatisch wirksames Mittel zu sehen sei, daß die dadurch bewirkte Beruhigung aber einer Heilung höchst förderlich sein könne. Besonders günstig zeige sich Chloralhydrat bei Puerperal-Manien und Delirium tremens.

Moritz Jastrowitz (1839-1912) (Fraenkel 1924), erster Assistent bei Westphal, publizierte gleichfalls die Ergebnisse der Chloralhydratstudien (Jastrowitz 1869). Er resümierte, dem Chloralhydrat bleibe in der Behandlung "der Angstzustände aller Art, insbesondere der Tobsuchtsformen (...) eine Zukunft gesichert" (Jastrowitz 1869, S. 428). Voller Optimismus hob er hervor: "Gerade zur rechten Zeit ist es in seiner physiologischen Wirkung und in seinem therapeutischen Werth gefunden, um in einer Frage von großer Tragweite , welche die Irrenärzte in den letzten Jahren vielfach bewegte, in der Non-restraint-Frage nämlich, den letzten und entscheidenden Ausschlag zu geben (...). Somit wird durch die Einführung des Chloralhydrats in die Therapie der Zwang bei Behandlung der Irren fortan unnötig und daher ungerechtfertigt erscheinen" (Jastrowitz 1869, S. 428). Daß die hier ausgesprochenen Erwartungen sich auf diese Weise damals nicht einlösen ließen, ist weniger bedeutsam als die Einsicht, daß eine wirksame Pharmakotherapie die Betreuungsbedingungen für die Kranken durchgreifend zu humanisieren vermag.

Auf neurologischem Gebiet wurde ein Mann Schüler Westphals, der selbst als Neurologe Weltruhm erlangen sollte, nämlich Hermann Oppenheim (1858-1919) (Zülch 1960). Mit 25 Jahren wurde er Assistent bei Westphal. Allein über 40 nahezu ausschließlich klinisch-neurologische oder neuropathologische Arbeiten veröffentlichte Oppenheim an der Charité. Obwohl er, der zuletzt gemeinsam mit Siemerling den erkrankten Westphal in der Klinik zu vertreten hatte, als Nachfolger seines Lehrers in die engere Wahl gezogen worden war, blieben wohl antisemitische Vorbehalte stärker als fachliche Erwägungen, denn das Kultusministerium entschied sich gegen ihn. Nach seinem Ausscheiden aus der Charité im Jahre 1890 betrieb er in Berlin sowohl eine private Poliklinik als auch ein neuropathologisches Laboratorium. Bis zu seinem Tode spielte er in Deutschland und international eine führende Rolle als Neurologe. Die glänzende Perspektive für das Fachgebiet Neurologie und seine Profilierung aber, die mit dem Namen Oppenheims an der seinerzeit ersten Klinik Deutschlands gegeben gewesen wäre, war verloren.

Mit besonderen Leistungen bleibt der Name von Paul Samt (1844-1875) (Seelert 1924) verbunden. Er hatte schon bei Griesinger famuliert und über den "Elektrotonus am Menschen" promoviert. Im Jahre 1873 trat er in die Irrenabteilung ein und wurde bald erster Assistent. Sein erfolgreiches wissenschaftliches Wirken, das noch viele zukünftige Leistungen erwarten ließ, wurde durch seinen jähen Tod infolge einer bei einer klinischen Sektion zugezogenen Infektion beendet. In seiner Publikation "Die naturwissenschaftliche Methode in der Psychiatrie" (1874), hervorgegangen aus Vorträgen, breitete er grundsätzliche Erörterungen zur Methodik der Psychiatrie aus. Im Mittelpunkt stand sein Bemühen, Seelenerscheinungen als Hirnfunktionen, die pathologisch veränderten Seelenerscheinungen als Ausdruck pathologisch veränderter Hirnfunktionen zu interpretieren. Als entschiedener Gegner einer einheitspsychotischen Konzeption und als Anhänger der "Ansicht einer essentiellen Differenz der Geisteskrankheiten" (Samt 1874, S. 38) bemühte er sich, diese Auffassung zu vertiefen und überzeugend zu begründen. Diese Anstrengungen verband er mit einer kritischen Betrachtung der psychiatrischen Begrifflichkeit.

Mit Nachdruck verwies er auf den Wert der Anamnese, für deren Erhebung keine Zeit zu scheuen sei, und auf den Wert der klinischen Untersuchung zur Erfassung der psychopathologischen Symptomatik als Voraussetzung für die Schaffung eines nosologischen Systems. Nachdenkenswert und von bleibender Aktualität ist seine Warnung: "Vorausgesetzt, die nächste Zukunft entdeckte für die Paralyse bestimmte Gefäßveränderungen, bestimmte Neurogliaveränderungen, bestimmte Ganglienkörperveränderungen, so hätten wir eine Reihe wertvoller anatomischer Facta gewonnen, die paralytischen Seelenerscheinungen blieben zum größten Theil rätselhaft wie zuvor (...) wer in einem Plus oder Minus von Erregung eines hypothetischen Hemmungscentrums das wahre Wesen der Melancholie oder Manie erkannt zu haben glaubt, verräth nur seine Oberflächlichkeit" (Samt 1874, S. 59 f.).

Samt trat außerdem mit einer zweiteiligen Arbeit über die "epileptischen Irreseinsformen" (1875/76) hervor. Darin begründete er die spezielle Natur des epileptischen Irreseins und interpretierte es als Äquivalent des epileptischen Anfalls. Hingegen sei das Vorkommen von epileptischen Anfällen für die Diagnose weder erforderlich noch beweisend, sondern allein aus den Charakteristika von Symptomatik, Entwicklung und Verlauf sei die Diagnose herzuleiten. Mit diesen Auffassungen, die er mittels einer umfangreichen Kasuistik untermauerte, unterstrich er aufs neue den entscheidenden Stellenwert der klinischen Untersuchung. Mit einer deutlich kritischen Wendung gegen bestimmte zeitgenössische Entwicklungstendenzen stellte er fest, "daß die Fortschritte in der Psychiatrie nicht auf dem Secirtisch oder unter dem Microskop zu suchen seien, sondern in der klinischen Beobachtung" (Samt 1875, S. 393). Daß er keinen ungeteilten Beifall mit seinen Auffassungen finden konnte, war ihm bewußt: "Ich weiß sehr wohl, daß diese Art psychiatrischer Arbeit gegenwärtig, speciell in Deutschland, sehr wenig Anklang findet. Es ist sehr vielen Irrenärzten vollständig gleich, wie der und jener Geisteskranke klinisch am richtigsten aufzufassen ist" (Samt 1876, S. 111).

Neben Oppenheim, Jastrowitz und Samt sind noch Wernicke, Sander, Fürstner, Siemerling, Thomsen und Moeli zu erwähnen.

Carl Wernicke (1848-1905) war nur kurz unter Westphal in der Charité tätig, bevor er wegen einer außerdienstlich verursachten Streitigkeit mit der Charitédirektion in Konflikt geriet und Berlin verließ (Liepmann 1924).

Wilhelm Sander (1838-1922) (Bernhard 1924), seit 1862 in der Charité und später mit Griesinger eng verbunden, veröffentliche seine berühmte Studie "Über eine spezielle Form der primären Verrücktheit". Als originäre Paranoia bezeichnete er eine Geisteskrankheit, die sich ohne besondere Umstände allmählich aus den Veranlagungen des Charakters heraus entwickelte. Sander wechselte 1870 in den städtischen Dienst über.

Die Berliner Zeit von Carl Fürstner (1848-1906) (Hoche 1924) bleibt vor allem mit seiner 1875 erschienenen Arbeit "Über Schwangerschafts- und Puerperalpsychosen" verbunden, obwohl die Schlußfolgerungen, die er aus seiner auf 34 eigene Beobachtungen gestützten Kasuistik zog, heute nicht mehr vollständig geteilt werden können. Als besonders günstige Formen in prognostischer Hinsicht kennzeichnete Fürstner Melancholien und Manien im Wochenbett; außerdem stellte er ein akutes halluzinatorisches Irresein als besonderes Krankheitsbild im Wochenbett heraus.

E. Siemerling veröffentliche neben einer Reihe neurologischer Arbeiten auch viele psychiatrische Beiträge.

R. Thomsen (1858-1914) (Wassermeyer 1924), zwischen 1883 und 1888 an der Charité, wo er sich 1886 habilitierte, publizierte Studien über körperliche Befunde bei psychisch Kranken und neurologische Arbeiten.

Carl Moeli (1849-1919) (Birnbaum 1924) widmete sich hauptsächlich neurologischen, darunter besonders neuropathologischen Themen, aber auch vielen psychiatrischen Fragen einschließlich des Alkoholismus.

Wenn auch unter Westphal in der wissenschaftlichen Bearbeitung die neurologischen Themen dominierten, so gaben die Bedingungen und der Geist des Hauses offensichtlich hinreichende Möglichkeiten, psychiatrische Fragestellungen erfolgreich zu bearbeiten.

Der Tod Westphals Anfang 1890 war für die medizinische Fakultät Anlaß, gegenüber dem Ministerium auf die Berufung eines ausschließlich psychiatrisch ambitionierten Nachfolgers zu drängen und die Neurologie wieder vollständig in die Verantwortung der Inneren Medizin zu legen. Aber mit der Berufung von Friedrich Jolly (1844-1904) (Siemerling 1924) zum 1.11.1890 von Straßburg nach Berlin durchkreuzte das Ministerium diese Absichten gründlich. Jolly war in München, Werneck und Würzburg tätig gewesen, bevor er 1873 nach Straßburg ging. Seine dortige erfolgreiche Arbeit konnte er mit einem Klinikneubau krönen. Ehrenvolle Berufungen nach Heidelberg, Würzburg und Leipzig hatte er abgelehnt, bevor er sich entschließen konnte, nach Berlin zu kommen.

Mit Jolly trat ein Nachfolger für Westphal in die Medizinische Fakultät ein, der wohl ein erfahrener und ambitionierter Psychiater, zugleich aber ein hervorragender Neurologe mit ausgiebigen Erfahrungen auf experimentellem Gebiet war. Wie seine Vorgänger Griesinger und Westphal erkannte er die Zweckmäßigkeit einer engen Verbindung zwischen Psychiatrie und Neurologie, zugleich wies er Anatomie und Physiologie die Rolle von Hilfswissenschaften zu.

In der Amtszeit von Jolly stieg der Anteil psychiatrischer Themen in den Publikationen aus der Klinik wieder an. In seiner Berliner Zeit publizierte Jolly selbst zu einer breit gefächerten

Thematik, so zum elektrischen Leitungswiderstand des menschlichen Körpers, trophischen Störungen bei Rückenmarkserkrankungen, über Chorea, Tic-Erkrankungen, Neuritiden, aufsteigende Paralyse, Hirntumoren, Epilepsie, traumatische Nervenschädigungen, Myasthenie, periphere Nervenschädigungen, Verletzungen des Rückenmarkes, syphilitische Erkrankungen des Zentralnervensystems, Degenerationspsychosen und Paranoia, theoretische Fragen der Psychiatrie, Alkoholismus, kindliche Hysterien und Flimmerskotome. Jollys Name ist aufs engste mit der Entdekkung der myasthenischen Reaktion verbunden.

Im gleichen wissenschaftlichen Sinne wie Jolly waren seine Assistenten tätig. Vor allem zu nennen sind R. Henneberg und W. Seiffer. Henneberg beschäftigte sich mit syphilitischen Erkrankungen, mit forensischer Psychiatrie, mit klinischen Folgen von Tumoren des Zentralnervensystems, mit psychiatrischen Aspekten des Spiritismus, mit Gehirnerweichungen, mit dem sog. Danebenreden, mit der Beziehung zwischen Hermaphroditismus und Psychose, mit Werkzeugstörungen, funikulärer Myelose, mit Narkolepsie und Intelligenzprüfungen. W. Seiffer beschäftigte sich ausgiebig mit neurologischer Diagnostik und Therapie, bestimmten Migräneformen, Hirnnervenerkrankungen, traumatischen Nervenschäden, hysterisch bedingten Skoliosen, aber auch mit Intelligenz- und Gedächtnisprüfungen, forensisch-psychiatrischen Fragestellungen und rezidivierenden Psychosen.

Neben einer Fülle von Aufgaben in wissenschaftlichen Gremien und Vereinigungen, darunter der Vorsitz der Berliner Gesellschaft für Psychiatrie und Nervenkrankheiten und des Deutschen Vereines für Psychiatrie wurde Jollys Arbeitskraft durch umfangreiche Fortbildungsaufgaben, durch die Klinikleitung und vor allem durch die Planung des Klinikneubaus in Anspruch genommen. Obwohl er noch die Genugtuung hatte, 1901 das Vorderhaus des Neubaus und den darin befindlichen Hörsaal mit einer Sitzung des Vereins Deutscher Irrenärzte einweihen zu können, blieb ihm versagt, die Fertigstellung des Klinikneubaus zu erleben, da er am 4.1.1904 der Ruptur eines Aortenaneurysmas erlag.

Das von Jolly konzipierte Gebäude der Psychiatrischen und Nervenklinik, noch heute die Klinik für Neurologie und Psychiatrie beherbergend, umfaßte zwei Hauptgebäude, nämlich das Vorderhaus für die Neurologie mit Laboratorien, Poliklinik, Saal für die Heilgymnastik, Räumen für poliklinische Badeversorgungen, Hörsaal und pathologisch-anatomischen Sammlungen, sowie das Hinterhaus, verbunden mit sog. Villen für erregte und gefährliche Patienten, das für die Psychiatrie bestimmt war. Die Psychiatrische Klinik besaß neben kleinen Zimmern und Isolierzimmern für kurzzeitige Separierungen bei im übrigen offenen Türen vor allem als Wachabteilung eingerichtete Räume sowie Einrichtungen für Dauerbäder. Die geplante Kapazität für Nervenkranke betrug 56 Personen, für Geisteskranke 150 Personen. Die Errichtungskosten – ohne Einrichtung – beliefen sich insgesamt auf rund 1,2 Mio. Mark (Ziehen 1910).

Natürlich oblag zu jener Zeit der Charité längst nicht mehr der Hauptanteil an der qualifizierten, stationären Betreuung. Die Neubauten von psychiatrischen Anstalten in Berlin und der Provinz Brandenburg sowie die Tätigkeit privater Irrenanstalten hatten in großem Umfang zur Entschärfung der Situation beigetragen. Während 1852 ein Anstaltspatient noch auf 3245 Einwohner der Provinz Brandenburg kam, so betrug dieses Verhältnis 1864 1:1758, 1881 1:1070, 1890 1:600 und 1989 wieder 1:695 (in Berlin 1:654) (Laehr u. Lewald 1899). Für Berlin standen neben der Charité seit 1880 als erste städtische Anstalt die Irrenanstalt Dalldorf (die heutige Karl-Bonhoeffer-Nervenklinik in Berlin-Reinickendorf), seit 1893 die Irrenanstalt Herzberge und ebenfalls seit 1893 die städtische Anstalt für Epileptische in Wuhlgarten sowie eine Reihe von Privatanstalten in Bernau, Charlottenburg, Pankow, Niederschönhausen, Schlachtensee, Schöneberg, Steglitz und Weißensee zur Verfügung. Diese Orte lagen seinerzeit noch außerhalb der Stadt Berlin. Ende des 19. Jahrhunderts bestanden in der Provinz Brandenburg insgesamt sechs öffentliche Anstalten (Eberswalde, Landsberg, Neuruppin, Potsdam, Sorau und Wittstock) sowie zehn Privatanstalten (Laehr u. Lewald 1899). Im Jahre 1907 kam noch die dritte Städtische Irrenanstalt in Buch hinzu. Mit dieser in den letzten Jahrzehnten des 19. Jahrhunderts herausgebildeten Situation ergab sich die Möglichkeit, daß die Klinik in der Charité eine fachliche Führungsrolle unter all diesen Einrichtungen übernahm. Dies drückte sich u.a. darin aus, daß aus der Charité-Klinik viele Persönlichkeiten hervorgingen, die später in den Anstalten Berlins und der Provinz Brandenburg oder darüber hinaus leitende Ämter übernahmen.

Zum Nachfolger Jollys wurde 1904 Theodor Ziehen(1862-1950), der zuvor in Jena, Utrecht und Halle wirkte, berufen (Seidel 1987; Seidel 1988). Ziehen, der sich zwar mit neuroanatomischen, vergleichend-anatomischen und neurophysiologischen Studien einen Namen gemacht hatte, interessierte sich zugleich für psychologische, psychiatrische, philosophische und pädagogische Themen. Unter seinem achtjährigen Direktorat in Berlin erschienen etwa ebensoviele Publikationen mit psychiatrischer Thematik wie

Publikationen mit neurologischer Thematik. Er selbst überarbeitete in Berlin nicht nur seine Bücher "Psychophysiologische Erkenntnistheorie" und "Psychiatrie für Ärzte und Studierende", sondern er verfaßte die Werke "Geisteskrankheiten des Kindesalters" und "Gehirnkrankheiten im Kindesalter" sowie eine in vielen Teilbeiträgen erschienene Studie "Zur Lehre von den psychopathischen Konstitutionen". Weiterhin widmete er sich methodischen und nosologischen Fragen in der Psychiatrie, veröffentliche Beiträge über bestimmte psychiatrische Krankheitsbilder und Untersuchungsmethoden sowie über neurologische Krankheitsbilder und neurologische Untersuchungsmethoden. Unter seinen Mitarbeitern sind W. Vorkastner und der vorrangig psychiatrisch interessierte E. Stier zu erwähnen. Theodor Ziehen fühlte sich in solchem Maße zur konzentrierten Forschungsarbeit hingezogen und durch die mannigfaltigen Aufgaben eines Klinikdirektors davon abgehalten, daß er sich 1912 gegen mancherlei Widerstand vom Amt zurückzog. In der Folgezeit schlug er eine Laufbahn als Philosoph ein, zunächst als Privatgelehrter, später wieder als Ordinarius an der Hallenser Universität. Trotz seiner auf verschiedene philosophische und psychologische Gebiete verlagerten Aufmerksamkeit wandte er sich immer wieder Themen seines früheren Tätigkeitsfeldes zu.

Mit Karl Bonhoeffer (1868-1948) (Neumärker 1990) kam 1912 ein Gelehrter an die Charité, dem ähnlich wie Westphal eine sehr lange Amtszeit als Direktor der Psychiatrischen und Nervenklink beschieden sein sollte, und den man wie Westphal als das Haupt einer Berliner Schule bezeichnen kann. Doch die Beziehungen zwischen Bonhoeffer und Westphal reichen weit über Äußerlichkeiten hinaus. Wie Westphal war Bonhoeffer gleichermaßen Neurologe wie Psychiater. Beide richteten sich auf der Grundlage sorgfältig genauer Beobachtungen strikt auf die Beschreibung empirisch gesicherter Sachverhalte, beide waren sie spekulativen Herangehensweisen an die großen Fragen des Fachgebietes abhold. Ähnlich wie Westphal gelang es Bonhoeffer mit toleranter Förderung, den wissenschaftlichen Nachwuchs zu eigenständigen Leistungen und auf erfolgreiche wissenschaftliche und akademische Laufbahnen zu führen. Vor der Berliner Zeit war er in Breslau, Königsberg, Heidelberg und wieder in Breslau tätig gewesen. In seiner wissenschaftlichen Haltung und Grundorientierung während seiner ersten Breslauer Zeit durch Wernicke geprägt, konnte er von 1904-1912 selbst das Amt und das Werk des Lehrers fortführen. Als er nach Berlin kam, war er schon durch Arbeiten über choreatische Bewegungsstörungen, über psychiatrische Aspekte des Bettler- und Vagabundentums, über Degenerationspsychosen, vor allem aber wiederholt über psychiatrische Komplikationen des Alkoholismus, über die symptomatischen Psychosen sowie die akuten exogenen Reaktionstypen hervorgetreten und in der wissenschaftlichen Welt bekannt geworden.

In der Berliner Zeit publizierte Bonhoeffer die psychopathologischen und neurologischen Erfahrungen an den Geschädigten des 1. Weltkrieges und widmete sich den Werkzeugstörungen, klinisch-anatomischen Studien bei Hirnstammerkrankungen und wiederum den choreatischen Erkrankungen. Mehrfach äußerte er sich zu Fragen der Sterilisationsgesetzgebung. Neben dem umfangreichen Zugang von Patienten und den Forschungsmöglichkeiten der Klinik wuchsen Bonhoeffer in Berlin eine Fülle von Verpflichtungen offizieller Art zu. Neben dem Vorsitz der Berliner Gesellschaft für Psychiatrie und Nervenkrankheiten und des Deutschen Vereins für Psychiatrie oblag Bonhoeffer auch die Leitung der von Wernicke und Ziehen begründeten "Monatsschrift für Psychiatrie und Neurologie".

Auch unter den Mitarbeitern von Bonhoeffer sind viele zu nennen, die durch wissenschaftliche Leistungen oder durch maßgebliche Positionen im Fachgebiet Erwähnung verdienen. In notwendiger Beschränkung seien nur einige wenige genannt: Der vor allem in der Apraxie-Forschung fruchtbare H. Liepmann (1863-1927), die um kinderpsychiatrische Beiträge verdienten F. Kramer (1878-1877) und Pollnow, der Neuropathologe H.-G. Creutzfeld (1885-1964), der erbpathologisch ambitionierte Schizophrenieforscher Kallmann (1897-1967) und R. Thiele (1880-1960), der unter Kramer die 1921 gegründete Kinder-Kranken- und Beobachtungsstation betreute und viel später die ganze Klinik leiten sollte. Weiter zu erwähnen sind der besonders auf psychiatrischem Gebiet aktive H. Seelert, E. Straus (1871-1975), H. Scheller (1901-1972), W. Betzendahl (1896-1980), P. Jossmann (1891-1978), H.C. Roggenbau (geb. 1896) und J. Zutt (1893-1980). Der als Psychotherapeut bedeutende und um methodische Grundlagen der Psychiatrie verdiente A. Kronfeld (1886-1941) hatte sich 1927 bei Bonhoeffer habilitiert und ab 1931 eine außerordentliche Professur inne. Im Jahre 1935 emigrierte er in die Schweiz, von dort ging er auf Vermittlung von E. Sternberg (1902-1980) nach Moskau, 1941 nahm er sich mit seiner Frau das Leben.

Im Blick auf die Aktivitäten an der Psychiatrischen und Nervenklinik der Charité war also neben der stattlichen Anzahl prominenter Fachvertreter zugleich ein erstaunlich breites Spektrum zukunftsträchtiger Forschungsorientierungen, das Neurologie und

Psychiatrie einschließlich Psychotherapie gleichermaßen umfaßte, vertreten. Doch die politischen Entwicklungen in Deutschland ab 1933, die Herrschaft des Nationalsozialismus, warfen ihre Schatten über die Klinik. Das nationalsozialistische Gesetz zur Wiederherstellung des Berufsbeamtentums[16] war die Grundlage dafür, daß Kramer und später Jossmann die Lehrbefugnis entzogen wurde. Sie gingen ins Ausland. Auch für Herta Seidemann, E. Straus, A. Kronfeld und den mittlerweile in München tätigen Kallmann blieb nur die Emigration. Gleichfalls der politischen Umstände wegen gingen Quadfasel, Pollnow und Grotjahn in die Emigration. Bonhoeffer versuchte – weit über das damals erlaubte Maß hinaus - seinen ehemaligen Mitarbeitern durch Empfehlungsschreiben und Vermittlungen den Weg zu bahnen, nachdem seine Bemühungen, sie an der Berliner Wirkungsstelle zu halten, fehlgeschlagen waren. Er selbst stand dem nationalsozialistischen Regime ablehnend gegenüber. Seine Familie brachte tapfere Widerstandskämpfer gegen Hitler und sein System hervor. Ihren Mut und ihre aufrechte Gesinnung mußten Bonhoeffers Söhne Dietrich und Klaus sowie zwei Schwiegersöhne mit dem Leben bezahlen[17]. Auch Karl Bonhoeffer selbst war es nicht vergönnt, sich aus den politischen Auseinandersetzungen herauszuhalten. Nicht allein die Konflikte wegen der durch die Nationalsozialisten angeordneten Entfernung jüdischer Mitarbeiter aus der Klinik brachten unvermittelt die erschreckende politische Wirklichkeit in sein Leben. Gewährsleute der Nationalsozialisten versuchten, an der Klinik und in Lehrveranstaltungen Einfluß zu gewinnen. Wohl allein die unangefochtene persönliche Autorität und die ruhig-bestimmende Art Bonhoeffers vermochten das Schlimmste zu verhindern (Scheller 1960).

Sogar bis ins Ausland fand die Frage Interesse, ob der als nüchtern und unbestechlich geltende erste Psychiater Deutschlands Licht in die Vorgänge der Reichstagsbrandstiftung bringen würde, hatte doch Bonhoeffer gemeinsam mit Zutt die Begutachtung des von den Nationalsozialisten der Reichstagsbrandstiftung beschuldigten Marinus van der Lubbe übernommen. Enttäuschung und sogar heftige Angriffe richteten sich auf Bonhoeffer, als er in fachwissenschaftlicher Selbstbeschränkung weder für medikamentöse Einwirkungen noch für andere Fremdbeeinflussungen gegenüber van der Lubbe Hinweise geben konnte (Bonhoeffer u. Zutt 1934).

Auch auf einem anderen Gebiet schuf die politische Wirklichkeit veränderte Voraussetzungen. Mit dem Gesetz zur Verhütung erbkranken Nachwuchses vom 14.7.1933 traten Anforderungen zur Erfüllung erbhygienischer Forderungen des nationalsozialistischen Staates an Bonhoeffer und seine Ärzte heran.[20] Wenngleich unverkennbar ist, daß Bonhoeffer moderat und mit wissenschaftlicher Sorgfalt vorzugehen gewillt war, wurden zwischen 1934 und 1942 insgesamt 1991 Gutachten zu Fragen der Sterilisation in der Klinik angefertigt. In rund 44 % der Gutachten wurde die Indikation zur Sterilisierung bestätigt (Roggenbau 1949). Bonhoeffer selbst wirkte im Erbgesundheitsobergericht mit und führte 1934 und 1936 erbbiologische Fortbildungskurse durch. So wie er die Forderungen des Gesetzes erbkranken Nachwuchses als Ansporn zur wissenschaftlichen Forschung sah, so wollte er streng wissenschaftliche Kriterien für die Entscheidung zur Sterilisation Erbkranker angewandt wissen. Eine grundsätzliche offene Ablehnung erbhygienischen Handels des nationalsozialistischen Staates konnte er sich unter den gegebenen politischen Bedingungen sicher nicht erlauben, aber selbst noch nach dem Krieg ließ er eugenische Erwägungen für bestimmte Fälle, in denen durch Unfruchtbarmachung ein Stamm auzulöschen sei, gelten (Bonhoeffer 1949).

Heinrich Schulte, einer der Schüler Bonhoeffers, der sich für die Rettung psychisch Kranker und jüdischer Menschen einsetzte und rassisch oder politisch verfolgte Ärzte unterstützte, bezeugte später, daß er seine Haltung und moralische Überzeugung dem Einfluß seines Lehrers Bonhoeffer zu verdanken habe (Neumärker 1990).

Obwohl Bonhoeffer selbst vielen seiner Mitarbeiter ein dauerhaftes Rüstzeug in fachlicher, ethischer und moralischer Hinsicht mitzugeben vermochte, sogar selbst gegen die Willkür der Nationalsozialisten und die Hoffart ihrer Anhänger wirksam zu werden sich redlich bemühte, konnte er trotz mancher Anstrengungen den weiteren Lauf des Schicksals nicht von der Klinik abwenden.

Nachdem er 1938 auf eigenen Wunsch emeritiert wurde, begann das finsterste Kapitel der Klinikgeschichte. Entgegen anderslautenden Vorstellungen der Medizinischen Fakultät, die Bostroem, Gamper oder Kehrer als Nachfolger gewinnen wollte, wurde auf höhere politische Einflußnahme hin Maximilian de Crinis (1889-1945) (Neumärker 1989), vorher in Graz und Köln tätig, zum 1.11.1938 als Direktor der Psychiatrischen und Nervenklinik berufen. Seit 1931 Mitglied der NSDAP, seit 1936 SS-Haupt-Sturmführer, besaß er engste Beziehungen zu Himmler, Heydrich und Schellenberg. Sogar an einer konspirativen Entführung englischer Offiziere hatte er teilgenommen und sich damit hohe Auszeichnungen seitens der Nationalsozialisten erworben. So nimmt es nicht wunder, daß nun SS-Ärzte zur Ausbildung an die Charité-

Klinik kamen. Zugleich war die Klinik auch Tarnadresse für Aktionen des Sicherheitsdienstes. De Crinis unterstützte und förderte den berüchtigten Werner Heyde alias Sawade, der über mehrere Etappen seiner Karriere im nationalsozialistischen System schließlich zum Leiter der T4-Dienststelle, der Zentrale des Massenmordes an psychisch Kranken, avancierte. De Crinis gehörte selbst zu den entscheidenden Köpfen bei der Vorbereitung des verbrecherischen Mordfeldzuges gegen die psychisch Kranken (Aly 1987, Nowak 1984).

Das Vorlesungsverzeichnis der Universität Berlin für das Wintersemester 1941/42 (Friedrich-Wilhelms-Universität 1941) weist neben den üblichen Vorlesungen in Psychiatrie und Nervenheilkunde von de Crinis, Roggenbau, Zutt und von Hattingberg eine Vorlesung über allgemeine Psychiatrie, Wehrpsychiatrie und Wehrpsychologie (Charakterkunde, psychopathische Persönlichkeiten), gehalten von Wuth, und eine Vorlesung in psychiatrischer Erblehre, gehalten von Selbach, aus. Der im Rahmen der Kinder-"Euthanasie" gleichfalls zu traurigem Ruhm gelangte Heinze aus Brandenburg (Aly 1987, Nowak 1984) bot im Vorlesungsverzeichnis praktische Übungen in Beobachtung und Begutachtung schwererziehbarer Kinder und Unterweisungen in Psychopathologie des Kindes- und Jugendalters an.

In den Kriegsjahren wurden nicht allein die Zahl der Patienten, sondern auch die Zahl der Mitarbeiter erheblich dezimiert. Durch Bombenangriffe wurde das Gebäude der Klinik erheblich geschädigt.

Die Jahre nach dem 2. Weltkrieg sind zu eng mit der Gegenwart, z. T. mit noch lebenden Personen verbunden, als daß man sie schon zum Gegenstand ausgewogener historischer Betrachtung machen könnte.

Allein ein summarischer Überblick ist angebracht:

Die Nachkriegsjahre standen im Zeichen des Neuanfangs und Wiederaufbaus. Zunächst lag die Leitung der Klinik in den Händen von Roggenbau und Zutt. Im Jahre 1949 ging sie auf Thiele über. Später, im Jahre 1957, übernahm Leonhard (1904-1988), aus Erfurt kommend, die Klinik. Auch dieser Direktor hatte sein Lebenswerk, obwohl von außen, von Erlangen, Gabersee, Frankfurt und dann von Erfurt kommend, auf eine spezifische Weise mit dem traditionellen Geist der Klinik verbunden. Leonhard, der sich selbst sowohl als Psychiater als auch als Neurologe verstand, dessen Name aber vornehmlich in der Psychiatrie Weltgeltung behalten wird, hat die Forschungstraditionen von Wernicke und Kleist fortgesetzt. Dies trifft sowohl auf methodische Grundannahmen als auch auf grundsätzliche Vorstellungen zur klassifikatorischen Ordnung der endogenen Psychosen zu. Auf letzterem Gebiet ist besonders das in vielen und immer wieder überarbeiteten Auflagen erschienene Werk von Karl Leonhard, nämlich die "Aufteilung der endogenen Psychosen", zu erwähnen. Nach der Emeritierung von Leonhard im Jahre 1969 folgten als Direktoren K. Seidel und H.A.F. Schulze. Seit 1988 leitet K.-J. Neumärker die Klinik und Poliklinik für Psychiatrie und Neurologie der Charité.

Blickt man auf die lange Geschichte der Klinik zurück, so wird man feststellen, daß sich in ihr die Wechselfälle der Geschichte und das Schicksal der Fachgebiete Psychiatrie und Neurologie in einer besonders plastischen Weise widerspiegeln. Dies trifft gleichermaßen für die negativen wie für die positiven Aspekte zu. Eine stattliche Reihe hervorragender Persönlichkeiten, die das Schicksal der Klinik entscheidend gestalteten oder aus ihr hervorgingen, gereichen der Charité, der Berliner Universität und der Stadt Berlin zur Ehre. In vielem hat die Klinik die Weltgeltung der deutschen Psychiatrie und Neurologie mitgestaltet. Anders als in manchen anderen vergleichbaren universitären Einrichtungen war stets eine besonders enge Verbindung zwischen Psychiatrie und Neurologie sowohl ein Charakteristikum als auch ein konstitutives Element für Leistungen und Ausstrahlung der Klinik.

Anmerkungen

1 Die nachfolgenden Arbeiten widmen sich der Geschichte der Charité, z. T. ist darin die Entwicklung der psychiatrisch-neurologischen Betreuung, Forschung und Lehre dargestellt: Harig u. Lammel (1987), Jaeckel (1963), Scheibe (1910). Mehr oder weniger ausführlich mit der Geschichte von Psychiatrie und Neurologie an der Charité beschäftigen sich: Bonhoeffer (1940), Leonhard (1960), Scheller (1960), Schulze u. Seidel (1987), Ziehen (1910).

2 Eine umfassende Analyse des ärztlichen Wirkens von Ernst Horn und seinen Auffassungen gibt Schneider (1986). Auf dieser Arbeit beruhen auch viele der die Zeit und Wirksamkeit Horns betreffenden Angaben im vorliegenden Beitrag.

3 Die Äffäre wurde näher beleuchtet bei: Seidel (1984a)

4 Zentrales Staatsarchiv, Dienststelle Merseburg. Rep. 76, Tit. VIII D, Nr. 66, Bl. 170-172.

5 Zu Werk und Person Griesingers liegt eine Reihe wichtiger Beiträge vor, von denen genannt werden sollen: Marx (1972), Mette (1976), Wunderlich (1869).

[6] Der Briefausschnitt wird zitiert nach Bonhoeffer (1940, S. 50)

[7] Zentrales Staatsarchiv, Dienststelle Merseburg. Rep. 76, V a, Sekt. 2, Tit. IV Nr. 46, Bd. 3, Bl. 222 f

[8] Der Entwicklung der Diskussionen innerhalb der Berliner Gesellschaft für Psychiatrie und Nervenkrankheiten bis zum Jahre 1899 wird detailliert nachgegangen bei: Schmiedebach (1986).

[9] Stellvertretend für die gegen Griesinger gerichteten Angriffe steht Laehr (1868)

[10] Das Schreiben wird zitiert nach Griesinger (1868, S. 44)

[11] Seine Bemühungen und Überlegungen legte Griesinger ausführlich dar in der als Antwort auf die von Laehr vorgebrachten Argumente gedachten Schrift: Griesinger (1868)

[12] Westphal wies im Jahre 1868 in einem Vortrag darauf hin, daß er schon 1862 gegenüber Griesinger die Aufffassung von der Verrücktheit als sekundäre Seelenstörung bezweifelt hatte. Vergl. Westphal (1892)

[13] Über Carl Westphal gibt es eine Reihe von Darstellungen: Boedecker (1924), Seidel (1986 b), Seidel (1990)

[14] Die wissenschaftlichen Beiträge von Carl Westphal hat sein Sohn A. Westphal in einer zweibändigen Sammlung zusammengestellt: Westphal (1892)

[15] Der Wandlung der Auffassungen Westphals im Kontext mit dem Verständniswandel in der Psychiatrie im Beginn ihres naturwissenschaftlichen Selbstverständnisses widmet sich Schmiedebach (1985)

[16] Das Schicksal jüdischer Psychiater und Neurologen beleuchtet näher: Neumärker (1989). Über die Beiträge jüdischer Gelehrter an der Charité gibt einen Überblick: Harig (1989)

[17] Besonders unter dem Aspekt von Biographie und Werkanalyse des Theologen Dietrich Bonhoeffer sind Haltung und Leistungen der Familie Bonhoeffer dargestellt bei: Bethge (1986)

[18] Im Kontext der Zeitumstände analysieren die Haltung Bonhoeffers zur Sterilisierungsfrage: Seidel u. Neumärker (1989).

Literatur

Aly G (Hrsg) (1987) Aktion T4. Die "Euthanasie"-Zentrale in der Tiergartenstraße 4. Hentrich, Berlin

Amil'n H (1831) Das Charité-Irrenhaus zu Berlin. Friedreichs Magaz Philosoph Med Ger 7:150-155

Artelt W (1948) Medizinische Wissenschaft und ärztliche Praxis im alten Berlin in Selbstzeugnissen, Bd I. Urban & Schwarzenberg, Berlin

Baader G (1982) Stadtentwicklung und psychiatrische Anstalten. In: Keil G(Hrsg) gelêrter der arznie ouch apoteker. Festschrift zum 70. Geburtstag von WF Daems. Wellm. Pattensen/Hgn, S 239-253

Bernhardt P (1924) Wilhelm Sander (1838-1922). In: Kirchhoff (Hrsg) Deutsche Irrenärzte, Bd II. Springer, Berlin, S 156-160

Bethge, E (1986) Dietrich Bonhoeffer, Theologe - Christ - Zeitgenosse. Evang. Verlagsanstalt, Berlin

Birnbaum K (1924), Karl Moeli (1848-1919) In: Kirchhoff, Th (Hrsg) Deutsche Irrenärzte, Bd II. Springer, Berlin, S 258-263

Bödeker (1924) Carl Westphal (1833-1890). In: Kirchhoff Th (Hrsg) Deutsche Irrenärzte,Bd II. Springer, Berlin, S 110-121

Bonhoeffer K (1940) Die Geschichte der Psychiatrie in der Charité im 19. Jahrhundert. Z Ges Neurol Psychiat 168: 37-64

Bonhoeffer K (1949) Ein Rückblick auf die Auswirkung und die Handhabung des nationalsozialistischen Sterilisierungsgesetzes. Nervenarzt 20: 1-5

Bonhoeffer K, Zutt K (1934) Über den Geisteszustand des Reichstagsbrandstifters Marinus van der Lubbe. Monatsschr Psychiat Neurol 89:187-213

Brockhaus (1868) Allgemeine Deutsche Real-Encyclopädie für gebildete Stände (Conversations-Lexikon) Bd. 9. Brockhaus, Leipzig

Donalies C (1969) Zur Geschichte der Psychiatrie in Berlin vor Griesinger. In: Kaiser W, Beierlein C (Hrsg) In memoriam Herman Boerhaave. Wiss Beitr M Luther-Universität Halle, S 219-233

Fraenkel J (1924) Moritz Jastrowitz (1839-1912) In: Kirchhoff Th (Hrsg) Deutsche Irrenärzte, Bd II. Springer, Berlin, S 171-173

Friedrich-Wilhelms-Universität zu Berlin (1941) Personal- und Vorlesungsverzeichnis. Wintersemester 1941/42, Berlin

Griesinger W (1968) Zur Kenntnis der heutigen Psychiatrie in Deutschland. Wigand, Leipzig

Griesinger W (1872 a) Vortrag zur Eröffnung der Klinik für Nerven- und Geisteskrankheiten in der Königl. Charité. In: Griesinger W, Gesammelte Abhandlungen, Bd I. Hirschwald, Berlin, S 107-126

Griesinger W (1872b) Vortrag zur Eröffnung der Psychiatrischen Klinik zu Berlin. In: Griesinger W, Gesammelte Abhandlungen, Bd I. Hirschwald Berlin, S 127-151

Griesinger W (1872c) Über einen wenig bekannten psychopathischen Zustand. In: Griesinger W, Gesammelte Abhandlungen, Bd I. Hirschwald, Berlin, S 180-191

Griesinger W (1872d) Weiteres über psychiatrische Kliniken. In: Griesinger W, Gesammelte Abhandlungen , Bd I. Hirschwald, Berlin, S 309-316

Griesinger W (1872e) Vortrag zur Eröffnung der psychiatrischen Klinik in Berlin (für das Sommersemester 1968) in: Griesinger W, Gesammelte Abhandlungen, Bd I. Hirschwald, Berlin, S 192-214

Harig G, Lammel H-C (1978) Zur Geschichte der Beziehungen zwischen der Charité und Berlin . Wiss Z Humboldt-Univ Math Nat R 36: 14-21

Harig G (1989) Zur Stellung und Leistung jüdischer Wissenschaftler an der Berliner Medizinischen Fakultät. Charité-Annalen, Neue Folge, Bd. 8, Akademie-Verlag, Berlin, S 213-224

Hauck GGP (1849) Aphorismen des Dr. Ernst Horn. Arnoldsche Buchhandlung, Dresden

Heintze U, Kulpa A (1989) Wissenschaftsentwicklung an der Klinik für Neurologie und Psychiatrie der Charité zwischen 1865 und 1939 im Spiegel der wissenschaftlichen Publikationen aus der Klinik. Unveröff. Diplomarbeit, Humboldt-Universität Berlin

Hoche A (1924) Carl Fürstner (1848-1906) In: Kirchhoff Th (Hrsg) Deutsche Irrenärzte, Bd II. Springer, Berlin, S 251-254

Horn E (1818) Öffentliche Rechenschaft über meine zwölfjährige Dienstführung als zweiter Arzt des Königl. Charité-Krankenhauses zu Berlin, nebst Erfahrungen über Krankenhäuser und Irrenanstalten. Reimer, Berlin

Hufeland CW (1937) Leibarzt und Volkserzieher, Selbstbiographie von Christoph Hufeland. Lutz, Stuttgart

Jaeckel G (1963) Die Charité. Die Geschichte des berühmtesten deutschen Krankenhauses. Hestia, Bayreuth

Jastrowitz M (1869) Über die therapeutischen Wirkungen des Chloralhydrats. Berl Klin Wochenschr 6 (39): 413-415; (40): 425-428

Kirchhoff Th (1921) Carl-Wilhelm Ideler (1795-1860) In: Kirchhoff Th (Hrsg) Deutsche Irrenärzte, Bd I. Springer, Berlin, S 152-158

Kolle K (1964) Genealogie der Nervenärzte des deutschen Sprachgebietes. Fortschr Neurol Psychiat 32: 512-538

Leibbrand W, Wettley A (1961) Der Wahnsinn. Geschichte der abendländischen Psychopathologie. Alber, Freiburg

Leonhard K (1960) Über die Geschichte der Nervenklinik der Charité. Z Ärztl Fortbild 54: 492-496

Liebreich O (1869) Das Chloralhydrat- ein neues Hypnoticum und Anästhetikum und dessen Anwendung in der Medicin. Müller Berlin

Liebreich O (1871) Das Chloralhydrat - ein neues Hypnotikum und Anästhetikum und dessen Anwendung in der Medicin, 3. Aufl. Müller, Berlin

Laehr H (1868) Fortschritt? - Rückschritt! Reform-Ideen des Herrn Geh. Rathes Prof. Dr. Griesinger in Berlin auf dem Gebiete der Irrenheilkunde. Oehmigke, Berlin

Laehr H, Lewald M (1899) Die Heil- und Pflege-Anstalten für Psychisch Kranke des deutschen Sprachgebietes am 1. Januar 1898. Reimer, Berlin

Liepmann H (1924) Carl Wernicke (1848-1905) In: Kirchhoff Th (Hrsg) Deutsche Irrenärzte, Bd II. Springer, Berlin, S 238-250

Neumärker K-J (1989) Der Exodus von 1933 und die Berliner Neurologie und Psychiatrie. Charité-Annalen, Neue Folge, Bd. 8, Akademie Verlag, Berlin, S 224-229

Neumärker K-J (1990) Karl-Bonhoeffer. Leben und Werk eines deutschen Psychiaters und Neurologen in seiner Zeit. Springer, Berlin Heidelberg New York Tokyo

Marx OH (1972) Wilhelm Griesinger and the history of psychiatry: a reassessment. Bull Hist Med 46: 519-544

Mette A (1976) Wilhelm Griesinger. Der Begründer der wissenschaftlichen Psychiatrie in Deutschland. Teubner, Leipzig

Nicolai F (1987) Beschreibung der Königlichen Residenzstadt Berlin. Eine Auswahl. Reclam, Leipzig

Nowak K (1984) "Euthanasie" und Sterilisierung im "Dritten Reich". 3. Aufl. Böhlau, Weimar

Reil J C (1803) Rhapsodiee über die Anwendung der psychischen Curmethode auf Geisteszerrüttungen. Curt, Halle

Roggenbau HC (1949) Über die Krankenbewegung an der Berliner Universitäts-Nervenklinik in den Jahren 1933-1945. Psychiat Neurol med Psychol 1: 129-133

Samt P (1874) Die naturwissenschaftliche Methode in der Psychiatrie. Hirschwald, Berlin

Samt P (1875) Epileptische Irreseinsformen. Arch Psychiat Nervenkr 5: 393-4949

Samt P (1876) Epileptische Irreseinsformen (Schluß). Arch Psychiat Nervenkr 5: 110-216

Scheibe O (1910) Zweihundert Jahre des Charité-Krankenhauses in Berlin. Charité-Annalen 34: 1-178

Scheller H (1960) Zur Geschichte der Psychiatrie an der Berliner Universität. Erinnerungen an Karl Bonhoeffer. In: Leussink H, Neumann E, Kotowski G (Hrsg) Studium berolinense. De Gruyter, Berlin, S 290-311

Schmiedebach H-P (1985) Zum Verständniswandel der "psychopathischen" Störungen am Anfang der naturwissenschaftlichen Psychiatrie in Deutschland. Nervenarzt 56: 140-145

Schmiedebach H-P (1986) Psychiatrie und Psychologie im Widerstreit. Die Auseinandersetzung in der Berliner medicinisch-psychologischen Gesellschaft (1867-1899). Matthiesen, Husum

Schneider H (1986) Ernst Horn (1774-1848) - Leben und Werk. Ein ärztlicher Direktor der Berliner Charité an der Wende zur naturwissenschaftlichen Medizin. Med Dissertation, Freie Universität Berlin

Schulze HAF, Seidel M (1987) Von der "Irrenpflege" zur wissenschaftlich begründeten Betreuung an der Charité und im städtischen Gesundheitswesen. Wiss Z Humboldt Univ Math Nat R 36: 78-81

Seelert H (1924) Paul Samt (1844-1875) In: Kirchhoff Th (Hrsg) Deutsche Irrenärzte, Bd II. Springer, Berlin, S 219-223

Seidel M (1986a) Die Irrenabteilung der Charité und der "Morbus democraticus" - eine Anmerkung zum Verhältnis von Psychiatrie und Politik im Preußen des Jahres 1850. Z klin Med 41: 2205-2206

Seidel M (1986b) Carl Westphal - ein fortschrittlicher Hochschullehrer der Neurologie und Psychiatrie im 19. Jahrhundert. Psychiat Neurol med Psychol 38: 733-740

Seidel M (1987) Theodor Ziehen (12.11.1862-29.12.1950) - Leben und Werk. Psychiat Neurol med Psychol 39: 693-699

Seidel M (1988) Theodor Ziehen als Psychiater und Neurologe. Psychiat Neurol med Psychol 40: 232-236

Seidel M (1990) Carl Westphal - Leben und Werk. Z Ärztl Fortbild 84: 64-67

Seidel M, Neumärker K-J (1989) Karl Bonhoeffer und seine Stellung zur Sterilisierungsgesetzgebung. In: Arbeitsgruppe zur Erforschung der Geschichte der Karl-Bonhoeffer-Nervenklinik (Hrsg) Totgeschwiegen 1933-1945. Zur Geschichte der Wittenauer Heilstätten, seit 1957 Karl-Bonhoeffer-Nervenklinik, 2. Aufl. Hentrich, Berlin, S 269-282

Siemerling F (1924) Friedrich Jolly (1844-1904) In: Kirchhoff Th (Hrsg) Deutsche Irrenärzte, Bd II. Springer, Berlin, S 223-231

Wassermeyer (1924) Robert Thomsen (1858-1919) In: Kirchhoff Th (Hrsg) Deutsche Irrenärzte, Bd II. Springer, Berlin, S 286-288

Westphal A (Hrsg) (1892a) Carl Westphal's Gesammelte Abhandlungen, Bd I und II. Hirschwald, Berlin

Westphal C (1892b) Über die Verrücktheit. In: Westphal A (Hrsg) Carl Westphals Gesammelte Abhandlungen, Bd I. Hirschwald, Berlin, S 388-392

Wunderlich C A (1869) Wilhelm Griesinger. Biographische Skizze. Wigand, Leipzig

Ziehen T (1910) Geschichte der Psychiatrischen und Nervenklinik der Charité in Berlin. In: Lenz M (Hrsg) Geschichte der königlichen Friedrich-Wilhelms-Universität zu Berlin, Bd II. Verlag der Buchhandlung des Waienhauses Halle, S 124-125

Zülch K J (1960) Hermann Oppenheim (1858-1919) und die Berliner Neurologie. In: Leussink H, Neumann E, Kotowski G (Hrsg) Studium berolinense. De Gruyter, Berlin, S 285-289

Die Integration der Psychiatrie des 19. Jahrhunderts in die Medizin mit Hilfe der Neurologie

H.-P. Schmiedebach

Es dauerte etwa 100 Jahre, bis die Psychiatrie in Deutschland ihren gesicherten Platz innerhalb der Medizin einnehmen konnte. Im Jahr 1803 hatte Johann Christian Reil einen umfassenden Entwurf der akademischen Disziplin "Psychiatrie" entworfen und diesen Begriff geprägt (Reil 1803, S. 446-479). 1901 wurde in der neuen medizinischen Prüfungsordnung die Psychiatrie endgültig als Prüfungsfach etabliert (Eulner 1970, S.281). Diese akademische Etablierung war zugleich verbunden mit einer Integration in die moderne naturwissenschaftlich fundierte Medizin. Die dafür notwendige Legitimierung als naturwissenschaftliches Fach erhielt die Psychiatrie, zumindest für eine gewisse Zeit, von der Neurologie.

Im folgenden soll die Frage untersucht werden, wie sich die Dynamik zwischen diesen beiden Gebieten im einzelnen gestaltet hat und welche Faktoren dabei maßgebend waren.

Zwischen 1805 und 1808 begann der preußische Staat nach den Plänen von Johann Gottfried Langermann das Irrenwesen umzugestalten. Langermann hatte verschiedene Vorstellungen Reils übernommen und die Irren nach Heilbarkeit und Unheilbarkeit differenziert. Mit der Akzeptanz der Langermannschen Pläne wurde erstmals seitens eines deutschen Staates das Irresein als heilbar sanktioniert. Gleichzeitig bekannte sich der Staat zu seiner Pflicht, die "Unglücklichen" nicht mehr bloß zu verwahren, sondern eine aktive Gestaltung des Irrenwesens zu seiner Angelegenheit zu machen (Dörner 1975, S. 243-250).

Andere deutsche Staaten folgten mehr oder weniger schnell diesem Beispiel, und bald setzte eine erste Welle von Anstaltsgründungen ein. Die damit verbundenen staatlichen Erwartungen nach einer großen Heilungssquote bei möglichst geringen Kosten konnten von seiten der Anstalten nicht immer in zufriedenstellender Weise erfüllt werden.

Die Alltagspraxis in diesen ersten Anstalten war einerseits bestimmt von einem pädagogischen Ansatz mit dem Ziel einer Erziehung zur Vernunft und von den traditionellen Behandlungsmethoden der mit den Geistesstörungen verbundenen körperlichen Krankheiten. Andererseits dominierten strenge Autorität, Bestrafung aufgrund rigoroser Disziplinarordnungen und mechanischer Zwang.

Neben dieser Anstaltspraxis findet man im zweiten und dritten Jahrzehnt auch verschiedene Formen einer universitären Beschäftigung mit den Phänomenen der Geisteskrankheiten. Vorlesungen mit Titeln wie "Philosophie der Seelenheilkunde", "Psychologie", "Über psychische Krankheiten" und "Psychologie und Anthropologie mit vorzüglicher Rücksicht auf Gemüts- und Geisteskrankheiten" wurden an verschiedenen deutschen Universitäten angeboten (Eulner

1970, S. 263-265). Diese universitäre Auseinandersetzung mit dem Irresein hatte vor allem einen akademischen Bezugspunkt und stand maßgeblich unter dem Einfluß der Anthropologie Kants und der Naturphilosophie Schellings. Eine praktische Beschäftigung mit Irren fand kaum statt. Erst ab den 30er und 40er Jahren begann sich langsam ein praktisch-klinischer Unterricht herauszubilden. In Breslau gar wurde bis zum Jahr 1876 die Psychiatrie nur theoretisch unterrichtet. Die Situation in Bonn, wo Christian Friedrich Nasse 1819 die Direktion der medizinischen Klinik übernommen hatte und in Zusammenarbeit mit dem Direktor der Anstalt Siegburg Maximilian Jacobi einen vierwöchigen Ferienkurs an dieser Anstalt organisiert hatte, blieb eine Ausnahme.

Etwas zugespitzt kann man die Situation in dieser Zeit mit folgenden Worten beschreiben: An den Universitäten führte man den akademischen Diskurs über Vernunft und Unvernunft unter Bezugnahme auf die Philosophie und Anthropologie, in den Anstalten versuchten die Ärzte den staatlichen Auftrag nach Erziehung und Heilung der Irren praktisch zu erfüllen.

Etwa ab den 40er Jahren begann sich eine neue Ära in der Betrachtung der Geisteskrankheiten anzukündigen und eine Überwindung der bisherigen Gegensätze abzuzeichnen. Eine junge Generation von Ärzten, zu der fast alle Personen zählen, deren Namen mit der Grundlegung der naturwissenschaftlichen Medizin verbunden sind, nahm die neuesten Ergebnisse und Methoden aus der Physiologie auf und verlangte, daß diese die allgemeine, einheitliche Grundlage der Medizin werden solle. Nur auf diese Weise sei ein Schlüssel zum Verständnis gesunder wie auch kranker Vorgänge im Organismus zu finden, wobei selbstverständlich auch Nervensystem und Gehirn in dieses Programm einbezogen waren.

Auch Wilhelm Griesinger zählte zu dieser Gruppe von Ärzten. Seine ersten psychiatrischen Arbeiten veröffentlichte er in dem 1842 neu gegründeten "Archiv für physiologische Heilkunde". Streng ging er dabei von den neuesten neurophysiologischen Erkenntnissen über die Reflexaktion aus und übertrug diese in einem Analogieschluß auf die psychischen, im Gehirn angesiedelten Vorgänge (Griesinger 1872,S. 3-45). Bedeutend für die Psychiatrie war Griesinger nicht deshalb, weil er den Satz: "Geisteskrankheiten sind Gehirnkrankheiten" formulierte - dies hatten andere in ähnlicher Weise schon vor ihm getan. Entscheidend war, daß dieser Satz nun auf eine mit neuen Methoden und Erkenntnissen versehene Physiologie bezogen werden konnte und daß es eine bedeutende Gruppe von Ärzten gab, die diese neue Physiologie unbedingt zur Grundlage der gesamten Medizin machen wollte, wodurch eine gute strategische

Ausgangsbedingung für die Durchsetzung dieses Programms gegeben war. Für alle diese Ärzte war es selbstverständlich, daß die psychischen, motorischen und sensiblen Phänomene in ihren gesunden und pathologischen Formen nur durch eine physiologische und anatomische Erforschung zu verstehen waren.

Mit diesem Ansatz waren im Grunde alle Voraussetzungen gegeben, um die Psychiatrie als Disziplin der modernen Medizin zu akzeptieren. Doch stand einer endgültigen Integration noch ein gravierendes Problem entgegen: eine Ungleichzeitigkeit in Theorie und Praxis, ein Auseinanderfallen von Anspruch und Wirklichkeit. Denn im klinischen Alltag arbeitete man mit den tradierten, empirisch gebildeten Krankheitsbegriffen und Krankheitseinteilungen. Diesen allerdings fehlte nicht nur jede pathopsychologische Fundamentierung, sie standen manchmal geradezu im Widerspruch dazu. Das wesentliche Kriterium einer modernen Medizin war also keinesweg erfüllt.

Griesinger war sich dieses Dilemmas durchaus bewußt. Die Psychiatrie sei gegenwärtig noch gezwungen, so stellte er fest, aufgrund des Äußeren der Phänomene Krankheiten als Symptomkomplexe zu beschreiben. Über das Wesen der Krankheiten im somatisch-physiologischen Bereich sei leider nichts bekannt, jedoch könne eine genaue klinische Beobachtung mit dazu beitragen, die wesentlichen Veränderungen des materiellen Substrats zu erkunden (Griesinger 1872,S. 98-99). Wie tief Griesinger selbst in diesem Dilemma steckte, zeigt sein langes Festhalten an dem Konzept der Einheitspsychose.

Der neue, so durchschlagende Ansatz, der der Psychiatrie ohne Wenn und Aber einen Platz in der modernen Medizin hätte zuweisen können, gründete also lediglich auf einer wissenschaftlichen Option, deren Erfüllung man irgendwann in der Zukunft gegeben sah.

Dieser Umstand war mit dafür verantwortlich, wenn auch nicht ausschließlich, daß die führenden Psychiater, die zum größten Teil als Anstaltsdirektoren in einem sozial abgeschlossenen, nach ihren Vorstellungen strukturierten Raum wirkten, den Optimismus dieses Ansatzes nicht vorbehaltlos aufnahmen und andere Wege zur gewünschten Eigenständigkeit der Psychiatrie beschreiten wollten. 1846 konnte sich eine eigene psychiatrische Sektion bei den regelmäßig stattfindenden Versammlungen Deutscher Naturforscher und Ärzte durchsetzen. Ein Jahr später begründete Carl Friedrich Flemming, einer der führenden Anstaltsdirektoren, diesen Schritt mit dem "bedeutenden sozialen Nutzen" der Psychiatrie; es klingt wie eine Stellungnahme gegen die neue physiologische Medizin, wenn man in der protokollarischen Zusammenfassung seines Beitrags liest, daß die Psychiatrie einerseits noch nicht auf der Höhe der übrigen Medizin stehe, sie sich aber andererseits von der "eigentlichen Medizin, unter deren Vormundschaft sie bisher gestanden" habe, ebenso emanzipieren müsse wie von der Philosophie und Psychologie (Schmidt 1982, S. 24).

Betrachtet man die verschiedenen Namen dieser neugegründeten Sektion, so wird deutlich, welche anderen Schwerpunkte die führenden Vertreter des Faches, zu denen Griesinger noch nicht zählte, als wichtig erachteten. Bis zum Jahr 1854 nannte sie sich "Sektion für Psychiatrie und Anthropologie" und setzte damit, in der Tradition des frühen 19. Jahrhunderts stehend, auch auf die weit verbreitete kranioskopische Forschung. Ab 1862 trug sie den Namen "Sektion für Psychiatrie und Staatsarzneikunde", womit sie die Verbindung zur Medizinpolitik, -verwaltung und Forensik herausstellte (Schmidt 1982, S.16).

In dieser Namensgebung zeigt sich auch eine Parallele zu der 1844 gegründeten "Allgemeinen Zeitschrift für Psychiatrie", die den Zusatz "und psychisch-gerichtliche Medizin" in ihren Titel aufgenommen hatte. Besonders intensiv versuchten die Psychiater in den 60er Jahren das Feld der forensischen Begutachtung für sich zu reklamieren. In dieser Zeit beschäftigten sich mehrere psychiatrische Vereine mit einem weithin diskutierten Versicherungsproblem. Im allgemeinen weigerten sich die Versicherungsgesellschaften, im Falle eines Selbstmordes des Versicherten die Versicherungssumme an die Hinterbliebenen auszuzahlen. 1868 hatte der "Verein Deutscher Irrenärzte" an 16 Versicherungsgesellschaften ein Schreiben versandt, in dem er die Haftungspflicht der Versicherungsanstalten für all diejenigen Fälle einklagte, in denen sich der Versicherte infolge einer von Sachverständigen nachgewiesenen Geisteskrankheit das Leben genommen hatte (Schmiedebach 1986,S. 242). Doch stieß diese Strategie zur Anerkennung der sozialen Kompetenz der Psychiatrie verschiedentlich auf Vorbehalte staatlicher und politischer Institutionen. Im Jahre 1869 wurde im Norddeutschen Bund die Reformierung des Zurechnungsfähigkeitsparagraphen ausführlich diskutiert. Viele psychiatrische Vereine setzten sich damals für die strafrechtliche Einführung einer verminderten Zurechnungsfähigkeit ein. Doch argwöhnte die zur Beratung des Strafgesetzentwurfs eingesetzte Kommission, daß damit die Angeklagten durch "angeblich medizinische Argumente, namentlich solche", welche aus dem Gebiete der Psychiatrie entnommen seien, vor dem Strafgesetz geschützt werden sollten (Schmiedebach 1986, S. 68-69). Diese Vorbehalte zeigen, wie wenig die Psychiatrie noch in den 60er Jahren von der Autorität der naturwissenschaftlichen Medizin profitieren konnte, obwohl mittlerweile erste Ordinariate eingerichtet worden waren: in Würzburg 1863, in

München 1864, in Berlin 1865 und in Göttingen 1866 (Eulner 1979, S. 280).

Anfang der 70er Jahre hatten andererseits die modernen Forschungsmethoden des Experimentierens unter standardisierten Bedingungen und die verbesserte Mikroskopier- und Färbetechnik zu wichtigen Ergebnissen in Neurophysiologie und Anatomie geführt. 1870 konnten Hitzig und Fritsch mit ihren Versuchen an der Großhirnrinde einen Zusammenhang zwischen umschriebenen Hirnarealen und peripheren Muskelfunktionen nachweisen (Schmiedebach 1986, S. 105-106). Mit diesen Methoden entschlüsselte man zahlreiche Struktur-Funktion-Beziehungen, konnte sie aber kaum zur pathophysiologischen Fundierung von typisch psychiatrischen Symptomenkomplexen wie Manie, Melancholie oder primärer Verrücktheit verwenden.

Methode und Gegenstand entfernten sich immer mehr voneinander und die neue Methode in Verbindung mit der klinischen Beobachtung gründete gar ein neues Gebiet: die Neurologie. Diese war inzwischen zu einem Fach mit einer gewissen methodischen und klinisch-inhaltlichen Eigenständigkeit geworden. Noch in den 40er Jahren hieß Neurologie nichts anderes als Lehre von den Nerven und ihrer Anatomie. Die bald einsetzende Konturierung des neurologischen Gebietes fand in einer Zeit statt, in der sich die moderne Fächerdifferenzierung überhaupt erst zu entfalten begann. Es verwundert daher nicht, daß neben psychiatrisch orientierten Ärzten auch zahlreiche andere Kliniker neurologische Fragen bearbeiteten. Viele neurologische Vorträge wurden während der Versammlungen der Naturforscher und Ärzte nicht in der psychiatrischen Sektion, sondern bei den Internisten gehalten, was nicht selten einen nur kläglichen Besuch der psychiatrischen Versammlungen zur Folge hatte (Schmidt 1982, S.16).

Diese Fragen wurden nun bei einer neuerlichen Umbenennung der psychiatrischen Sektion im Jahr 1878 ausführlich erörtert. So sprach man von einer in den letzten Jahren eingetretenen Stagnation in der "psychiatrischen Detailarbeit" und konstatierte eine Majorität neurologischer und zerebrospinalanatomischer Arbeiten. Da Neurologie und Psychiatrie aber zwei benachbarte Gebiete seien, deren Grenzen "an so vielen Stellen" nicht getrennt werden könnten, spreche vieles für eine Zusammenführung der beiden Disziplinen (Schmidt 1982, S.17). Diese Vereinigung führte man durch, und von da an existierte eine Sektion für Psychiatrie und Neurologie.

Von dieser organisatorischen Verbindung ging eine Zentralwirkung aus. Auch die von Griesinger 1867 gegründete "Berliner medicinisch-psychologische Gesellschaft" änderte ihren Namen zum gleichen Zeitpunkt und nannte sich seitdem "Berliner Gesellschaft für Psychiatrie und Nervenkrankheiten" (Schmiedebach 1986, S.95).

Doch hatte sich inzwischen der Ansatz Griesingers unter der Hand verändert. Für ihn bildeten Psychiatrie und Neuropathologie nicht zwei getrennte Gebiete, sie waren vielmehr identisch (Griesinger 1872,S. 108). Einer Vereinigung hätte es also gar nicht bedurft. Mittlerweile aber hatte die wissenschaftliche Entwicklung neue Fakten geschaffen, und eine eigenständige Gestalt der beiden Gebiete war offensichtlich. Man muß auf diesen Unterschied zwischen Griesinger und seinen Nachfolgern hinweisen, weil häufig behauptet wird, daß diese Vereinigung eine Erfüllung der Griesingerschen Option darstelle. Doch ist sein Ansatz auch mit dieser Verbindung keineswegs wissenschaftliche Realität geworden. Es wurde lediglich versucht, das Auseinanderdriften des ursprünglich von ihm In-Eins-Gesetzten durch einen institutionell-organisatorischen Rahmen abzufangen. Die Pathophysiologie und pathologische Anatomie der primären Verrücktheit z. B. war nach wie vor nicht gefunden, und die Neurologen beschäftigten sich mit diesen Krankheiten auch gar nicht mehr, sondern erforschten Poliomyelitis, Ataxie, Bulbärparalyse, Meningitis und periphere Lähmungen, um nur einige zu nennen.

Man kann davon ausgehen, daß durch diese institutionelle Verbindung der naturwissenschaftliche Charakter des medizinischen Faches Psychiatrie verstärkt sowohl nach innen, also in die Medizin hinein, als auch nach außen, zur Gesellschaft hin, zur Wirkung kam. Doch war selbst dieser institutionelle Rahmen innerhalb der Ärzteschaft keineswegs konsensfähig. Die Einrichtung von medizinischen Kliniken im Kombination mit neurologischen in z.B. Tübingen, Jena und Gießen(Eulner 1970, S. 272-273), manchmal sogar neben einer psychiatrisch-neurologischen Klinik, wirkt fast wie ein Protest gegen die auf der Naturforscherversammlung vollzogene Verbindung.

Betrachtet man das quantitative Verhältnis von psychiatrischen zu neurologischen Arbeiten in denjenigen Gesellschaften, die eine Vereinigung dieser beiden Gebiete vollzogen hatten, so ist danach ein noch stärkeres Dominieren der neurologischen Themata bis zu einem 10fachen Übergewicht feststellbar (Schmiedebach 1986, S. 248). Die Beschäftigung mit den typisch psychiatrischen Krankheiten war nur noch marginal, von einer pathophysiologischen Aufklärung ganz zu schweigen. Und selbst bei Krankheitsbildern, die im Grenzgebiet zwischen den beiden Fächern angesiedelt waren, wie z. B. der traumatischen Neurose, gelang es nicht, psychiatrische und neurologische Aspekte überzeugend zu korrelieren, obwohl gerade dieses Krankheitsbild für längere Zeit eine diesbezügliche paradigmatische Bedeutung besaß (Fischer-Homberger 1975). Hermann Oppenheim als Neurologe hat zwar bis ins 20. Jahrhundert an der Pathogenese durch eine psychische und physische Erschütterung mit konsekutiver molekularer Veränderung im Großhirn festgehalten. Doch mußte er sich heftiger Angriffe von seiten derjenigen Psychiater erwehren, die den Begehrungsvorstellungen des Patienten nach Rente die Hauptrolle in der Ätiologie zuschreiben wollten (Oppenheim 1905,S. 1165-1185). Spätestens 1916 waren im Zusammenhang mit der Diskussion über die Genese der Kriegsneurosen die Ansichten Oppenheims der allgemeinen Kritik anheimgefallen.

Emil Kraepelin brach dann endgültig mit der von Griesinger formulierten Option. 1905 konstatierte Kraepelin, daß man von einer wirklichen Kenntnis der Ursachen einzelner klinischer Krankheitsformen noch zu weit entfernt sei, um darauf ein fest begründetes Lehrgebäude errichten zu können. Im Zentrum der Aufgabe des Psychiaters stehe die praktische Wichtigkeit, wobei er in diesem Zusammenhang stark die Gefahr betonte, die der Geisteskranke für seine Umwelt und sich selbst darstelle. Auch für ihn war es selbstverständlich, die einzelnen psychopathologischen Äußerungen und Verhaltensweisen auf körperliche Grundlagen, insbesondere auch auf eine hereditäre Belastung, zurückzuführen. Doch war für ihn die Entschlüsselung dieser Beziehungen nicht das Wesentliche der wissenschaftlich-psychiatrischen Tätigkeit (Kraepelin 1916, S. 2). Vielmehr ging es ihm um die Konstruktion eines möglichst weitgehend praktisch handhabbaren Systems psychischer Krankheitsformen, zugespitzt formuliert, um eine nomenklatorische Bewältigung psychiatrischer Probleme.

Andererseits wies Kraepelin durch sein Verständnis von Praxisbezogenheit der Psychiatrie im Hinblick auf die sozialen Aufgaben eine neue Funktion zu. Nicht die soziale Bedingtheit von psychischen Erkrankungen, sondern die sozialen Folgen waren für ihn das Entscheidende: die Gefährlichkeit des Geisteskranken und das "unendliche Elend" in der Gesellschaft, das durch Geistesstörungen hervorgerufen werde, standen für ihn im Mittelpunkt der praktischen Betätigung des Psychiaters (Kraepelin 1916, S. 3). Diese Betrachtung veränderte auch die Auffassung vom Arzt-Patienten-Verhältnis. Hatte der Ansatz Griesingers die Irren anderen somatisch Erkrankten gleichgestellt und zur Überwindung rigoros-moralischer und gewaltsamer Behandlungsmethoden beigetragen, so war nun durch die Betonung der für die Gesellschaft so negativen Folgen der Geistesstörungen wieder eine Voraussetzung für eine Sonderbehandlung der Geisteskranken gegeben.

Der Psychiater wurde von einem Anwalt der Kranken zu einem Vertreter übergeordneter vermeintlich gesellschaftlicher Interessen, die vorrangig nach Kosten-Nutzen-Aspekten definiert waren. 1920 sprach der Psychiater Alfred Hoche von "Ballastexistenzen" und spekulierte über die Vernichtung des sog. lebensunwerten Lebens (Binding u. Hoche 1920, S. 55).

Damit war von einer Gleichstellung des Geisteskranken mit den anderen Kranken nichts mehr zu spüren. Und doch waren dies Äußerungen von einem Vertreter einer Psychiatrie, deren institutionelle Zugehörigkeit zur naturwissenschaftlichen Medizin außer Frage stand. Diese Entwicklung wird häufig darauf zurückgeführt, daß die neurologisch-naturwissenschaftliche Dominanz eine Verengung des psychiatrischen Krankheitsbegriffs bewirkt habe, so daß eine Berücksichtigung der Subjektivität des Patienten und der Vielfalt seines Menschseins verlorengegangen sei (Dörner 1984). Das Problematische an diesem Vorgang soll nicht bestritten werden, doch ist für die Betrachtung der Geisteskranken als "Ballastexistenzen" eine besondere menschenverachtende Sozialhaltung mindestens ebenso bedeutsam. Zudem ist es auffällig, daß sozialdarwinistisches Gedankengut gerade dann in der Psychiatrie stark an Boden gewann, als diese endgültig in das Gebäude der naturwissenschaftlichen Medizin aufgenommen war, während dagegen in den mehr neurologisch ausgerichteten Vereinen die Bedeutung sozialdarwinistischer Ideen nach dem bisherigen Forschungsstand (Feger 1982, Schmiedebach 1986) eher geringer war. Just mit dieser Etablierung war aber auch der Legitimationsdruck entfallen, sich als naturwissenschaftlich auszuweisen. Damit war es leichter möglich, den wissenschaftlichen Aufgabenbereich des Faches zu verschieben und über den neuen Primat der Praxisbezogenheit und der Betonung der negativen gesellschaftlichen Folgen der Geisteskrankheiten einer Auffassung Raum zu verschaffen, in deren Folge mit der großen Autorität einer in der naturwissenschaftlichen Medizin etablierten Disziplin der Geisteskranke wieder besonders stigmatisiert werden konnte.

Literatur

Ackerknecht E H (1967) Kurze Geschichte der Psychiatrie, 2. Aufl. Enke, Stuttgart

Binding K, Hoche A (1920) Die Freigabe der Vernichtung lebensunwerten Lebens. Ihr Maß und ihre Form, Leipzig

Dörner K (1975) Bürger und Irre. Zur Sozialgeschichte und Wissenschaftssoziologie der Psychiatrie, Fischer, Frankfurt/M

Dörner K (1984) Psychiatriegeschichte und aktuelle Entwicklungsfragen der psychiatrischen Praxis in der Bundesrepublik Deutschland. In: Thom A (Hrsg) Zur Geschichte der Psychiatrie im 19. Jahrhundert, VEB Volk und Gesundheit, Berlin, S 112-119

Eulner H-H (1970) Die Entwicklung der medizinischen Spezialfächer an den Universitäten des deutschen Sprachgebietes, Enke, Stuttgart (Studien zur Medizingeschichte des 19. Jahrhunderts, Bd. IV)

Feger G (1982) Die Geschichte des "Psychiatrischen Vereins zu Berlin" 1989-1920. Med. Diss., FU Berlin

Fischer-Homberger E (1975) Die traumatische Neurose. Vom somatischen zum sozialen Leiden. Huber, Bern

Griesinger, W (1861) Die Pathologie und Therapie der psychischen Krankheiten, 2. Aufl. Krabbe, Stuttgart

Griesinger W (1872) Gesammelte Abhandlungen, Bd I: Psychiatrische und nervenpathologische Abhandlungen, Hirschwald, Berlin

Kraepelin E (1916) Einführung in die Psychiatrische Klinik, 3. Aufl. Barth, Leipzig

Lesky E (1967) Die Spezialisierung, ärztliches Problem von gestern und heute. MMW 109:1017-1023

Oppenheim H (1905) Lehrbuch der Nervenkrankheiten für Ärzte und Studierende, 4. Aufl. Karger, Berlin

Reil J C (1803) Rhapsodieen über die Anwendung der psychischen Curmethode auf Geisteszerrüttungen, Halle

Schmidt P-O (1982) Asylierung oder familiale Versorgung. Die Vorträge auf der Sektion Psychiatrie der Gesellschaft Deutscher Naturforscher und Ärzte bis 1885, Matthiesen, Husum (Abhandlungen zur Geschichte der Medizin und der Naturwissenschaften, H 44)

Schmiedebach H-P (1985) Zum Verständniswandel der "psychopathischen" Störungen am Anfang der naturwissenschaftlichen Psychiatrie in Deutschland. Nervenarzt 56:140-145

Schmiedebach H-P (1986) Psychiatrie und Psychologie im Widerstreit. Die Auseinandersetzung in der Berliner medicinisch-psychologischen Gesellschaft (1867 - 1899). Matthiesen, Husum (Abhandlungen zur Geschichte der Medizin und der Naturwissenschaften, H 51)

Schulze HAF, Donalies C (1968) 100 Jahre Psychiatrie und Neurologie im Rahmen der Berliner Gesellschaft für Psychiatrie und Neurologie der Nervenklinik der Charité. Wiss Z Humboldt Univers Berlin Math-Nat R 17:5-10

Selbach H (1968) Hundert Jahre Berliner Gesellschaft für Psychiatrie und Neurologie. Dtsch Med J 19:297-299

Selbach H (1968) Einhundert Jahre Sitzungsprotokolle der Berliner Gesellschaft für Psychiatrie und Neurologie. Dtsch Med J 19:340-347

Thom A (Hrsg) (1984) Zur Geschichte der Psychiatrie im 19. Jahrhundert, VEB Volk und Gesundheit, Berlin

Langzeitfolgen pränataler Alkoholexposition im Kindes- und Jugendalter

H.-Ch. Steinhausen und H. Spohr

Einleitung

Die Frage nach den Auswirkungen des elterlichen Alkoholismus auf heranwachsende Kinder und Jugendliche ergibt sich zunächst aus der relativ hohen Prävalenz des Alkoholismus, die mit etwa 2,5% in der Bundesrepublik Deutschland und West-Berlin deutlich über der anderer psychiatrischer Störungen liegt. Innerhalb dieser Population Alkoholkranker sind 20 % Frauen und 10% Jugendliche. Diesen direkt Betroffenen steht eine epidemiologisch hinsichtlich der Prävalenz nicht sicher schätzbare, gleichwohl aber nicht unbeträchtliche Zahl indirekt betroffener leiblicher Kinder und Jugendlicher gegenüber, die z. T. gravierende Schädigungen erleiden. Ursachen dieser Beeinträchtigung können aus drei theoretisch nicht unverbundenen Quellen stammen: genetischen, umgebungsbedingten und teratogenen Einflüssen.

Die genetischen Einflüsse sind in einer Reihe von Projekten unter Einsatz von Zwillings- und Adoptionsstudien in den vergangenen zwei Jahrzehnten zunehmend differenzierter erfaßt worden und haben wertvolle Erkenntnisse zur genetischen Vermittlung des Alkoholismus geliefert. Dabei ist es aufgrund neuerer mathematischer Modellanalysen möglich geworden, unterschiedliche Formen zu differenzieren und gleichermaßen genetische wie nicht genetische intrafamiliäre Transmissionen theoretisch und empirisch zu berücksichtigen (Bohman et al. 1987, Reich et al. 1988, Searles 1988). Neben diesem Risiko einer homologen genetischen Übertragung des Alkoholismus besteht hypothetisch auch die Möglichkeit einer heterologen Transmission des hyperkinetischen Syndroms im Rahmen eines polygenetischen Erbgangs (Steinhausen 1982).

Mit der Frage nach den Einflüssen der Umgebung auf die Entwicklung von Kindern alkoholkranker Eltern wird in erster Linie die Wertigkeit veränderter Familienfunktionen angesprochen. Gestörte Interaktions- und Kommunikationsmuster bedeuten im Zusammenhang mit einem erhöhten Potential für Dysharmonie, Streit und Gewalt in den Familien Alkoholkranker ein bedeutsam erhöhtes Risiko für die Entwicklung und seelische Gesundheit des heranwachsenden Kindes und Jugendlichen. Klinische Erfahrung und teilweise auch systematische Studien belegen einen entsprechenden Zusammenhang mit einer Vielzahl kinder- und jugendpsychiatrischer Störungen, die von Schulleistungsproblemen, emotionalen Störungen, Entwicklungsverzögerungen bis zu Delinquenz und Mißhandlung reichen (Woodside 1988; West u. Prinz 1987).

Schließlich verbindet sich mit der Untersuchung teratogener Einflüsse die Frage, in welcher Weise Kinder alkoholkranker Mütter intrauterin geschädigt werden. Diese Fragestellung ist erst vor relativ kurzer Zeit als wissenschaftliches Problem aufgeworfen worden; gleichwohl ist sie in ihrem Kerngehalt nicht so neu, wie es den Anschein haben mag. Das in verschiedenen älteren Kulturen schon vor geraumer Zeit auferlegte Verbot des Alkoholkonsums in der Schwangerschaft verweist bereits auf intuitiv erahnte Zusammenhänge von Kindesschädigung und Alkoholmißbrauch - schon lange vor der aktuellen wisschenschaftlichen Beschäftigung mit der teratogenen Funktion des Alkohols. Dieses noch relativ junge Wissen geht auf die Entdeckung des fetalen Alkoholsyndroms (FAS) bzw. der Alkoholembryopathie (AE) als eines charakteristischen Mißbildungssyndromes zurück, die zu Beginn der 70er Jahre erfolgte.

Umfangreiche klinische Beobachtungen und Studien haben dokumentiert, daß mit der Alkoholembryopathie ein noxenspezifisches Syndrom vorliegt, daß durch die Kardinalsymptome der prä- und postnatalen Dystrophie, des Mikrozephalus, der statomotorischen und mentalen Retardierung, der Muskelhypotonie und der Hyperaktivität einerseits sowie eine charakteristische kraniofaziale Dysmorphie andererseits gekennzeichnet ist. Über die Gültigkeit dieses Syndromes bestehen heute keine Zweifel mehr, während die Ätiopathogenese in vielerlei Hinsicht noch ungenügend geklärt ist. Neben der teratotoxischen Wirkung des Äthanols und seiner Metaboliten auf das Gehirn sind zusätzliche Einflüsse bei der Mutter mit unterschiedlicher Evidenz in Diskussion. Dazu zählen Mangelernährung, Leberschädigung, zusätzlicher Medikamentenabusus, Chronizität des Alkoholmißbrauches, Äthanolspiegel im Blut, Defekt der Alkoholdehydrogenase beim Embryo.

Angesichts der Verknüpfung der Alkoholembryopathie mit dem Kardinalsymptom der Entwicklungsbeeinträchtigung vor allem kognitiver Funktionen sowie der Hyperaktivität, liegt ein besonderer Arbeitsauftrag für die Kinder- und Jungendpsychiatrie vor. Dieser besteht nicht nur in der klinischen Betreuung dieser Klientel, sondern auch in der systematischen Erforschung des Zusammenhanges von pränataler Alkoholexposition und Entwicklung. In diesen Kontext gehörten ursprünglich neben pädiatrischen Aspekten auch die Analyse psychologischer Funktionen und psychiatrischer Symptome im Zusammenhang mit einer Alkoholembryopathie. Erste Studien ergaben eine Häufung von Kindern mit Intelligenzminderungen vom Grad der geistigen Behinderung. In der Zwischenzeit ist deutlich geworden, daß neben dem Down-Syndrom die Alkoholembryopathie als häufigste Syndromform mit geistiger Behinderung anzusehen ist. Gleichwohl erbrachten weitere Studien die Erkenntnis, daß leichtere Schädigungs- und Dysmorphiegrade auch mit einer normalen Intelligenz einhergehen können. Erst in jüngster Zeit haben Forschungsergebnisse zu der Schlußfolgerung Anlaß gegeben, daß unabhängig von einer morphologischen Schädigung ganz allgemein der Zusammenhang von Alkoholexposition auch in kleineren Mengen und Beeinträchtigung kognitiver Funktionen bei Kindern thematisiert und systematisch erfaßt werden muß. Unsere eigene Langzeitstudie in Berlin hat über einen Zeitraum von 12 Jahren diese Thematik in entsprechender Differenzierung über die Zeit verfolgt.

Die Berliner Verlaufsstudie

In einer interdisziplinären Kooperation von Neuropädiatrie und Kinder- und Jugendpsychiatrie sowie -psychologie untersuchen wir seit 1977 die neurotoxischen Auswirkungen der intrauterinen Alkoholexposition in longitudinal angelegten Untersuchungsreihen. Diese von der Deutschen Forschungsgemeinschft geförderten Untersuchungen umfassen (A) Kinder mit einer gesicherten Alkoholembryopathie in einer teilweise retrospektiv angelegten Stichprobe und (B) zwei prospektiv untersuchte Kohorten von Kindern mit pränataler Alkoholexposition.

Die Stichprobe B von prospektiv erfaßten Kindern mit pränataler Alkoholexposition wurde in zwei Teilstichproben in zwei Berliner Geburtskliniken mit Subdifferenzierungen der Untersuchungspläne realisiert. In Stichprobe B1 wurden intrauterin dystrophe Kinder identifiziert, während gleichzeitig ihre Mütter während der Schwangerschaft über ein spezifisches Interview zum Alkoholkonsum befragt wurden. In Stichprobe B2 erfolgte die Fallidentifizierung ausschließlich über die Erfassung des Alkoholkonsums der Mütter während der Schwangerschaft. Beide Stichproben von Kindern werden gegenwärtig noch hin sichtlich ihrer Entwicklung longitudinal bis in das zweite Lebensjahr verfolgt. Die Prospektivstudie erfolgt in Kooperation mit einer von der EG initiierten kollaborativen Studie, an der sich Arbeitsgruppen aus sieben EG-Ländern beteiligen.

Der Untersuchungsplan vereinigt geburtshilfliche, pädiatrische, neurologische und neuropsychologische Erhebungsmethoden, die in longitudinalen Untersuchungsreihen zur Anwendung kommen. Im Einzelnen handelt es sich um folgende Ebenen und Untersuchungsverfahren:

a) Anamnese und präpartale Diagnostik
Strukturierte Interviews zur Entwicklung der Schwangerschaft einschließlich präpartaler Dokumentation, Wöchnerinnen-Interview, Entwicklungs- und Sozialanamnese mit EDV-gerechter Dokumentation. Dabei kommt im Rahmen der prospektiv angelegten Untersuchungsreihe der Stichprobe B2 ein multizentrisch entwickeltes Interview zum Einsatz, mit dem die Daten einheitlich in sieben EG-Ländern erfaßt werden.

b) Pädiatrisch-neurologische Untersuchungen
Dokumentation des Dysmorphie-Syndroms und entwicklungsneurologischer Status.

c) Psychologische Untersuchungen
Baley Infant Development Scales 1 im Alter von 18 Monaten sowie testpsychologische Untersuchungen zur Erfassung von Intelligenz, Wahrnehmung und Sprachentwicklungen im Vorschulalter sowie mittleren Kindesalter.

d) Psychiatrische Untersuchungen
Strukturiertes Interview zur Psychopathologie von Kleinkindern und von Schulkindern sowie Fragebögen zu Verhaltensauffälligkeiten für Eltern und Lehrer.
Die Schwerpunkte dieses Projektes sind zusammengefaßt:

1) Die Frage der Auswirkungen der pränatalen Alkoholexposition im Verlauf der Entwicklung bis in das Jugendalter.
2) Die Überprüfung biologischer und psychosozialer Prädikatoren im Verlauf der Entwicklung (z. B. Dysmorphie-Schweregrad und neurologische bzw. psychologische Entwicklung).
3) Die Untersuchung der Dosis-Wirkungsrelation und die Bedeutung des Stadiums des mütterlichen Alkoholismus für die Entwicklung des Kindes.

Die von uns bisher aus diesem Projekt publizierten Ergebnisse haben sich sowohl auf tierexperimentelle (Spohr u. Stoltenburg-Didinger 1985; Stoltenburg-Didinger u. Spohr 1983) wie vor allem auf klinische Aspekte (Nestler et al. 1981a, 1981b; Steinhausen et al. 1982a, b, 1984, 1986) und auf den Verlauf (Spohr u. Steinhausen 1984a,b, 1987) der Alkoholembryopathie bezogen.

Ausgewählte Befunde

Wir beschränken uns im folgenden auf eine Wiedergabe verschiedener in den letzten Jahren erhobener Befunde zur Langzeitentwicklung der Kinder mit einer Alkoholembryopathie aus der Stichprobe A. Diese erstrecken sich auf die frühkindliche Entwicklung und das psychopathologische Symptommuster jeweils im Kontrast zu einer Kontroll-Gruppe sowie die Schulentwicklung. Zur Dokumentation des Verlaufes geben wir die Ergebnisse von Teilstichproben wieder, bei denen der neurologische Befund, EEG-Befunde, die Intelligenz sowie die psychiatrische Diagnose wiederholt erfaßt werden konnten.

Die in Abb. 1 wiedergegebenen Merkmale der frühkindlichen Entwicklung weisen die Kinder mit einer Alkoholembryopathie als in vielerlei Hinsicht bedeutsam geschädigt und beeinträchtigt im Vergleich zu gesunden Kontrollkindern aus. Sämtliche Unterschiede beruhen auf einem hinsichtlich Alter, Geschlecht und Aufenthaltsort (bei leiblichen Eltern, Pflegeeltern oder im Heim) parallelisierten Kontrollgruppenvergleich und sind im statistischen Sinne signifikant. Dieser Vergleich macht deutlich, daß Kinder mit einer Alkoholembryopathie während der Schwangerschaft häufiger übermäßig Nikotin exponiert waren. Dieser Nikotinmißbrauch kann allerdings, wie aus experimentellen Studien belegt ist, nicht für das Dysmorphie-

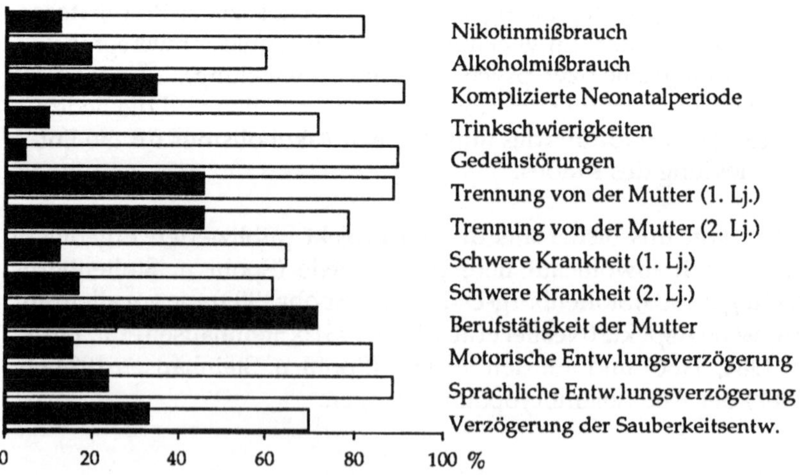

Abb. 1. Entwicklungsprofil von Kindern mit einer Alkoholembryopathie (weiße Säulen) und einer parallelisierten Kontrollgruppe (schwarze Säulen)

syndrom verantwortlich gemacht werden, sondern sich allenfalls noch zusätzlich depressorisch auf das ohnehin niedrige Geburtsgewicht dieser Kinder ausgewirkt haben. Neben dem Alkoholmißbrauch der Mutter war ferner gehäuft auch beim Vater eine gleiche Problematik festzustellen. Inwieweit Kinder mit zwei alkoholkranken Eltern ein höheres Risiko als Kinder mit nur einer alkoholkranken Mutter verbindet, wird Gegenstand unserer abschließenden Analysen in naher Zukunft sein.

Nach der Schwangerschaft war das Leben dieser von uns untersuchten Kinder von Anbeginn mit einer Kette von Entwicklungshemmungen belastet. Nach einer häufig komplizierten Neonatalperiode litten sie als Säuglinge gehäuft an Trinkschwierigkeiten und Gedeihstörungen und erfuhren - in der Regel aufgrund der Grundkrankheit - in hohem Maße frühe Trennungen von ihrer leiblichen Mutter einschließlich schwerer meist zur Hospitalisierung führender Krankhei-

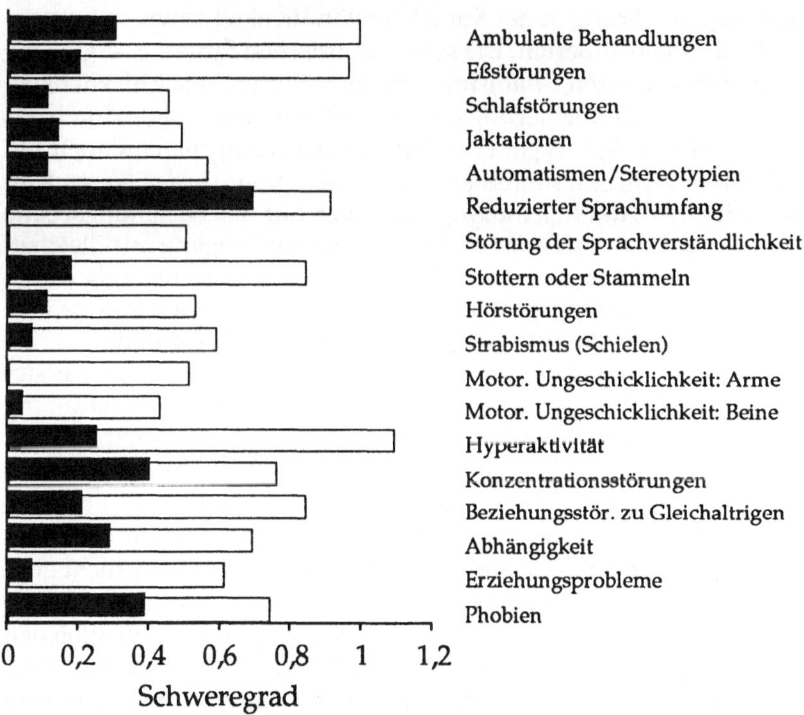

Abb. 2. Psychopathologisches Symptomprofil von Kindern mit einer Alkoholembryopathie (weiße Säulen) und einer parallelisierten Kontrollgruppe (schwarze Säulen)

ten in den ersten beiden Lebensjahren. Dabei konnte sich ein potentieller Risikofaktor der frühen Kindheit, nämlich die Wiederaufnahme der Berufstätigkeit der Mutter, wiederum aufgrund der Grundkrankheit der Mutter nicht zusätzlich auf die Kinder pathogen auswirken, zumal die alkoholkranken Mütter viel seltener erwerbstätig waren. Schließlich war die frühkindliche Entwicklung auch hinsichtlich der Meilensteine Motorik, Sprache und Sauberkeit eklatant häufiger durch ausgeprägte Verzögerungen bei den alkoholgeschädigten Kindern gekennzeichnet.

Auch das wiederum in einem Kontrollgruppenplan erhobene psychopathologische Symptommuster im Vorschulalter wies die Kinder mit einer Alkoholembryopathie als in mehrerlei Hinsicht stark geschädigt aus. Die Abb. 2 gibt jene quantitativ im Sinne eines Schweregrades eingestuften Merkmale wieder, die wiederum signifikant zwischen den beiden Gruppen differenzierten. Alkoholgeschädigte Kinder entwickelten häufiger Eß- und Schlafstörungen und fielen gehäuft durch Jactationen sowie andere Automatismen und Stereotypien auf. Bemerkenswert waren ferner die Häufungen von Sprach- und Sprechstörungen, die sich in reduziertem Sprachumfang, in Störungen der Sprachverständlichkeit sowie in Stottern und Stammeln äußerten. Die sensomotorischen Systeme zeigten gehäuft Hörstörungen, Strabismus und motorische Ungeschicklichkeit. Die stärkste Differenzierung der beiden Gruppen erfolgte durch das Kernmerkmal der Hyperaktivität, das erwartungsgemäß auch mit gehäuften Konzentrationsstörungen einherging. Ferner waren Kinder mit einer Alkoholembryopathie auch auf der Beziehungsebene häufiger gestört, indem sie mehr Probleme im Umgang mit Gleichaltrigen hatten, häufiger entwicklungsunangemessen abhängig waren und mehr Erziehungsprobleme aufwarfen. Schließlich konnte eine ungewöhnliche Häufung von Phobien festgestellt werden.

Dieses psychopathologische Profil im Kleinkindalter zeigt in erster Linie die Effekte einer gravierenden Entwicklungsbeeinträchtigung auf, die mit der nicht unbeträchtlichen Zahl intelligenzgeminderter Kinder einhergeht. Sämtliche Merkmale lassen sich in diesem Sinn als ein psychopathologisches Syndrom einer umfassenden Entwicklungsstörung verstehen, während eine weiterreichende Spezifität etwa im Sinne eines hirnorganischen Psychosyndromes nicht zum Ausdruck kommt. Letzteres ist für das gesamte Kindesalter ohnehin sehr in Frage zu stellen. Unter Berücksichtigung dieser globalen Entwicklungsstörung wird verständlich, warum Kinder mit einer Alkoholembryopathie in ihrer schulischen Entwicklung wiederum erheblich eingeschränkt sind. Zwischenanalysen zeigten, wie Tabelle 1 ausweist, daß nur ein Drittel der Vorschulkinder und sogar nur 17%

Tabelle 1. Schulische Entwicklung

	n	%
Vorschulalter (< 7 Jahre; n = 21)		
normaler Kindergarten oder Vorschule	6	33
mormale Entwicklung, zu Haus	1	
verzögerte Entwicklung, Sonderkindergarten	6	67
verzögerte Entwicklung, zu Haus	8	
Schulalter (≥ 7 Jahre; n = 35)		
Normalschule	6	17
Sonderschule für Lernbehinderte	18	51
Sonderschule für geistig Behinderte	7	21
schwere geistige Behinderung ohne Bildungsfähigkeit	5	14

der Kinder im Schulalter eine in pädagogischer Hinsicht normale Entwicklung nahmen. Es versteht sich von selbst, daß diese Verteilung bedeutsam von der in der Normalbevölkerung abweicht.

Im Rahmen der Verlaufserhebungen konnte ein großer Teil unserer Kohorte wiederholt pädiatrisch, neurologisch, elektrophysiologisch, psychologisch und psychiatrisch erfaßt werden. Dabei konnten wir – wie an anderer Stelle dargestellt (Spohr u. Steinhausen 1984a, b, 1987) – für die pädiatrischen Symptome des Dysmorphiesyndromes einen erstaunlichen Trend der Rückbildung beobachten. So bildeten sich nicht nur die verschiedenen Minor-Anomalien und Stigmata zurück, sondern es kam auch bei einem beträchtlichen Anteil der Kinder mit einer Alkoholembryopathie zu einer Normalisierung der Parameter,

Tabelle 2. Neurologische Befunde im Verlauf (n=19)

	Erstuntersuchung		Nachuntersuchung	
	fokale Befunde	reifungs-abhängige Befunde	fokale Befunde	reifungs-abhängige-Befunde
normal	15	2	18	12
verdächtig	2	3	1	6
non-optimal	2	14	0	1

Tabelle 3. EEG-Befunde im Verlauf (in %)

	Erstuntersuchung (n = 45)	Nachuntersuchung (n = 45)
Normalaktivität	56	71
Unspezifische Allgemeinveränderung (AIV)	22	14
Allgemeinveränderung II. Grades, hypersynchrone, fokale/generalisierte Aktivität	22	15

Gewicht, Größe und Kopfumfang. In diesen Trend waren auch die Befunde der neurologischen Untersuchung einbezogen, wie Tabelle 2 entnommen werden kann. Hier hatte eine sorgfältige entwicklungsneurologische Untersuchung zwischen den relativ seltenen fokalen und den häufigeren reifungsabhängigen Befunden – z. B. im Sinne von Koordinationsdefiziten – differenzieren können. Die Nachuntersuchung ergab hier, daß in Entsprechung zu anderen hirnabhängigen Reifungsverzögerungen die Zahl der weichen Zeichen und Symptome in der neurologischen Untersuchung deutlich abgenommen hatte. Insofern erbrachten sowohl die pädiatrische wie auch die neurologische Untersuchung einen parallelen Trend der Symptomrückbildung.

Dieser Trend kam im EEG in relativ guter Entsprechung zum Ausdruck, zumal sich im Verlauf der Anteil von Kindern mit elektrophysiologischer Normalaktivität erhöhte und der von Kindern mit Allgemeinveränderungen abnahm, wie Tabelle 3 verdeutlicht. Diesen allgemeinen Trend einer Abnahme von Symptomen bzw. pathologischen Befunden im Bereich der pädiatrischen, neurologischen und elektrophysiologischen Untersuchung entsprachen die psychologischen und psychiatrischen Befunde jedoch nicht. Hier dominierte bei gewissen Fluktuationen vielmehr die Kontinuität. Die Abb. 3 verdeutlicht diese Feststellung für die Intelligenzbefunde. Zunächst einmal macht diese Darstellung den hohen Anteil von geistig behinderten Kindern (IQ < 70) deutlich. Ferner zeigt die Graphik durch aufsteigende und absteigende Linien die Veränderungen und durch vertikale Balken die Kontinuität innerhalb der einzelnen Intelligenz-

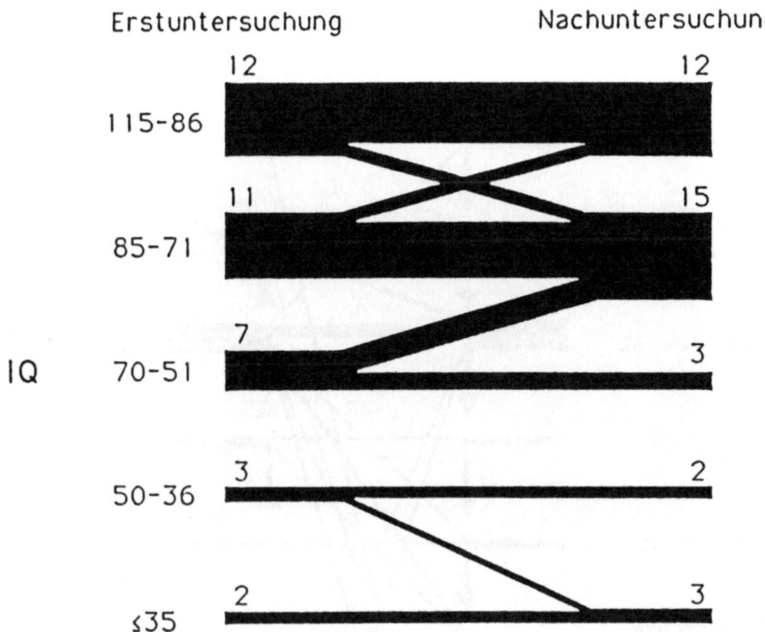

Abb. 3. Intelligenztestbefunde im Verlauf

klassen an. Entsprechend kann dieser Abbildung entnommen werden, daß 4 Kinder im Verlauf aus dem Bereich der leichten geistigen Behinderung (IQ 70-51) in den der Lernbehinderung (IQ 85-71) und 2 Kinder von der Klasse der Lernbehinderung in den Bereich der Normalintelligenz (IQ 86-115) aufstiegen, während 2 Kinder den umgekehrten Weg nahmen. Insgesamt dominiert jedoch die Stabilität der Befunde über die Zeit.

Zu recht ähnlichen Feststellungen muß man kommen, wenn man sich das in Abb. 4 dargestellte Diagnosespektrum im Verlauf betrachtet. Die zentrale Diagnose stellt das hyperkinetische Syndrom dar, das zugleich auch deutlich persistiert. Alle übrigen Diagnosen haben eine relativ geringe Stabilität im Verlauf. Zu einem großen Teil remittieren Störungen der Erstuntersuchung und zu einem etwas geringeren Teil entstehen Störungen de novo zum Zeitpunkt der Nachuntersuchung. Schließlich gibt es eine Anzahl recht vielfältiger Verknüpfungen und Diagnoseänderungen über die Zeit bei einer Reihe von Kindern. Insgesamt nimmt die Belastung mit psychiatrischen Diagnosen nur relativ diskret ab.

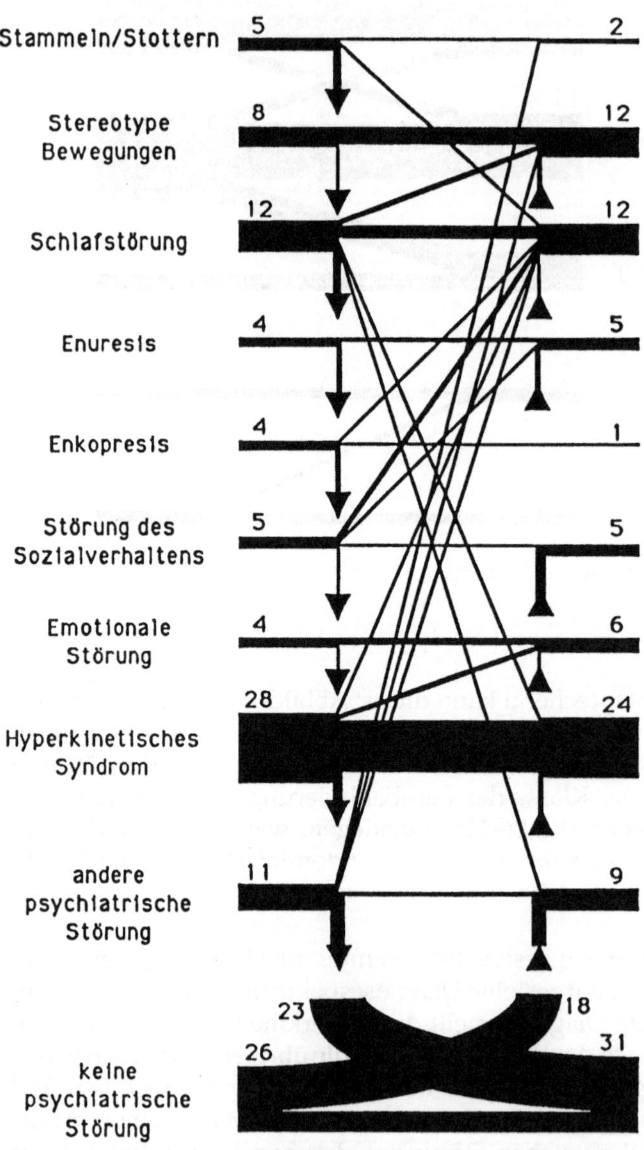

Abb. 4. Psychiatrische Diagnosen im Verlauf. Die Verbindungen geben die jeweiligen Übergänge von Diagnosen bei einzelnen Kindern wieder. Die senkrecht nach unten gerichteten Pfeile zeigen den Übergang von Diagnosen zu keiner psychiatrischen Störung an. Die senkrecht aufwärts gerichteten Pfeile verdeutlichen die Entstehung neuer Diagnosen bei Fällen, die zuvor keine psychiatrische Störung aufwiesen.

Schlußfolgerungen

Die hier selektiv vorgelegten Befunde einer longitudinalen Studie von Kindern mit einer Alkoholembryopathie belegen eindrücklich das beträchtliche Entwicklungsrisiko für diese Kinder. Es wurde dokumentiert, daß im Verlauf eine Kompensation der verschiedenen Defizite nur in Teilbereichen eintritt. Dies betrifft vor allem die körperliche Entwicklung einschließlich neurologischer und neurophysiologischer Parameter. Hingegen bleibt die Beeinträchtigung der Intelligenz deutlich stärker persistent und zeigt die Psychopathologie hinsichtlich des dominierenden hyperkinetischen Syndroms wenig Neigung zur Rückbildung, während die übrige Psychopathologie bei deutlichen Veränderungen innerhalb des Diagnosespektrum gleichermaßen eher zur Persistenz als zur Remission tendiert.

Damit bleiben Kinder mit einer Alkoholembryopathie in psychologisch-psychiatrischer Hinsicht in hohem Ausmaß Risikokinder mit geringen Chancen einer normalen Lebensbewältigung. Zugleich wird deutlich, daß die Folgen der pränatalen Alkoholexposition bzw. des mütterlichen Alkoholismus für das sich entwickelnde Kind weitreichend sind. Wenngleich gegenwärtig noch die endgültigen Analysen zum Bedingungsgefüge der Verläufe von Kindern mit einer Alkoholembryopathie ausstehen, läßt sich angesichts des Ausmaßes der Schädigung die Forderung ableiten, daß Maßnahmen der Prävention dringend geboten sind. Diese müssen und können sich nur auf den Alkoholismus der Mutter erstrecken, zumal es keine kausal wirksamen therapeutischen Maßnahmen für die betroffenen Kinder gibt. Hier können allenfalls symptomatische Maßnahmen eingesetzt werden, die sich aus der Indikation und damit der jeweiligen Entwicklungsstörung bzw. psychiatrischen Diagnose ergeben und diesen Kindern keineswegs vorenthalten werden dürfen.

Literatur

Bohman M, Cloninger R, , Sigvardsson S, Knorring A-L von (1987) The genetics of alcoholismus an related disorders. J Psychiatr Res 21: 447-452

Nestler V, Spohr H-L, Steinhausen H-C (1981a) Die Alkoholembryopathie. Enke, Stuttgart

Nestler V, Spohr H-L, Steinhausen H-C (1981b) Mehrdimensionale Studien zur Alkoholembryopathie.Monatsschr Kinderheilkd 129: 404-409

Reich T, Cloninger R, Eerdewegh P. van, Rice JP, Mullaney J (1988) Secular trends in the familial transmission of alcoholism. Alcohol Clin Exp Res 12: 458-464

Searles JS (1988) The role of genetics in the pathogenesis of alcoholism J Abnorm Psychol 97: 153-167

Spohr H-L, Steinhausen H-C (1984a) Der Verlauf der Alkoholembryopathie. Monatsschr Kinderheilkd 132: 844-849

Spohr H-L, Steinhausen H-C (1984b) A four year follow-up-study of children with fetal alcohol syndrome: Clinical, psychopathological and developmental aspects. In: Mechanism of alcohol damage in utero:Ciba Foundation Symposium No. 105. Pitman, London

Spohr H-L, Stoltenburg-Didinger G (1985) Morphological aspects of experimental alcohol fetopathy: Purkinje cell development and synaptic maturation in Wistar rats exposed to alcohol pre- and postnatally. In: Rydberg U et al. (eds) Developing brain. Raven Press, New York, pp 109-124

Spohr H-L, Steinhausen H-C (1987) Follow-up-studies of children with fetal alcohol syndrome. Neuropediatrics 18: 13-17

Steinhausen H-C (1982) Das konzentrationsgestörte und hyperaktive Kind-eine klinische Einführung, In: Steinhausen H-C (Hrsg) Das konzentrationsgestörte und hyperaktive Kind. Kohlhammer, Stuttgart

Steinhausen H-C, Nestler V, Spohr H-L (1982a) Development and psychopathology of children with the fetal alcohol syndrome. J Dev Behav Pediatr 3: 49-54

Steinhausen H-C, Nestler V, Spohr H-L (1982b) Psychopathology and mental functions in the offspring of alcoholic and epileptic mothers. J Am Acad Child Psychiatry 21: 268-273

Steinhausen H-C, Göbel D, Nestler V (1984) Psychopathology in the offspring of alcoholic parents. J Am Child Psychiatry 23: 465-471

Steinhausen H-C, Spohr H-L (1986) Fetal alcohol syndrome, In: Lahey BB, Kazdin AE (eds) Advances in clinical child psychology, Vol 9. Plenum Press, New York

Stoltenburg-Didinger G, Spohr H-L (1983) Fetal alcohol syndrome and mental retardation: Spine distribution of pyramidal cells in prenatal exposed rat cerebral cortex. A Golgy study. Dev Brain Res 11: 119-123

West MO, Prinz R (1987) Parental alcoholism and childhood psychopathology. Psychol Bull 102: 204-218

Woodside M (1988) Research on children of alcoholics - past and future. Br J Addict 83: 785-792

Tumoren der Thalamusregion im Kindesalter. Zwischen Neurologie, Psychopathologie und Neuropsychologie

K.-J. Neumärker und M.W. Bzufka

K.-J. Neumärker und M.W. Bzufka

Einleitende Bemerkungen

Im Kindesalter ist das Auftreten von Tumoren der Thalamusregion, bezogen auf die Raumforderungen des übrigen ZNS, selten. Nach älteren Angaben liegt die Zahl bei Kindern und Erwachsenen bei ca. 1% der intrakraniellen Neubildungen (Mc Kissock u. Paine 1958). Stand der Kliniker in früheren Jahren solchen Tumoren, ähnlich dem der Hirnstammtumoren, was die therapeutischen Belange anging, eher skeptisch oder abwartend gegenüber, so hat sich die Situation durch die Entwicklung der bildgebenden Diagnostik (CT, MRT), der digitalen Subtraktionsangiographie, mikrochirurgischer und Laser-Operationsverfahren, aber auch durch die Verbesserung chemo- und strahlentherapeutischer Methoden, grundlegend gewandelt. Dennoch kann in der Kinderneurochirurgie, wie auch anderswo in der Medizin, nicht ausschließlich der Grundsatz des technisch Machbaren zur Anwendung kommen (Sano 1986). Fragen der postoperativen Lebensqualität bei Kindern mit Tumoren der Thalamusregion sind gleichermaßen zu stellen und zu beantworten. Ebenso gilt es der Frage nachzugehen, welchen Erkenntnisstand wir über die Funktionen der Thalamusregion gegenwärtig besitzen. Die Forschungen erbrachten hierzu beachtliche Fortschritte, so daß der Thalamus als klinischer und experimenteller Forschunsgegenstand nicht nur für

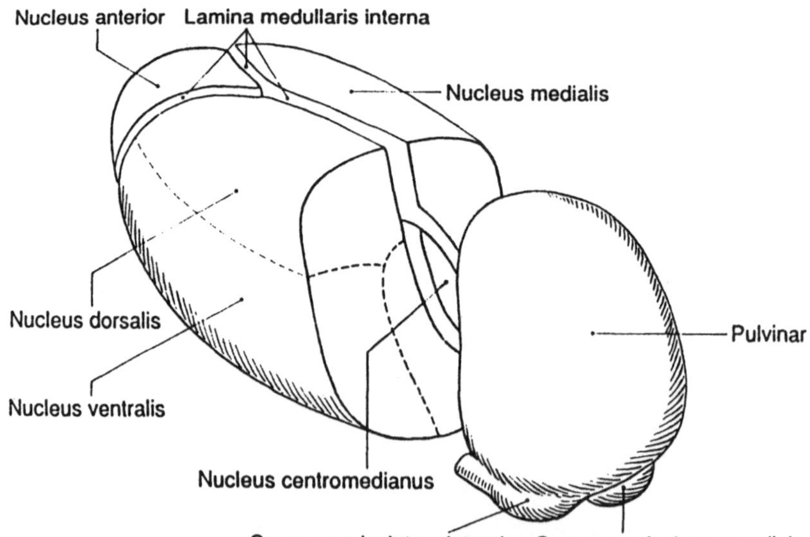

Abb. 1 Schematische Darstellung der Thalamusstrukturen

Sprache und Aphasie, für Gedächtnis, Amnesie und Demenz, für die Motorik, die Apraxie, das visuelle System, oder das Neglectsyndrom ebenso interessant ist (Aggleton 1986, Bruyn 1989, Cramon u. Eilert 1979, Cramon et al. 1981, Cramon et al. 1985, Graveleau et al. 1986, Leonhard 1939, Nichelli et al. 1988, Puel et al. 1986, Schütz 1985, Siska et al. 1985, Sperling 1957) wie für die Schizophrenieforschung (Crossen u. Hughes 1987, Oke u. Adams 1987). Die Beziehungen zwischen Neurologie und Psychopathologie sind offenkundig und vielfältig. Sie veranlaßten z. B. Klages (1964), von einer "thalamischen Trias" in der Symptomatik schizophrener Psychosen zu sprechen, zu der er die Körpermißempfindungen, Depersonalisationsphänome und Geruchshalluzinationen rechnete. Aus klinischer Sicht spielen dabei aber weniger die Tumoren dieser Region eine entsprechende Rolle, als die bilateralen und unilateralen vaskulären Läsionen, über die in den letzten Jahren im Zusammenhang mit den erwähnten Funktionen vielfältig berichtet wurde (Bewermeyer et al. 1985, Bogousslavsky et al. 1988, Castaigne et al. 1981, Eidelberg u. Galaburda 1982, Gentilini et al. 1987, Goldenberg et al. 1983, Gorelick et al. 1984, Motomura et al. 1986, Roßberg u. Mennel 1986). Betreibt man aufgrund der gewonnenen Erkenntnisse eine vereinfachte Struktur-Funktionsanalyse der Thalamusregion (Abb. 1), so ergeben sich die folgenden Konstellationen:

Vordere Kerngruppe	Funktionen
- Afferenzen aus Corpus mamillare (Vicq d' Azyrsches Bündel)= Tractus mamillothalamicus - Afferenzen zum Gyrus cinguli, Lobus paracentralis, Hypothalamus	- Kontrolle viszeraler und emotionaler Reaktionen - Kurzzeitspeicher

Mittlere Kerngruppe	Funktionen
- Afferenzen aus Pallidum - Projektion zum Frontallappen - Verbindungen zum Hypothalamus	- Spontaneität + affektive Resonanz= - Antrieb für individuelle und soziale Verhaltensweisen ("Ich-Bewußtsein") - sensible, sensorische Reizverarbeitung - vegetative Begleiterscheinungen - affektive Erregungen

Seitliche Kerngruppe	Funktionen
- Afferenzen aus Nucleus dentatus des Kleinhirns über die Bindearme - Pallidum, durch Fasciculus thalamicus (Forelsches Bündel) - Vestibulariskerne - Formatio reticularis	- somatotopische Gliederung des Körpers - Projektion zur präzentralen-pyramidalen und präfrontal-extrapyramidalen Rinde - Umschaltstelle aller zum Gyrus postcentralis aufsteigenden sensiblen und gustatorischen Bahnen - Vigilanzregelung - Kurzzeit —> Langzeitspeicher - Sensomotorik der Sprache

Pulvinar	Funktionen
- Corpus geniculatum mediale: zentrale Hörbahn —> Hörstrahlung-> Hörrinde (Heschlsche Querverbindung) - Corpus geniculatum laterale: primäres Sehzentrum - Projektion zur Sehrinde (Fissura calcarina)	- Integration der akustischen, optischen und sensomotorischen Impulse für komplexe kortikale Leistungen (z. B. Lesen, Schreiben) - Zentralstelle für Schmerz, Motorik, Sprache

In der Summation der Thalamusfunktionen ließe sich dann folgendes Bild entwerfen:

- Umschaltung aller sensiblen, sensorischen Bahnen (ausgenommen Geruchsbahn) u. Verteilung auf die entsprechenden Rindenfelder
- Sensible/sensorische Reize erhalten unter Mitwirkung des Hypothalamus und des limbischen Systems ihre vegetative Fundierung und affektive Tönung
- Jedes kortikale Projektionsfeld projeziert seinerseits auf die zugehörigen Thalamuskerne im Sinne der kortikothalamischen Verbindungen zurück. Auf diese Weise kommt es zur Hemmung oder Förderung eines oder mehrerer Funktionalbereiche.

Bezieht man darüber hinaus noch das "unspezifische thalamische System" mit seinen ausschließlich subkortikalen Verbindungen und dessen Funktionen, Erhaltung der Homöostase und Rhythmik der Lebensvorgänge in die Betrachtungsweise und Gesamtfunktionen des Thalamus mit ein, dann wird ersichtlich, warum von einigen Autoren der Thalamus als das "Tor zum Bewußtsein" charakterisiert wurde. Auf der anderen Seite wird man sich die Frage vorlegen, ob das konventionelle *Thalamussyndrom*, erstmals 1889 von Déjerine postuliert, später als Déjerine-Roussy-Syndrom in die Literatur eingegangen (de Smet 1986) mit

- kontralateraler Störung der Oberflächen - und Tiefensensibilität
- Astereognosie und Hemiataxie,
- spontanen Schmerzen in der kontralateralen Körperhälfte,
- Hemiplegie ohne Kontrakturen,
- choreatisch-athetotischer Bewegungsunruhe,

jenen komplexen Funktionszuschreibungen aus neurologischer, neurophysiologischer, psychopathologischer und neuropsychologischer Sicht entspricht.

Gerade aber wegen dieser Komplexität der Funktionen scheute man sich lange, diese Gehirnformation anzugehen. Dabei war den Klinikern schon frühzeitig aufgefallen, daß die Symptomatologie bei Tumoren des Thalamus von der Hirndrucksymptomatik unabhängig, spärlicher in Erscheinung tritt, als bei entzündlichen Prozessen mit Beteiligung der Thalamusregion oder etwa bei den gefäßbedingten Schädigungen, die geradezu eine Fülle verschiedener Ausfalls- oder Störbilder nach sich ziehen und zu eigenständigen Syndromen zusammengefaßt werden.

Aufgrund der ätiopathogenetischen Gegebenheiten finden sich für das Kindesalter wenig fundierte Mitteilungen.

Wir haben daher unser Patientenklientel von 12 Kindern mit Tumoren der Thalamusregion, die operiert wurden, aufgegriffen und analysiert, um Fragen der neurologischen, psychopathologischen und neuropsychologischen Symptomatologie unter mehrjähriger Beobachtung nachzugehen.

Patientenklientel (Diagnostik, Befunde, Ergebnisse)

Seit 1983 befinden sich 12 Kinder mit einem Thalamustumor in unserer Betreuung. Es handelt sich um 8 Mädchen und 4 Jungen. Das jüngste Kind war bei stationärer Aufnahme 1,7 Jahre, das Älteste 11,5 Jahre alt. Das Durchschnittsalter betrug 6,5 Jahre. Die Erstsymptomatologie bestand bei 9 Kindern in vorwiegend frontal lokalisierten Kopfschmerzen, bei 8 Kindern in Gangstörungen, bei 6 Kindern in Sehstörungen, wobei anläßlich der stationären Aufnahme in 5 Fällen Stauungspapillen von 1-2 Dioptrien festgestellt wurden. Bei 10 Kindern waren bereits in der Vorgeschichte Verhaltensauffälligkeiten beschrieben worden, und in 7 Fällen wurde über einen Antriebsmangel berichtet. Eine exakte Anamneseerhebung erbrachte bei diesen Patienten (Pat. 1,2,6,7,12) deutliche Hinweise für das Vorliegen einer frühkindlichen Hirnschädigung. Die neurologische Symptomatik bestand bei der stationären Aufnahme neben den bereits genannten Symptomen in Gesichtsfeldeinschränkungen (Pat. 6,9), Hirnnervenstörungen, wobei hauptsächlich der N. facialis betroffen war (Pat. 1-7, 9-11), Gangunsicherheit (Pat. 2-5, 7, 8, 11, 12), Hemiparese (Pat. 2-4, 7, 11,12), Ataxie bzw. Koordinationsstörungen (Pat. 1-6, 8-10, 12) und wechselnder Beeinträchtigung der Bewußtseinslage (lethargisch-somnolent) bei den Patienten 1,3,4,8 und 10. Der Anamnesezeitraum war unterschiedlich, er lag zwischen 1 Monat und 7 Jahren. Bis auf einen Patienten mit einem Dysgerminom (Pat. 12) wurden alle übrigen 11 Kinder nach eingehender Diagnostik ein- oder mehrmalig operiert. 2 Kinder verstarben, davon 1 Mädchen (Pat. 3) an einer Embolie der A. pulmonalis. Bei der Sektion fand sich kein Anhalt für einen Tumorrest oder Tumorrezidiv. Eine zweite Patientin (Pat. 10) verstarb an einem ausgedehnten lokalen Rezidiv 23 Monate nach der Operation. Histologisch fand sich ein Astrozytom mit Dedifferenzierung in ein Glioblastom. Die übrigen 10 Patienten wurden bis zu 5 Jahren nach der Operation umfangreichen Kontrolluntersuchungen unterzogen (klinisch-neurologisch, psychopathologisch, neuropsychologisch, EEG, CT, MRT). Alle Patienten wurden vor und nach der Operation endokrinologisch untersucht. Bei den Patienten 1, 3, 5, 6, 9, 10 fanden sich Wachstums- bzw. Stoffwechselstörungen. Über diese Ergebnisse wird gesondert berichtet. Die Auflistung der 12 Patienten bezüglich der *Lokalisation des Tumors* und der *Histologie* nach präoperativer Diagnostik und dem Operationsbefund zeigt das Bild auf Seite 65.

Die Überrepräsentanz des rechtsseitigen Befalls von Thalamus und Pulvinar ist offensichtlich. In Abhängigkeit von der Lokalisation und Ausdehnung der Raumforderung wurden folgende *operative Zugangswege* (Die Operationen erfolgten in der Neurochirurgischen Abteilung, Leiter: Prof. Dr. S. Vogel, der Klinik für Chirurgie der Charité, Direktor: Prof. Dr. Dr. h.c. H. Wolff. Wir danken Prof. Vogel für die Informationen über die operativen Zugangswege) gewählt:

- transcallosal: Pat. 1, 2, 11
- transventrikulär: Pat. 3, 4, 7, 10
- infratentoriell, suprazerebellär: Pat. 8
- transventrikulär und infratentoriell, suprazerebellär: Pat. 5
- pterional: Pat. 6, 9.

Thalamus rechts	Thalamus links
- Astrozytom I°	- Medulloblastom
- Astrozytom I° - II°	
- Astrozytom II°	
- Medulloepitheliom	

Thalamus beidseitig
- Dysgerminom

Pulvinar rechts	Pulvinar links
- Astrozytom I°	- Astrozytom I° - II°
- Astrozytom I°	- Astrozytom I° - II°
- Astrozytom I° - II°	
- Arachnoidalzyste + Astrozytom I°	

Bei Patient 12 (Dysgerminom) wurde eine Ventil-Versorgung vorgenommen. Bei 6 Kindern wurden Mehrfachoperationen durchgeführt, bei 4 Patienten fand sich ein Tumorrezidiv. Die durchschnittliche Operationsdauer betrug 5 h. Über die Beziehungen zwischen Lokalisation und Histologie des Tumors, den operativen Zugangsweg und der Anzahl der Operationen gibt Tabelle 1 Auskunft. Im Zusammenhang mit diesen Angaben ist aufschlußreich, daß es bei den Patienten 1-4, 9 und 10 zu einem *postoperativen Anfallsleiden* kam und bei den Patienten 1-3, 6, 10 und 11 ein *postoperatives organisches Psychosyndrom* zu verzeichnen war. Es bestanden Affekt-, Antriebs- und Konzentrationsstörungen, psychomotorische Unruhe, mangelnde Steuerungsfähigkeit, Gedächtnisstörungen und Intelligenzdefekte. Die *postoperativen neuropsychologischen Defizite* bestanden in: automatisierter Sprache (Pat. 2, 5), Störung der semantischen Struktur (Pat. 10), Störung der syntaktischen Struktur (Pat. 1, 2, 5, 7, 11), Objekt-Benennungs-Störung (Pat. 7, 10), Rechenstörung (Pat. 2, 3), Farbbenennungsstörung (Pat. 2, 5), Störung des Kurzzeitgedächtnisses (Pat. 1, 3, 5, 6, 8), Störung des Langzeitgedächtnisses (Pat. 1, 5, 7), sensomotorische Koordinationsstörung (Pat. 1-3, 5-8, 10, 11), Verminderung der Reaktionsfähigkeit (Pat. 1-3, 5-9, 11), Beeinträchtigung der Intelligenz (Pat. 1, 2, 4-8).

Tabelle 1. Beziehungen zwischen Lokalisation, operativem Zugangsweg, Anzahl der Operationen und Histologie bei 12 Kindern mit Tumoren der Thalamusregion
(Astro.=Astrozytom; A.=Alter bei Erstoperation in Jahren)

Thalamus rechts	
Patient 6:	Astro. I° - pterional - 2 Operationen, A. = 7,5.
Patient 8:	Astro. I° - II° - infratentoriell, suprazerebellär - 1 Operation, A. = 4,3.
Patient 7:	Astro. II° - transventrikulär - 3 Operationen, A. = 2,5.
Patient 3:	Medulloepitheliom - transventrikulär - 3 Operationen (Exitus), A. = 10,2.
Thalamus links	
Patient 11:	Medulloblastom - transcallosal - 1 Operation, A. = 5,11.
Thalamus beidseits	
Patient 12:	Dysgerminom - Ventiloperation, A. = 7,5.
Pulvinar rechts	
Patient 5:	Astro. I° - transventrikulär und infratentoriell, suprazerebellär - 2 Operationen, A. = 1,7.
Patient 1:	Astro. I° - transcallosal - 1 Operation, A. = 10,4.
Pateint 2:	Astro. I° - II° - transcallosal - 1 Operation (vorher 2 Ventil-Op.'s), A. = 4,5.
Patient 4:	Arachnoidalzyste + Astro I° - transventrikulär - 2 Operationen, A. = 5,3.
Pulvinar links	
Patient 9:	Astro. I° - II° - pterional - 2 Operationen (vorher 1 Ventil Op.), A. = 10,0.
Patient 10:	Astro. I°- II° - transventrikulär - 1 Operation (Exitus), A. = 11,5

Zum Zeitpunkt der Operation waren 6 Kinder im schulpflichtigen Alter. Postoperativ trat bei diesen Patienten bis zu einem Jahr Schulausfall auf. Im weiteren Verlauf erreichte keines dieser Kinder wieder die Regelschulfähigkeit, teils wegen eines Psychosyndroms, teils wegen gestörter Sprach- und Gedächtnisleistungen. Gleiches trifft auf die Integration der jüngeren Patienten in einen Kindergarten zu. 4 Kinder (Pat. 5, 6, 7, 8) besuchten aufgrund der auch neurologisch bedingten Beeinträchtigungen die Körperbehindertenschule (Sonderschule). Aus äußeren Gründen war nicht bei allen Kindern präoperativ eine differenzierte neuropsychologische- und Leistungsdiagnostik durchführbar, so daß auf Verhaltensbeschreibungen und Ergebnisse von Beobachtungen zurückgegriffen werden mußte. Postoperativ und im Abstand von bis zu 5 Jahren erfolgten neuropsychologische Untersuchungen, zunächst mit einer Vorform des von uns (Neumärker und Bzufka 1989a) entwickelten Berliner-Luria-Neuropsychologischen Verfahrens für Kinder (BLN - K) sowie mit weiteren Testverfahren (u.a. HAWIK, WIPKI,TBGB). Das BLN-K enthält 11 Aufgabengruppen, mit denen jeweils ein Funktionsbereich überprüft werden kann.

1. Motorische Funktionen (MOT, 30 Items)
2. Akustisch motorische Koordination (AUD, 8 Items)
3. Höhere taktile und kinästhetische Funktionen (TAK, 8 Items)
4. Höhere visuelle Funktionen (VIS, 9 Items)
5. Sprachverständnis (REZ, 21 Items)
6. Expressive Sprache (EXP, 19 Items)
7. Schrift-Sprach-Produktion (SCR, 7 Items)
8. Schrift-Sprach-Perzeption (LES, 7 Items)
9. Arithmetische Fähigkeiten (KAL, 22 Items)
10. Gedächtnisfunktionen (GED, 8 Items)
11. Denkprozesse (DNK, 11 Items)

Mit den insgesamt 150 Items, zu deren Darbietung 100 Bildtafeln benötigt werden, wird ein weiter Bereich von Hirnleistungen analysiert. Überprüft werden die Informationsaufnahme in den Modalitäten taktil, visuell und auditiv (einschließlich der Sprache), die monomodale und intermodale Weiterverarbeitung sowie die Planung, Regulation und Kontrolle praktischer oder verbaler Handlungen. Für das als Einzeluntersuchung konzipierte Verfahren, welches den Erfordernissen entsprechend, auch mehrfach unterbrochen werden kann, ergibt sich eine durchschnittliche Untersuchungsdauer von 2 h. Für die Bildung quantitativer Kennwerte wurden an einer Population von 174 gesunden Schulkindern Normwerte erhoben, zusätzlich ist aber immer auch eine qualitative Analyse der vorhandenen Leistungen und Ausfälle notwendig. Mit dem BLN-K wird eine breite, über den Bereich der klinischen und pädagogischen Beobachtung hinausgehende Verhaltensstichprobe gewonnen. Damit wird die Analyse von Leistungshöhe und Leistungsstruktur höherer kortikaler Funktionen ermöglicht. Neben der Feststellung einer allgemeinen Hirnschädigung kann vor allem eine funktionelle Interpretation sowie eine Verlaufsanalyse vorgenommen werden.

Die bei den 12 Patienten registrierten prä- und postoperativen psychopathologischen und neuropsychologischen Auffälligkeiten wurden mit den Daten des Alters, Geschlechts, der Histologie, der Operationshäufigkeit, des operativen Zugangsweges und der Lokalisation differenziert aufgelistet:

Patient 1: D. A., 10,4 Jahre; weiblich; Astro. I°;
1 Op.; transcallosal;
Pulvinar rechts

Postoperativ:
Bewußtseinsklar; hochgradig mnestische Störungen: Sprache, Lesen, Schreiben, zeitlich und räumliche Orientierung. Sicherheit im Körperschema.
2Jahre nach der Operation: motorische Unruhe; Verlangsamung im Denk- und Handlungsablauf, Merk- und Gedächtnisschwäche.
Sprach- und Aufgabenverständnis für verbal orientierte Inhalte erheblich beeinträchtigt. Debilität (WIPKI-IQ=62).

Patient 2: S. G., 5,4 Jahre; weiblich; Astro. I° - II°;
1 Op.; vorher 2 Ventil-OP.'s;
transcallosal;
Pulvinar rechts

Postoperativ:
Störung im Schlaf-Wach-Rhythmus mit langanhaltender Somnolenz. Steuerbarkeit eingeschränkt; Aufgabenhaltung nur in Ansätzen, Sprachverständnis vorhanden, Begriffe unscharf, Denkverlangsamung, Mängel in der Artikulation, Störungen der Grob- und Feinmotorik, stereotype Bewegungen mit unvermittelten Lautäußerungen, Neigung zu Aggressionen.
Patientin schwer motivierbar, Aufmerksamkeit konnte nur durch ständige Ermahnungen für ca. 50 min. erhalten werden, auch dabei stets schwer fixier- und steuerbar. Bei der nonverbalen Leistungsdiagnostik mit der Testbatterie für geistig Behinderte (TBGB) mußte oft unterbrochen werden, die geistige Leistungsfähigkeit entspricht einer schweren geistigen Behinderung.
Kontrolluntersuchung 1 Jahr nach der Operation: Verbesserung der Motivier- und Steuerbarkeit. Dadurch leichte Verbesserung der Testwerte. Das Bild entspricht aber immer noch dem eines geistig Behinderten. Die Patientin ist in der Gruppe zu beschäftigen, bei ausschließlich intellektuellen Anforderungen ist aber die für die Gruppenbildungsfähigkeit erforderliche Eigensteuerung nicht vorhanden.
5 Jahre nach Operation: Identischer Befund!

Patient 3: R. B., 10,2 Jahre; weiblich; Medulloepitheliom;
3 Op's; transventrikulär;
Thalamus rechts
(Abb. 2a-c)

Postoperativ:
Affektlabilität, Hypomimie. *Neuropsychologische Untersuchung 2 Monate nach der zweiten Operation:* Patientin arbeitet leistungsbemüht, ist aber in ihrem Tempo verlangsamt. Daher erfolgt die Untersuchung in drei Teilabschnitten. Neben durchschnittlichen finden sich auffällige und gestörte Leistungsbereiche. Aufgrund der Hemiparese links (bei Rechtshändigkeit) konnten einige feinmotorische und taktile Aufgaben nicht gegeben werden. Die Bearbeitung räumlicher Informationen aus Bildern, Figuren oder Bewegungen ist gestört, spiegelbildliche Reproduktion von Bewegungen gelingt ebenso nicht wie die

mentale Rotation. Es besteht Unsicherheit im phonematischen Differenzieren und der Tonhöhenunterscheidung. Dies führt zu einer Behinderung sowohl beim Nachsprechen als auch beim Singen und Diktatschreiben. Insgesamt finden sich umschriebene neuropsychologische Defizite, die einer Rehabilitation durchaus zugänglich sind. Das Profil des BLN-K zeigt differenziert die Auffälligkeiten. Aufgrund der Histologie (Medulloepitheliom) erfolgte Chemo- und Strahlentherapie. 1,6 Jahre nach der Operation starb das Mädchen an einer Embolie der A. pulmonalis. Für einen Tumorrest oder ein Tumorrezidiv konnte bei der Sektion kein Anhalt gefunden werden.

Patient 4: M. Z., 5,3 Jahre; weiblich;
Arachnoidalzyste und Astro. I°;
2 Op.'s; transventrikulär;
Pulvinar rechts

Rasche Ermüdbarkeit, Konzentrationsschwäche, leichte Ablenkbarkeit.

Patient 5: A. K., 1,7 Jahre; männlich, Astro. I°;
2 Op.'s; transventrikulär und infratentoriell, suprazerebellär;
Pulvinar rechts

Postoperativ:
Störung im Schlaf-Wach-Rhythmus. Reduzierte Psychomotorik, Echolalie.
4 Jahre nach der Operation: Retardierung um 2 Jahre. Grundlose Aggressivität, Konzentrationsmangel, im Spiel nicht ausdauernd. Sozialverhalten reduziert. Dysarthrie.

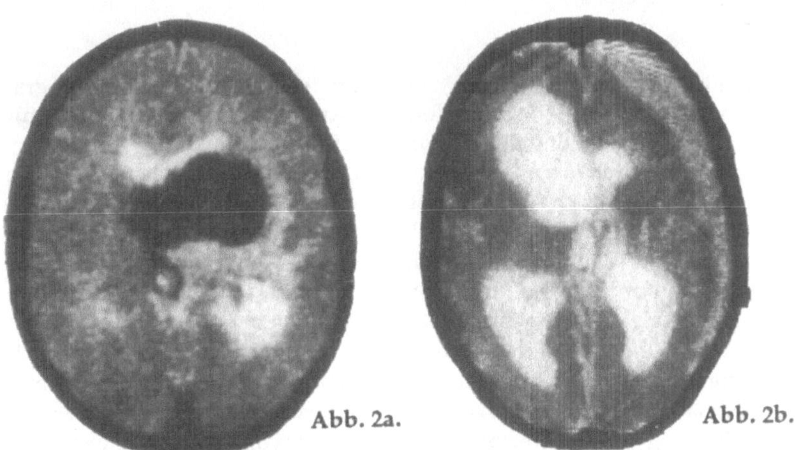

Abb. 2a. Im Bereich beider Cella media rechts mehr als links hyperdense Raumforderungen mit einer Ausdehnung von ca. 6x6 cm, rechtsseitig umgeben von einer hypodensen Randzone und erweitertem Temporalhorn

Abb. 2b. Zustand nach Tumorexstirpation mit ex vacuo entstandenem subduralem Hygrom, vor allem rechtsseitig und Kompression des rechten Seitenventrikels bei hydrozephaler Konfiguration des übrigen Ventrikelsystems

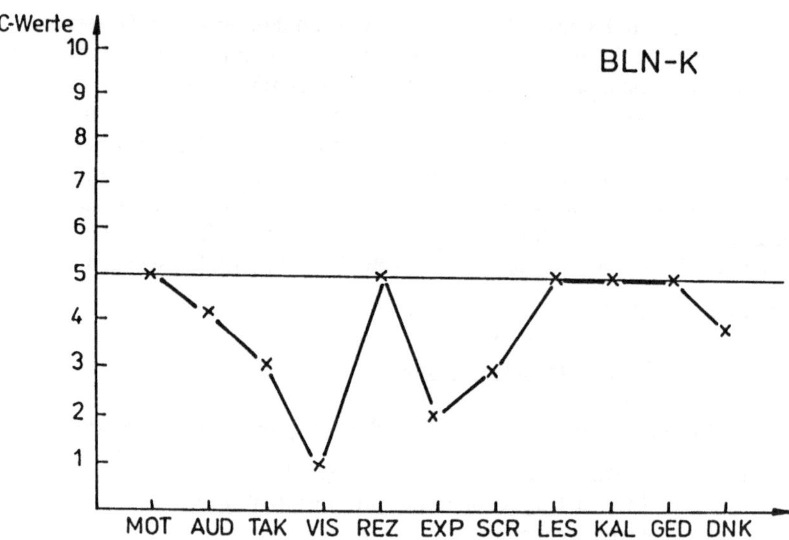

Abb. 2c. Testprofil im BLN-K: Erhebliche Defizite in den Aufgabengruppen VIS und EXP, gestörte Leistungen für TAK und SCR (Erläuterung zu den Aufgabengruppen im Text)

Patient 6: K. G., 7,5 Jahre; weiblich;
Astro. I°;
2 Op.'s;
pterional
Thalamus rechts (Abb. 3a-c)

(Wir danken Herrn Prof. Dr. Planitzer, Leiter der Abteilung Neurotomographie der Klinik und Poliklinik für Neurologie und Psychiatrie der Charité für die Zurverfügungstellung der CT- und MRT-Abbildungen.)

10 Tage vor der Operation erfolgte eine neuropsychologische Untersuchung (BLN-K). Es fanden sich für die akustisch-motorische Koordination, die expressive Sprache und die Gedächtnisleistungen durchschnittliche Werte. Da die Patientin Schulanfängerin war, konnten Aufgaben mit Schreib-, Lese- und Rechenanforderungen nur bedingt interpretiert werden. Bei den Denkleistungen zeigten sich neben Motivationsproblemen auch Probleme bei begrifflichen Operationen. Unmittelbar *nach der Operation* fiel bei dem Mädchen eine Störung im Schlaf-Wach-Rhythmus auf. Es bestand eine reduzierte Psychomotorik und Echolalie. Die *postoperative Intelligenzdiagnostik*, die wegen der Erblindung nur verbal erfolgte (HAWIK), war von einem deutlichen Psychosyndrom beeinträchtigt. Schulisches Wissen war kaum noch vorhanden, die Gedächtnisleistungen waren erheblich reduziert. Neben der Steuerungsschwäche bestand ein ausgeprägtes Ausweichverhalten. Insgesamt fand sich eine deutliche Leistungsverschlechterung, eine Gruppenbildungsfähigkeit mußte ausgeschlossen werden. Die geistigen Leistungen lagen unter dem Normbereich (IQ=79).

4 Jahre nach der Operation: Die Patientin zeigt sich willig, fleißig, freundlich. Sie hat die Blindenschrift erlernt. Schwankende Belastbarkeit, kleinkindhafte Reaktionen bei Anforderungen, wenig Belastbarkeit und labile Affektlage beherrschen das Bild, sie ist nach wie vor nicht gruppenbildungsfähig.

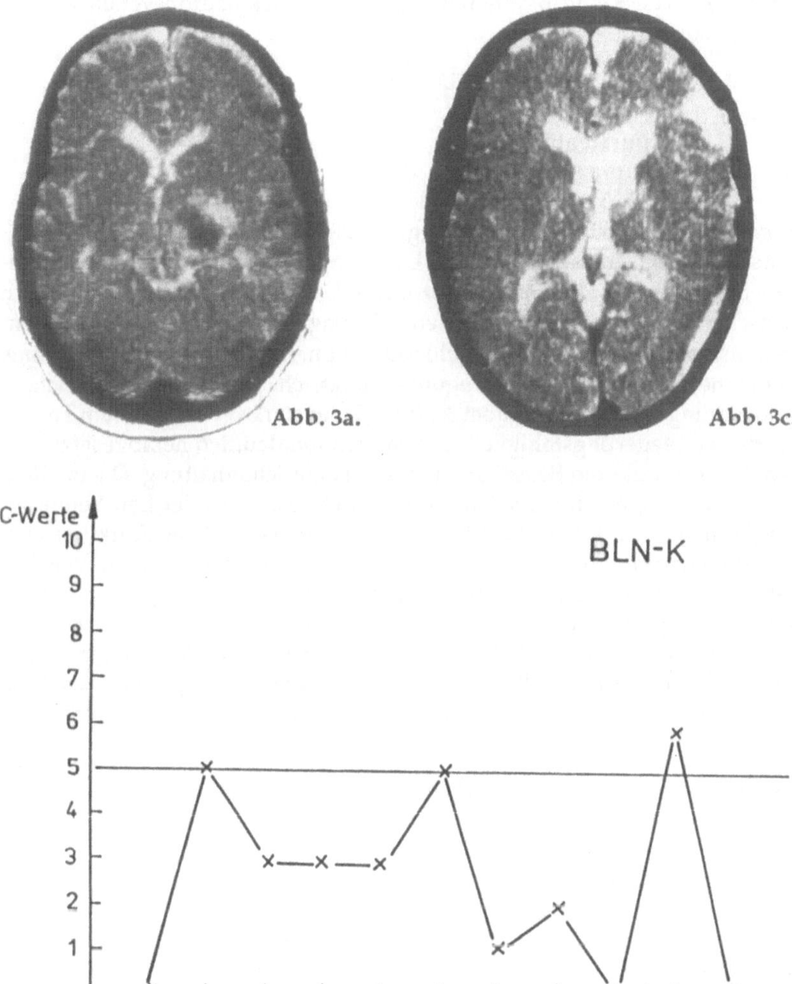

Abb. 3 a. Raumforderung im Bereich der rechten basalen Zisterne mit intra-, prä- und retrosellärer sowie Ausdehnung in die dorsale Stammganglienregion. Geringe Verlagerung des III. Ventrikels nach links
Abb. 3 b. Zustand nach Tumorexstirpation, erweitertes Seitenventrikelsystem mit abgekapselten Hygromen rechts frontal-, parieto-okzipital
Abb. 3 c. Testprofil im BLN-K: Pathologische Werte für die Aufgabengruppen MOT, SCR, KAL, DNK; insgesamt aber nur eingeschränkt interpretierbar (Text)

Patient 7: S. K., 2,5 Jahre; weiblich;
Astro II°; 3 Op.'s;
transventrikulär;
Thalamus rechts

Prä- und postoperativ Hemiparese links, N. VII Parese links, Gaumensegellähmung links. Keine psychopathologischen oder neuropsychologischen Auffälligkeiten.

Patient 8: R. B., 4,3 Jahre; männlich;
Astro. I° - II°;1 Op.;
infratentoriell,
suprazerebellär;
Thalamus rechts

Postoperativ : Affektlabilität mit Aggressivität, Hypomimie, Aufmerksamkeits- und Konzentrationsmangel, Langzeitgedächtnis lückenhaft, langsames Sprechtempo. *4 Jahre nach der Operation:* Aggressivität, Schwäche in optischer und kinästhetischer Differenzierung, Merkfähigkeit gut, Konzentrationsmangel, mangelnde Sprachmodulation. *Psychologische Untersuchung:* Deutliche Behinderungen. Bewegungen ataktisch, bei Schreib- und Zeichenanforderung wird mit erhöhtem Aufwand und stark verlangsamtem Tempo gearbeitet. Steuerungsfähigkeit und Motivation deutlich herabgesetzt. Neben der verminderten Belastbarkeit besteht eine Schonhaltung. Die intellektuellen Leistungen entsprechen etwa dem Durchschnitt der Lernbehinderten-Population, z. T. liegen sie noch darunter. Umschriebene Funktionsausfälle im Sinne von Teilleistungsstörungen konnten nicht gefunden werden. Neben der deutlich reduzierten Leistungshaltung besteht ein global vermindertes geistiges Leistungsvermögen (CFT-I-IQ = 63). *5 Jahre nach der Operation:* Motorische Unruhe, Ablenkbarkeit, Steuerungsschwäche, verminderte geistige Leistungsfähigkeit, verminderte Aufgabenhaltung. Schulische Integration mit hohem Einsatz der Mutter und Sonderregelungen, die praktisch einem Einzelunterricht entsprechen, möglich.

Patient 9: A. E., 10 Jahre; männlich;
Astro. I° - II °; 2 OP.'s;
(vorher 1 Ventil-OP.)
pterional;
Pulvinar links

Postoperativ: Schwere Antriebsminderung, Amimie, Hypokinese, modulationsarme Sprache, mnestische Störungen. *3 Jahre nach Operation:* Antriebsminderung, Belastbarkeit eingeschränkt, Bedarf des ständigen Fremdantriebes. Leicht gehobene Stimmungslage mit mangelnder Kritikfähigkeit.

Patient 10: J. I., 11 Jahre; weiblich;
Astro. I° - II°; 1 Op.;
transventrikulär
Pulvinar links
(Abb. 4 a-c)

Präoperativ: Tonisch-klonische Anfälle, ca. 20 am Tag. Die nonverbale Intelligenzprüfung ergab einen im unteren Drittel des Normbereiches liegenden Wert (CPM-IQ = 92), die prämorbide Intelligenz ist als durchschnittlich zu bezeichnen. Die *neuropsychologische Untersuchung* (BLN-K) einen Tag vor der Operation ergab für die taktilen Leistungen pathologische Werte: Ausfälle bei der Zwei-Punkt-Diskrimination und der Stereognosie. Die übrigen auffälligen Leistungen, vor allem die expressive Sprache, aber auch das Sprachverständnis, Lese- und Denkleistungen betreffend, sind auf Probleme in der

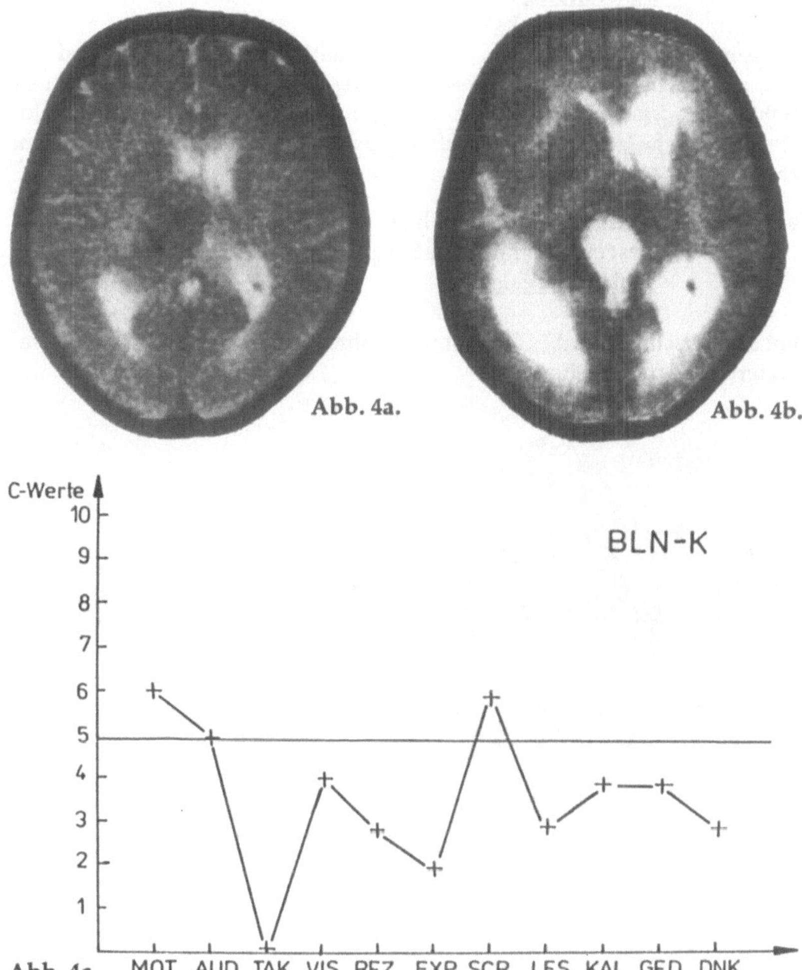

Abb. 4a. Isodense Raumforderung links hemisphäriell median-paramedian mit Kompression des linken Seitenventrikels
Abb. 4b. Postoperativer Zustand, Defekt mit Erweiterung des rechten Seitenventrikels und 3. Ventrikels
Abb. 4 c. Testprofil im BLN-K: Deutliche Leistungsminderung im taktilen und sprachlichen-expressiven Bereich, dabei überwiegend herabgesetzte Leistungsfähigkeit

semantischen Verarbeitung von Texten und Aufforderungen zurückzuführen. Insgesamt ist die Patientin deutlich beeinträchtigt, neben den taktilen Leistungen ist vor allem das Sprachverständnis, bei ansonsten normaler Intelligenz, reduziert. Das Kind verstirbt 1 Jahr nach der Operation an einem ausgedehnten lokalen Tumorrezidiv.

Patient 11: Chr. G., 5,11 Jahre; weiblich;
Medulloblastom; 1 Op.;
transcallosal;
Thalamus links

Postoperativ: Bewegungsstereotypien, modulationsarmes Weinen und Lachen, motorische Aphasie. *12 Monate nach der Operation (einschl. Chemo- und Strahlentherapie):* Verlangsamung, Bewegungsstereotypien, Anarthrie, globale motorische Aphasie mit Auffälligkeiten im semantischen Erfassen. Erhebliche Ausfälle in der phonematischen Differenzierungsfähigkeit.

Patient 12: M. S., 7,5 Jahre; männlich;
Dysgerminom; Ventil-Op.;
Thalamus beidseits
(Abb. 5)

Lebhafte Psychomotorik, Gynäkomastie ohne Striae. Keine weiteren differenzierten Auffälligkeiten.

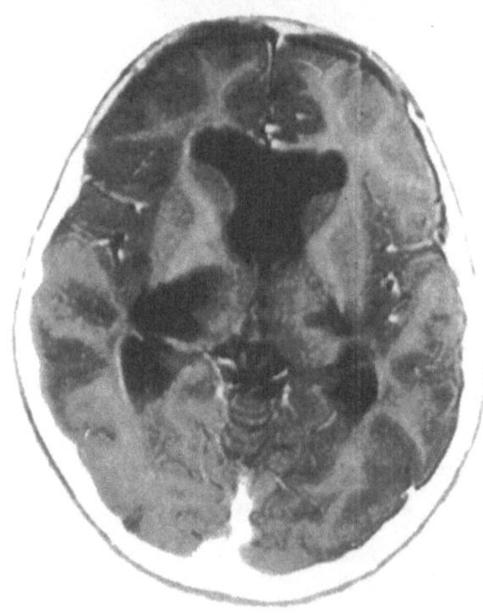

Abb. 5. MRT-Spinecho-Mode mit axialer T2-gewichteter Schichtung: Raumforderung im Thalamus beidseits rechts deutlicher als links, hyperintense Signale im Bereich der Gyri hippocampi beidseits

Diskussion

In den letzten Jahren ist das Interesse an der Aufklärung und Diagnostik von Thalamusfunktionen erheblich gestiegen. Voraussetzung hierfür waren zweifellos die Verbesserungen diagnostischer Möglichkeiten, so daß neben der bildgebenden und angiographischen Diagnostik die somatosensorisch evozierten Potentiale, die Positronenemissionstomographie (PET) und die Einzelphotonen-Emissions-Computertomographie (SPECT) zum Einsatz kamen (Baron et al. 1986, Bewermeyer et al. 1985, Fasanaro et al. 1987, Girault et al. 1986, Graff-Radford et al. 1985, Strenge 1978, Strenge u. Tackmann 1979). Neuroanatomie und Neurobiologie haben ihrerseits wesentlichen Anteil am Erkenntnisfortschritt über thalamische Funktionen und der komplizierten Verbindungen und Vernetzungen thalamischer Strukturen zu den übrigen Hirngebieten (Creutzfeldt 1983, Jayaraman 1984, Macchi et al. 1986, Mauguière u. Baleydier 1986, Percheron et al. 1986). Bemerkenswerterweise wurden seit Beginn der 20er Jahre unseres Jahrhunderts vor allem durch französische sowie deutsche Neurologen und Psychiater bereits wichtige Funktionen des Thalamus klinisch und korresspondierend pathologisch-anatomisch aufgedeckt und beschrieben (Bonhoeffer 1928/1930, 1935, Kleist u. Gonzalo 1938, Schuster 1936/1937). Die Darstellung der "thalamischen Demenz" auf der Basis einer gefäßbedingten symmetrischen Läsion in Thalamuskernen durch Grünthal (1942) war durchaus ein neuropathologisch und psychopathologisch-neuropsychologischer Höhepunkt in der Thalamusforschung. Bereits hier spielten, wie in der Gegenwart, die bilateral symmetrischen oder unilateralen gefäßbedingten Veränderungen eine herausragende Rolle. Aufgrund von Gefäßstudien und den daraus resultierenden territorialen Zuordnungen konnten klinische Syndrome abgegrenzt werden (Cambier et al. 1982, Cambier u. Graveleau 1985, Jones 1985). Ähnliche Bemühungen erfolgten parallel hierzu auf dem Gebiet der Neuropsychologie. Bestimmte neuropsychologische Symptome konnten entweder der rechten oder linken Thalamusregion zugeordnet werden (Cambier et al. 1982, Hungerbühler et al. 1984).

Durch Galaburda´s (Eidelberg u. Galaburda 1982, Galaburda u. Eidelberg 1982) zytoarchitektonische Untersuchungen rückten ohnehin Fragen der Symmetrie und Asymmetrie und der damit implizierten Funktionsprioritäten bzw. Defizite ("developmental dyslexia") in den Mittelpunkt des Interesses. Das Spektrum der Untersuchungen schloß zunehmend auch Psychopathometrie-Studien mit ein, die nach Ansicht von von Cramon et al. (1981) vor allem "bei dem Versuch , die Komponenten der Demenz genauer zu erfassen" als hilfreich angesehen wurden. Aus klinischer Sicht wird nach diesem Autor das Bild der *Demenz* durch die Gedächtnisstörung, Beeinträchtigung intellektueller Funktionen (wie Auffassung, Wissen, Lernen), die Verminderung der Urteilsfähigkeit, die Nivellierung der Affekte und die Veränderung der Persönlichkeitsstruktur geprägt. Einer ähnlichen Betrachtungsweise und Diagnostik unterzogen z. B. Lang et al. (1989) *die thalamischen Aphasien und Amnesien* am Beispiel von zwei rechtshändigen Patientinnen (47 und 61 Jahre) mit einem solitären linksseitigen lakunären Infarkt des Thalamus. Nun steht die "thalamische Aphasie", gekennzeichnet durch die Störung des Sprachflusses ("non-fluency"), Häufung von verbalen Paraphasien, Hypophonie und erhaltenem Sprachverständnis, ohnehin im Mittelpunkt neuropsychologischen und neurolinguistischen Interesses. Ebenso bemerkenswert ist das Auftreten eines *Neglects* (Heilmann et al. 1985, Motomura et al. 1986, Schnider u. Vaney 1989, Werth et al. 1986). Als neuropsychologisches Syndrom ist es durch die Vernachlässigung der linken Seite des inneren und äußeren Raumes eines Patienten als Folge einer Läsion der rechten Hirnhälfte charakterisiert. Auf unsere Fragestellung bezogen, betrifft es den Bereich des medialen Thalamus (Schnider u. Vaney 1989, Watson et al. 1981). Gemessen an den vielfältigen Befunden und Untersuchungsergebnissen, die auf vaskuläre Ereignisse und Prozesse des Thalamus zurückzuführen sind, spielen die Angaben, die auf der Basis von Raumforderungen der Thalamusregion gewonnen wurden eine geringere Rolle. Es muß festgehalten werden, daß die Prävalenz von Gefäßprozessen des Thalamus ohnehin größer ist als die der Thalamustumoren und daß darüber hinaus die Altersbezogenheit eine wichtige Rolle spielt. In der Literatur finden sich nur wenige Hinweise über thalamische Gefäßprozesse im Kindesalter (Brückmann et al. 1989). Ähnliche Aussagen treffen auf die Tumoren der Thalamusregion im Kindesalter zu (Beks et al. 1987, Bernstein et al. 1984, Hirose et al. 1975, Kobayashi et al. 1981, Kwak et al. 1978, Mayer et al. 1982, Scott u. Mickle 1987, Wald et al. 1982). Als wesentliche Symptome werden hierbei übereinstimmend angeführt: Kopfschmerzen, Papillenödem, Erbrechen, beeinträchtigtes Sensorium, Hemiparese.

Auf psychopathologische Befunde oder neuropsychologische Untersuchungsergebnisse wird kaum oder überhaupt nicht eingegangen. Die Gründe hierfür sind vielgestaltig. Auf der einen Seite können zweifellos die einsetzenden Hirndruckerscheinungen das Bild überlagern. Offenkundig beherrschen initial, wie auch wir beobachtet haben, die neurologischen Symptome das klinische Bild (u. a. Hemiparese) so gravierend, daß differenzierte neuropsychologische Untersuchungen kaum durchführbar sind. Andererseits haben wir gesehen, daß bei 10 von 12 unserer Patienten in der Anamnese Verhaltensauffälligkeiten berichtet wurden und daß bei 5 von diesen eindeutige Zeichen einer frühkindlichen Hirnschädigung vorlagen. Hier stoßen wir auf ein altes Problem der Psychiatrie, Psychopathologie und Neuropsychologie bei Hirntumoren in Kindesalter. Es hat nicht an Versuchen gefehlt, trotz der aufgeführten einschränkenden Bedingungen sowohl kortikale als auch subkortikale tumorbedingte lokalisationsspezifische Ausfalls- oder Reizsymptome bzw. Syndrome psychopathologisch oder neuropsychologisch zu erfassen, zu beschreiben und als spezifische Verhaltensmuster zuzuordnen (Corboz 1985, Neumärker 1983, Perret 1973, Riklan u. Levita 1969). Dem Wesen und der Definition der klinischen Neuropsychologie entspricht es ja, den Beziehungen zwischen den zentralnervösen Strukturen und den höheren psychischen Funktionen, dem Verhalten des Menschen bei umschriebenen oder ausgedehnten Läsionen oder Krankheitsprozessen des Gehirns nachzugehen. In diesem Zusammenhang finden sich auch die Bezüge zur Psychopathologie, wenn man mit Jaspers (1913) den Gegenstand der Psychopathologie im wirklich bewußten psychischen Geschehen des Menschen sieht. Natürlich bleibt bei solcherart Betrachtungsweise Kritik nicht aus (Glatzel 1984). So würde sich z. B. Conrad's gestaltstheoretischer Ansatz für eine hirnpathologisch fundierte allgemeine Psychopathologie als Erklärungskonzept auch für die bei unseren Patienten gefundenen Ausfallserscheinungen anbieten (Conrad 1947-1948). Conrad´s Bemühen lief bekanntermaßen darauf hinaus, psychiatrische Krankheitsbilder auf eine organo-dynamische Grundlage zurückzuführen, die das Psychopathologische nicht als Epi-Phänomen postuliert, sondern als sich gesetzmäßig abwandelnde psychische Strukturen behandelt. Insofern sind seine Arbeiten über die Strukturanalysen hirnpathologischer Fälle der Jahre 1947-1948 auch heute noch von besonderem Interesse.

Die Verhältnisse bei einer Funktions- oder Verhaltensanalyse thalamischer Strukturen gestalten sich durch die wechselseitigen Beziehungen zu anderen Gehirngebieten und deren Funktionen, so zum limbischen System, dem frontalen, parieto-okzipitalen und parietalen Kortex und zur Formatio reticularis, abgesehen vom Alters- und Entwicklungsfaktor, aus neuropsychologischer Sicht außerordentlich kompliziert. Zwei einfache Beispiele mögen das verdeutlichen. Perret sprach 1973 die Vermutung aus, wonach kortikale Funktionen durch eine "thalamische Läsion aus dem Gleichgewicht gebracht" werden und sich dann wieder normalisieren, "weil sie nicht spezifisch und thalamusabhängig sind". In bezug auf das Verständnis thalamischer Aphasien wurde von Lang et al. (1989) das Monakowsche Konzept der Diaschisis, d. h. der funktionalen Desaktivierung kortikaler sprachkritischer Areale als Ursache der Aphasie bei Thalamusläsionen aufgegriffen. Beide Beispiele dokumentieren die allgegenwärtige Struktur-Funktions-Problematik, die, wie bereits erwähnt, im Kindesalter durch den Entwicklungsfaktor noch kompliziert wird. In diesem Zusammenhang sind die SPECT-Untersuchungsergebnisse der Arbeitsgruppe von Lang bemerkenswert, wonach die Rückbildung der Perfusionsdefizite parallel zur neuropsychologischen Remission erfolgte. Diese bei vaskulären Prozessen des Thalamus gewonnenen Ergebnisse können nicht mit unseren bei Tumoren der Thalamusregion registrierten Defizite verglichen werden. Die Tumore beeinträchtigen ein in Reifung und Differenzierung begriffenes Gehirn. In Abhängigkeit von Wachstumstempo und -weise (verdrängend oder infiltrierend) gibt es noch weitgehend unerforschte Kompensations- und Verlagerungsprozesse der Hirnfunktionen. So finden wir selten den eindrucksvollen Totalausfall, wie er bei vaskulärer Genese oft erfolgt. Aber auch für die Verhaltensebene sind die Konsequenzen nicht monokausal, was die auf dieser Ebene ansetzende Diagnostik (Psychologie, Neuropsychologie, z. T. Neurologie) beeinflußt. So war die Untersuchbarkeit unserer Patienten mit psychologischen oder neuropsychologischen Methoden stark eingeschränkt. Neben der herabgesetzten Belastbarkeit wurde eine Verringerung des Tempos sowie eine verminderte, oft wechselnde Motivierbarkeit registriert. Dadurch konnte jedes Kind nur mit einem individuell ausgerichteten Setting untersucht werden. Die geistige Leistungsfähigkeit war höchstens durchschnittlich, oft jedoch deutlich vermindert.

Die neuropsychologische Diagnostik mit dem Berliner-Luria-Neuropsychologischen Verfahren für Kinder (BLN-K) ergab wohl wegen der heterogenen Voraussetzungen (Alter, Bildung, Intelligenz) kein einheitliches Bild. Der Schwerpunkt lag jedoch bei der Beeinträchtigung der Motorik (Tempo, Koordination), der taktilen Wahrnehmung und des räumlichen-mentalen Operierens. Letzteres ist aber eine sehr unspezifische, auf Hirnfunktionsstörungen weisende Variable. Diese Probleme waren uns aus früheren Untersuchungen, z. B. bei Tumoren der hippokampalen und parahippokampalen Gehirnformation (Neumärker et al. 1986) oder aus einer Population geistig Behinderter (Neumärker u. Bzufka 1989b) bekannt. Zum anderen war auch nicht zu erwarten, daß sich angesichts der Funktionsvernetzungen thalamischer Strukturen und unseres heterogenen Patientenklientels weder neuropsychologisch ein typisches "thalamisches Profil", noch auf der psychopathologischen oder Verhaltensebene ein "thalamusspezifisches Syndrom" abzeichnet (Riklan u. Levita 1969). Hinzu kommt die Tatsache, daß es trotz aller Verbesserung im Neurochirurgischen Vorgehen zu kleineren Blutungen, vor allem aber auch zu mehr oder weniger ausgedehnten Ödemen kommt oder kommen kann, die die Nachbarstrukturen funktionell, aber auch strukturell involvieren. Aus Untersuchungsergebnissen hypoxisch-ischämischer Beeinträchtigungen frühkindlich Hirngeschädigter ist die besondere Empfindlichkeit von thalamischen Strukturen ebenso bekannt (Shen et al. 1986), wie die Tatsache, daß nach experimentellen Läsionen von Thalamuskernen eine reduzierte Spinezahl zu verzeichnen ist, die wir auch bei frühkindlich Hirngeschädigten als Ausdruck der Beeinträchtigungen thalamokortikaler Bahnen finden (Voit u. Lemburg 1987).

Es kann nicht übersehen werden, daß trotz moderner neurochirurgischer Verfahrensweisen und Operationsstrategien die Gefahr der sekundären Mitschädigung von Umgebungsstrukturen groß ist. Natürlich hängt dies von der Lokalisation und der Ausdehnung des Tumors ab. Die operativen Zugangswege werden, wie auch bei unseren Patienten, unterschiedlich gewählt. Von neurochirurgischer Seite gibt es keine eindeutige Bevorzugung, wenngleich der infratentoriell, suprazerebelläre Zugangsweg favorisiert wird. Ähnlich liegen die Verhältnisse beim transcallosalen Zugang. Die hierbei notwendige Spaltung des Corpus callosum in anterior-posteriorer Richtung von maximal 3 cm (Synowitz 1987) begrenzt die Ausfälle, wie sie sonst dem anterioren Diskonnektionssyndrom mit Schädigung der vorderen 4/5 des Balkens, z. B. durch einen Verschluß der A. cerebri anterior in Form von rechtsseitiger Hemiparese, linksseitger Alexie, Apraxie, Agraphie und Benennungsstörung zugeschrieben werden. Dennoch ist die Gefahr auch eines "akuten Diskonnektionssyndromes" bei einem solchen Zugangsweg nicht ausgeschlossen, worauf Watson u. Heilmann (1983) hingewiesen haben. Der Ausfallsgrad hängt des weiteren auch vom Alter des Kindes ab, wobei jüngere Kinder weniger Ausfälle zeigen als ältere (Lassonde et al. 1985). Andere Autoren wiederum können die Berichte über Ausfallserscheinungen beim transcallosalen Zugang nicht bestätigen und charakterisieren diesen Zugang als sicher (Oepen et al. 1988). Hier zeichnen sich Beziehungen zu jenen Untersuchungen bei Patienten mit Balken-Agenesie ab, die nahezu keines der gängigen Balkensymptome auswiesen (Bruyer et al. 1985).

Es bleibt die Tatsache festzuhalten, daß drei Patienten (Patient 1, 2, 11) aus unserer Untersuchungsserie entsprechende, dem vorderen Diskonnektionssyndrom zuzuschreibende Ausfallserscheinungen aufwiesen, die allerdings in weitere psychopathologische Auffälligkeiten eingebettet waren. Zwangsläufig geben solche Untersuchungsergebnisse Anlaß, sowohl Fragen der Hirnorganisation im allgemeinen, als auch die Beziehungen zwischen Struktur und Funktion sowie des Diskonnektionssyndroms im speziellen anhand von Modulvorstellungen, wie es Gazzaniga (1989) im Zusammenhang mit kognitiven Prozessen beschrieb, erneut zu diskutieren. An größeren, aber ebenso homogenen Untersuchungsgruppen mit Thalamustumoren im Kindesalter wird man in Zukunft wohl weitaus umfangreichere

Beziehungen zwischen dem neurologischen, psychopathologischen und neuropsychologischen Erscheinungsbild analysieren und beschreiben können.

Literatur

Aggleton JP (1986) Memory impairments caused by experimental thalamic lesions in monkeys.Rev Neurol (Paris) 142: 418-424

Baron JC, D'Antona R, Serdaru M, Pantano P, Bousser MG, Samson Y (1986) Hypométabolisme cortical après lésion thalamique chez l'homme: Étude par la tomographie a positons. Rev Neurol (Paris) 142: 465-474

Beks JWF, Bouma GJ, Journée HL (1987) Tumours of the thalamic region.A retrospective study of 27 cases. Acta Neurochir. (Wien) 85: 125-127

Bernstein M, Hoffman HJ, Halliday WC, Hendrick EB, Humphreys RP (1984) Thalamic tumors in children. Long-term follow-up and treatment guidelines. J Neurosurg 61: 649-656

Bewermeyer H, Dreesbach HA, Rackl A, Neveling M, Heiss WD (1985) Presentation of bilateral thalamic infarction on CT, MRT and PET. Neuroradilogy 27: 414-419

Bogousslavsky J, Regli F, Uske A (1988) Thalamic infarcts: Clinical syndromes, etiology and prognosis.Neurology 38: 837-848

Bonhoeffer K. (1928-1939) Klinisch-anatomische Beiträge zur Pathologie des Sehhügels und der Regio subthalamica. I. Mitteilung. (1928) Ein Sehhügelherd. Monatsschr Psychiat Neurol 67: 253-271 II. Mitteilung. (1930) Subthalamische Herde mit Hemichorea. Monatsschr Psychiat Neurol 77: 127-143

Bonhoeffer K (1935) Der Stand der Sehhügellokalisation. Monatsschr Psychiat Neurol 91: 1-14

Bruyer R, Dupuis M; Ophoven E, Rectem D, Reynaert C (1985) Anatomical and behavioral study of a case asymptomatic callosal agenesis. Cortex 21: 417-430

Bruyn RPM (1989) Thalamic aphasia. A conceptional critique. J Neurol 236: 21-25

Brückmann H, Kotlarek F, Biniek R, Roßberg Ch (1989) Stammganglieninfarkte im Kindesalter - klinisch-neuroradiologische Befunde und Diffentialdiagnose. Klin Pädiatr 201: 78-85

Cambier J, Elghozi D, Graveleau Ph (1982) Neuropsychologie des lésions du thalamus. Paris, Masson et Cie

Cambier J, Graveleau Ph (1985) Thalamic syndromes. In: Handbook of Clinical Neurology, Vol.1 (45): Clinical Neuropsychlogy. Elsevier, Amsterdamm, 87-98

Castaigne P, Lhermitte F, Buge A, Escourolle R, Hauw JJ, Lyon-Caen O (1981) Paramedian thalamic and midbrain infarcts: Clinical and neuropathological study. Ann Neurol 10: 127-148

Conrad K (1947) Über den Begriff der Vorgestalt und seine Bedeutung für die Hirnpathologie. Nervenarzt 18: 289-293

Conrad K (1948) Strukturanalyse hirnpathologischer Fälle. Dt Z Nervenheilk 158
I. Mitteilung: Über Struktur- und Gestaltwandel. 344-371
II. Mitteilung: Über Gestalt- und Funktionswandel bei einem fall von transcorticaler motorischer Aphasie. 372-434

Corboz RJ (1985) Psychische Störungen bei Hirntumoren In: Remschmidt H, Schmidt MH (Hrsg) Kinder- und Jugendpsychiatrie in Klinik und Praxis. G Thieme Stuttgart New York Bd 2: 195-201

Cramon DY, Eilert P (1979) Ein Beitrag zum amnestischen Syndrom des Menschen. Nervenarzt 50: 129-135

Cramon DY, Kühnlein J, Wolfram A (1981) Die thalamische Demenz. Fortschr Neurol Psychiat 49: 129-135

Cramon DY, Hebel N, Schuri U (1985) A contribution to the anatomical basis of thalamic amnesia. Brain 108: 993-1008

Creutzfeldt OD (1983) Cortex cerebri. Springer Berlin Heidelberg New York-Tokyo

Crosson B, Hughes CW (1987) Role of the thalamus in language: Is it related to schizophrenic thought disorder? Schizophr Bull 12: 605-621

De Smet Y (1986) Le syndrome thalamique de Dejerine-Roussy. Rev Neurol (Paris) 142: 259-266

Eidelberg D, Galaburda AM (1982) Symmetry and asymmetry in the human posterior thalamus. I. Cytoarchitectonic analysis in normal persons. Arch Neurol 39: 325-332

Fasanaro AM, Spitaleri DLA, Valiani R, Postiglione A, Soricelli A, Mansi L, Grossi D (1987) Cerebral blood flow in thalamic aphasia. J Neurol 234: 421-423

Galaburda AM, Eidelberg D (1982) Symmetry and asymmetry in the human posterior thalamus. II. Thalamic lesions in a case of developmental dyslexia. Arch Neurol 39: 333-336

Gazzaniga MS (1989) Organization of the human brain. Science 245: 947-952

Gentilini M, Renzi de E, Crisi G (1987) Bilateral paramedian thalamic artery infartcs: report of eight cases. J Neurol Neurosurg Psychiatry 50: 900-909

Girault JA, Savaki HE Desban M, Glowinski J, Besson MJ (1986) Conséquences de la lésion du noyau ventro-médian du thalamus sur le métabolisme cérébral: Une étude expérimentale chez le rat par la méthode du 14C-désoxyglucose. Rev Neurol (Paris) 142: 456-464

Glatzel J (1984) Die Psychopathologie Karl Jaspers in der Kritik. Nervenarzt 55: 10-17

Goldenberg G.,Wimmer A, Maly J (1983) Amnesic syndrome wih a unilateral thalamic lesion: a case report. J Neurol 229: 79-86

Gorelick PhB, Hier DB, Benevento L, Levitt S, Tan, W (1984) Aphasia after left thalamic infartion. Arch Neurol 41: 1296-1298

Graff-Radford NR, Damasio H, Yamada T, Eslinger PJ, Damasio AR (1985) Nonhaemorrhagic thalamic infartion. Clinical, neuropsychological and electrophysiological findings in four anatomical groups defined by computerized tomography. Brain 108: 485-516

Graveleau Ph, Viader F, Masson M, Cambier J (1986) Négligence thalamique. Rev Neurol (Paris) 142: 425-430

Grünthal E(1942) Über thalamische Demenz. Monatsschr Psychiat Neurol 106: 114-128

Heilman KM, Valenstein E, Watson RT (1985) The neglect syndrome. In: Handbook of clinical Neurology. Vol. 1 (45): Clinical neuropsychology Elsevier, Amsterdam, 153-183

Hirose G, Lombroso CT, Eisenberg H (1975) Thalamic tumors in childhood. Clinical, laboratory and therapeutic considerations. Arch Neurol 32: 740-744

Hungerbühler JP, Assal G, Regli F (1984) Thalamic hematomas: Neuropsychological aspects. Report of 11 cases and review of literature. Arch Neurol Neurochir Psychiat 135: 199-215

Jaspers K (1913) Allgemeine Psychopathologie. Springer Berlin

Jayaraman A (1984) Thalamostriate projections - an overview. In: McKenzie JS, Kemm RE, Wilock LN (eds) The basal ganglia. Plenum Press, New York, 69-56

Jones EG (1985) The thalamus. Plenum Press, New York

Klages W (1964) Über eine "Thalamische Trias" in der Symptomatik schizophrener Psychosen. Arch Psychiat Z Ges Neurol 206: 562-575

Kleist K, Gonzalo J (1938) Über Thalamus- und Subthalamussyndrome und die Störungen einzelner Thalamuskerne. Monatsschr Psychiat Neurol 99: 87-130

Kobayashi T, Kageyama N, Kida Y, Yoshida J, Shibuya N, Okamura K (1981) Unilateral germinomas involving the basal ganglia and thalamus. J Neurosurg 55: 55-62

Kwak R, Saso SI, Suzuki J (1978) Ipsilateral cerebral atrophy with thalamic tumor of childhood. J Neurosurg 48: 443-449

Lang C, Feistel H Romstöck F (1989) Zum Verständnis thalamischer Aphasien und Amnesien. Nervenarzt 60: 425-432

Lassonde M, Sauerwein H, Geoffroy G, Décarie M (1986) Effects of early and late transection of the corpus callosum in children. A study of tactile and tactuomotor transfer and integration. Brain 109: 953-967

Leonhard K (1939) Traumatische Thalamusläsionen mit Hemianästhesie und schwerer psychischer Veränderung. Arch Psychiat 109: 264-281

Macchi G, Bentivoglio M, Minciacchi D, Molinari M (1986) Organisation des connexions thalamiques. Rev Neurol (Paris) 142: 267-282

Mauguière F, Baleydier C (1986) Place du thalamus dans le résau d'interconnexions entre les cortex associatifs et limbiques chez le singe. Rev Neurol (Paris) 142: 406-417

Mayer M, Ponsot G, Kalifa C, Lemerle J, Arthuis M (1982) Tumeurs des noyaux gris chez l'enfant. A propos de trente-huit observations. Arch Fr Pediatr 39: 91-95

McKissock W, Paine KWE (1958) Primary tumours of the thalamus. Brain 81: 41-63

Motomura N, Yamadori A, Mori E, Ogura J, Sakai T, Sawada T (1986) Unilateral spatial neglect due to hemorrhage in the thalamic region. Acta Neurol Scand 74: 190-194

Neumärker KJ (1983) (Hrsg) Hirnstammläsionen. Enke Stuttgart

Neumärker KJ, Bzufka MW, Kemmerling S, Planitzer J, Vesper J, Vogel S, Wunderlich U (1986) Über Tumoren der hippokampalen, parahippokampalen Gehirnformation im Kindesalter. Z Klin Med 41: 1595-1599

Neumärker KJ, Bzufka MW (1989a) Berliner-Luria-Neuropsychologisches Verfahren für Kinder (BLN-K). Verfahren zur Diagnostik von Hirnfunktionsstörungen bei 8-12-jährigen Kindern. Psychodiagnostisches Zentrum der Humboldt-Universität Berlin; Hogrefe, Göttingen Toronto Zürich

Neumärker KJ, Bzufka MW (1989b) Zum Stellenwert neuropsychologischer Untersuchungen bei geistig Behinderten. Acta Paedopsychiat 52: 307-316

Nichelli P, Bahmanian-Behbahani G, Gentilini M, Vecchi A (1988) Preserved memory abilities in thalamic amnesia. Brain 111: 1337-1353

Oepen G, Schulz-Weiling R, Zimmermann P, Birg W, Straesser S, Gilsbach J (1988) Neuropsychological assessment of the transcallosal approach. Eur Arch Psychiatr Neurol Sci 237: 365-375

Oke AF, Adams RN (1987) Elevated thalamic dopamine: Possible link to sensory dysfunctions in schizophrenia. Schizophr Bull 13: 589-604

Percheron G, Francois C, Yelnik J (1986) Relations entre les ganglions de la base et le thalamus du primate. Nouvelles données morphologiques. Nouvelles interprétations physiopathologiques. Rev Neurol (Paris) 142: 337-353

Perret E (1973) Gehirn und Verhalten. Neuropsychologie des Menschen. Huber, Bern Stuttgard Wien

Puel M, Cardebat D, Demonet JF, Elghozi D, Cambier J, Guiraud-Chaumeil B, Rascol A (1986) Le role du thalamus dans les aphasies sous-corticales Rev Neurol (Paris) 142: 431-440

Riklan M, Levita E (1969) Subcortical correlates of human behavior: A psychological study of thalamus and basal ganglia surgery. Williams & Wilkins, Baltimore

Roßberg C, Mennel HD (1986) Über ein- und doppelseitige Infarkte im Versorgungsgebiet der A. thalamoperforata posterior: Neuropathologische Befunde. Nervenarzt 57: 29-34

Sano K (1986) The future of neurosurgery in the care of cerebral tumors. Neurosurg Rev 9: 13-22

Schnider A, Vaney C (1989) Neglekt - das oft vernachlässigte Syndrom der Vernachlässigung. Schweiz Med Wochenschr 119: 1583-1590

Schuster P. (1939/1937) Beiträge zur Pathologie des Thalamus opticus. Arch Psychiat Nervenkr
1. Mitt. 105: 358-432 (1936), 2. Mitt. 105: 550-622 (1936)
3. Mitt. 106: 13-53 (1937), 4. Mitt. 106: 201-233 (1937)

Schütz HJ (1985) Klinik und Langzeitprognose spontaner Thalamushämatome. Fortschr Neurol Psychaitr 53: 355-362

Scott EW, Mickle JP (1987) Pediatric diencephalic gliomas- A review of 18 cases. Pediat Neurosci 13: 225-232

Shen EY, Huang CC, Chyou SC, Hung HY, Hsu CH, Huang FY (1986) Sonographic finding of the bright thalamus. Arch Dis Child 61: 1096-1099

Siska E, Geréby G, Tariska S (1985) Die "Thalamus-Demenz". Fortschr Neurol Psychiat 53: 302-311

Sperling E (1957) Thalamusveränderungen bei Stirnhirnverletzungen. Arch Psychiat Z Ges Neurol 195: 589-606

Strenge H (1978) Zur funktionellen Bedeutung des Pulvinar thalami. Fortschr Neurol Psychiat 46: 491-507

Strenge H, Tackmann W (1979) Das somatosensorisch evozierte kortikale Potential bei Thalamusläsionen und seine klinisch-anatomische Interpretation. Fortschr Neurol Psychiat 47: 407-417

Synowitz HJ (1987) Der transkallosale Zugang - operationstechnisches Vorgehen. Zentralbl Neurochir 48: 288-293

Voit T, Lemburg P (1987) Damage of thalamus and basal ganglia in asphyxiated full-term neonates. Neuropediatrics 18: 176-181

Wald SL, Fogelson H, McLaurin RL (1982) Cystic thalamic gliomas. Child's Brain 9: 381-393

Watson RT, Valenstein E, Heilman KM (1981) Thalamic neglect. Possible role of the medial thalamus and nucleus reticularis in behavior. Arch Neurol 38: 501-506

Watson RT, Heilman KM (1983) Callosal apraxia. Brain 106: 391-403

Werth R, Cramon DY, Zihl J (1986) Neglect. Phänomene halbseitiger Vernachlässigung nach Hirnschädigung. Fortschr Neurol Psychiat 54: 21-32

Die Integration der Neuropsychologie in die klinische Neurologie

H.A.F. Schulze

Der Grundstein zur Entstehungsgeschichte der Neuropsychologie wurde von Neurologen und Psychiatern gelegt. Mit der Begründung der Aphasielehre durch Broca, Wernicke, Lichtheim und andere war eine Erkenntnis verbunden, die sich letztlich nicht grundsätzlich von modernen Kennzeichnungen des Gegenstands der Neuropsychologie unterscheidet, wie etwa diese Thesen von Pöppel (1989):

"Psychische Funktionen werden durch neuronale, im Laufe der Evolution entstandene Programme bereitgestellt, deren Verfügbarkeit an die Integrität neuronaler Strukturen oder neuronaler Algorithmen gebunden ist"
"Daß psychische Funktionen bei Läsionen bestimmter neuronaler Strukturen interindividuell in gleicher Weise ausfallen, ist ein Existenzbeweis dieser psychischen Funktionen".

Daran ändert sich auch nichts, wenn wir wissen, daß die Klassiker die Zusammenhänge noch vereinfacht haben. Man muß aber hinzufügen, daß individuelle Unterschiede der "Assoziation zwischen bestimmten Strukturen und bestimmten Funktionen" dennoch vorkommen. Das erhöht zweiffellos die Schwierigkeiten neuropsychologischer Forschung, die ja darauf angewiesen ist, aus pathologischen Befunden Rückschlüsse auf die normale zerebrale Informationsverarbeitung abzuleiten. Unser heutiger Wissensstand und unsere Vorstellungen etwa im Sinne einer Konzeption von Modulsystemen als Grundlage der Vorgänge, die wir uns als Reihenfolge veranschaulichen, die aber komplex, durch eine "innere Uhr" koordiniert und mehr oder weniger gleichzeitig ablaufen, sind ständig im Wachsen begriffen und finden immer wieder in erweiterten Definitionen ihren Niederschlag:

- Reizaufnahme - Wahrnehmung - (Wieder-) Erkennen,
- Bearbeitung - Lernen und Gedächtnis,
- Bewertung - Emotionen - Affekte - Schmerz,
- (Re-)Aktion - Motorik - Sensomotorik - (Sprache und Gestik).

Allein dieses gemischte Vokabular weist auf die besondere Stellung der Neuropsychologie gewissermaßen zwischen Psychiatrie und Neurologie hin. Die Terminologie läßt erkennen, daß die neuropsychologische Diagnostik auch auf Methoden der klinischen Psychologie, die wir eher der Psychiatrie zuordnen möchten, angewiesen ist. Ich denke z. B. an die quantitative Einschätzung von zerebralen Leistungsdefiziten.

Aber die meisten Patienten mit neuropsychologischer Symptomatik sind neurologisch Kranke! Allein daraus ergibt sich eine klare Verantwortung für den Neurologen als "primus inter pares" im Rahmen der interdisziplinären Aufgabenstellung. Diese kann nur bewältigt werden, wenn Sachkenntnisse, Erfahrungen und Methoden aus der Neurologie, Psychologie und Psychopathologie, wenn sprachliche Leistungen betroffen sind, auch aus der Linguistik und gff. Logopädie, einfließen, kooperativ oder durch ausreichende Sachkenntnis des Klinikers in einer Person.

Die diagnostische und therapeutische Gesamtverantwortung liegt beim Arzt. Sie kann nicht delegiert werden. Andererseits ist Teamwork für eine optimale Bewältigung unerläßlich. In der Forschung können sich die Akzente in Abhängigkeit von Fragestellung und Zielsetzung verlagern. Aber auch der Linguist, der sich mit pathologischen Phänomenen der Sprachleistungen befaßt, ist auf den neurologischen oder auch psychiatrischen Patienten angewiesen. Der Kliniker wird aber für den Theoretiker nur dann ein wissenschaftlicher Partner oder auch nur Mittler sein können, wenn er beurteilen kann, welche Voraussetzungen erfüllt sein müssen, um ein bestimmtes Problem zu untersuchen und erst recht, um Ergebnisse aus der psychologischen oder linguistischen Forschung medizinisch anzuwenden und für die Klärung der Pathogenese, Differentialdianostik und Rehabilitation nutzbar zu machen.

Die fortschreitende Differenzierung der Nervenheilkunde, die unvermeidliche Trennung von Neurologie und Psychiatrie, hat einerseits zu Intensivierung auf den Teilgebieten geführt, andererseits aber zur Vernachlässigung von Grenzgebieten wie der Neuropsychologie.

Glücklicherweise wurde die Tendenz zu dieser verhängnisvollen Entwicklung inzwischen erkannt. Eine erfreuliche Renaissance hat eingesetzt, deutlich erkennbar an einer großen Zahl von Publikationen, Forschungsvorhaben und der Bildung von wissenschaftlichen Zentren in den meisten Ländern der Welt. Als Beispiel sei das Lehr- und Forschungsgebiet der Neuropsychologie an der Abteilung Neurologie der Rheinisch-Westfälischen Technischen Hochschule Aachen erwähnt. Es gibt aber nach wie vor Nachholbedarf. Auch im Berliner Raum kann die Neuropsychologie auf bedeutende Beiträge zurückblicken. Mit Zurückblicken allein ist es aber nicht getan. Es wäre schon wünschenswert, daß die zweifellos vorhandene große Tradition wieder aufleben würde und die Aktivitäten über Einzelinteressen und Hobbyforschung hinausgingen. Ähnliches gilt für weitere frühere Zentren der klinischen Gehirnpathologie wie z. B. Rostock und Leipzig und anderenorts. Es liegt in der Natur der Sache, daß die Arbeit in den vorhandenen Zentren, Schulen und Arbeitsgruppen zu unterschiedlichen Konzeptionen, Theorienbildungen, Methodenentwicklungen usw. führt. Das muß nicht mit wesentlichen Nachteilen verbunden sein. Es ist eher von Vorteil, wenn dadurch der wissenschaftliche Meinungsstreit und der Austausch von Ergebnissen und Erfahrungen belebt werden und die Zahl der Beobachtungen erhöht wird. Voraussetzung dafür ist die Vergleichbarkeit der Angaben.

Trotz Bevorzugung oder Abhängigkeit von bestimmten Testbatterien und Klassifikationen der Erscheinungsformen sollten die Phänomene so eindeutig beschrieben werden, daß eine Auswertung auch mit anderer Methodik möglich ist.

Das eigentliche Dilemma besteht aber darin, daß das Bewußtsein der Zuständigkeit bei vielen Neurologen geschwunden ist oder verdrängt wird und das Feld anderen überlassen bleibt. Kein Fachkollege würde wohl auf den Gedanken kommen, sich z.B. nicht für alle Einzelphänomene einer Halbseitenlähmung für zuständig zu halten auch wenn er zur Klärung der Ätiopathogenese den Neuroradiologen und andere paraklinische Disziplinen bzw. zur Rehabilitation den Physiotherapeuten in Anspruch nimmt. Mit welchem Recht können wir darauf verzichten, mit denjenigen Phänomenen vertraut zu sein, die durch Schädigung der phylogenetisch jüngsten Strukturen und Funktionssystemen des menschlichen Gehirns zustandekommen?

Gerade die Trennung von Neurologie und Psychiatrie macht zur Bedingung, daß sich Neurologen und Psychiater miteinander verständigen können. Es kann doch nicht angehen, daß die Beschreibung eines hirnorganischen Psychosyndroms in einer psychiatrischen Krankengeschichte mit einer anderen Terminologie erfolgt als in einer neurologischen Krankengeschichte. Wie soll sie überhaupt verständlich sein, wenn die begrifflichen Definitionen der Psychopathologie und notwendigerweise zunehmend auch der Neurolinguistik nicht geläufig sind, nicht korrekt verwendet bzw. nicht gegeneinander abgegrenzt werden (z.B. Aphasie, Anarthrie, Dysarthrie, Perseveration, Iteration, Echolalie, Logorrhoe, Stereotypie, literale, verbale, phonematische, semantische Paraphasie, Neologismus, Sprachautomatismus, phonologische, lexikalisch-semantische, syntaktische Regularität, Agrammatismus, Paragrammatismus, Mutismus u.a.)?

Bemerkenswert ist die zunehmende Forderung, neuropsychologische Maßstäbe, Methoden und Inhalte in der klinischen Psychiatrie anzuwenden. Wie auch bei neuropsychologischen Syndromen neurologischer Krankheitsbilder nehmen dabei mehr und mehr Korrelationen bestimmter Phänomene mit Läsionen bzw. Strukturen der rechten Hirnhälfte des Rechtshänders und überhaupt Fragen der interhemisphäriellen Verbindung und funktionellen Asymmetrie der Hemisphären das Interesse in Anspruch.

Es sei z.B. auf das von Oepen (1988) herausgegebene Buch "Psychiatrie des rechten und linken Gehirns" mit dessen Untertitel "Neuropsychologische Ansätze zum Verständnis von Persönlichkeit , Depression und Schizophrenie" hingewiesen. Mag hier manches zwar anregend aber doch noch spekulativ sein, so ist es doch interessant, daß die zunächst von psychiatrischer Seite in Anspruch genommene Psychologie, die sich unter den Fittichen der Psychiater zur klinischen Psychologie entwickelt hat, dann in eigener Weise von der Neurologie in Ausweitung der klinischen Gehirnpathologie, vor allem der Aphasielehre, als Neuropsychologie etabliert wurde, nun wieder auch in dieser Form an die Seite der klinischen Psychologie tretend in die Psychiatrie zurückkehrt. So könnte sich in der Zukunft die Neuropsychologie auf neuem, höherem Niveau als Bindeglied der in sich eigenständigen Fachgebiete Neurologie und Psychiatrie erweisen.

Die historisch bedingte enge Verbindung der Aphasielehre mit der zerebralen Lokalisationslehre, die positive und negative Auswirkungen gehabt hat, ist vor allem im Hinblick auf die praktische Diagnostik, d.h. für die zerebrale Zuordnung der zugrunde liegenden Läsionen im topographischen Sinne, in den Hintergrund getreten. Es ist aber ein großer Irrtum, wenn daraus abgeleitet wird, daß etwa die moderne bildgebende Diagnostik den diagnostischen Stellenwert neuropsychologischer Befunde einschränkt und das eine an die Stelle des anderen tritt. Im Gegenteil, es ergeben sich neue Fragen und neue Möglichkeiten, deren Beantwortung und Nutzung nur im Zusammenwirken beider erreicht werden kann. Die Prozeßlokalisation ist vielfach gar nicht mehr die Zielsetzung der Neuropsychologie, sondern umgekehrt die Fragestellung nach der Störbarkeit bestimmter zerebraler Funktionskreise der Informationsverarbeitung von bereits lokalisatorisch definierten CT- oder MRT-Befunden her. Die sich dabei ergebenden Hinweise auf die Beteiligung subkortikaler Strukturen an sprachlichen Leistungen und die davon abgeleiteten Vorstellungen über strukturell-funktionelle Systeme sind noch lückenhafte aber willkommene Mosaiksteinchen, die zur Vermehrung unserer Kenntnisse dringend benötigt werden, auch wenn sie sich nicht alle als richtig erweisen, sondern durch bessere ersetzt werden müssen.

Je mehr wir uns die Vielfalt und Komplexität der zerebralen Prozesse, die unserer Sprache und unserem Denken zugrunde liegen, mit Hilfe der Neuropsychologie zugängig machen, desto mehr wird uns die Bedeutung von einzelnen Komponenten dieser Leistungen erschlossen, die z. B. bei der Diagnostik von Sprachstörungen früher gar nicht beachtet wurden wie Prosodie, Sprachmelodie, Rhythmus usw. Allein diese Bezeichnungen führen uns zum Begriff der Musikalität und lassen uns ahnen, wie groß die Vielfalt der afferenten und efferenten Störungen sein kann, die wir mit dem Terminus Amusie zusammenfassen. Viele Fragen sind hier noch zu beantworten. Zweifellos liegt es auch an der in diesem Zusammenhang bestehenden besonders großen Variabilität der individuellen Herausbildung von Fähigkeiten und Leistungen und damit der entsprechenden strukturell-funktionellen Gegebenheiten.

Die Beschäftigung mit diesen Fragen, auch wenn sie für uns zunächst nur von geringerer klinischer Bedeutung sind, wenn z. B. eine Störung musikalischer Leistungen auf der Grundlage einer zerebralen Läsion vorliegt, führt uns auch zu allgemeinen Problemen der Kulturentwicklung. Als 1988 in Wien das 4. Symposium der Herbert-von-Karajan-Stiftung der Gesellschaft der Musikfreunde abgehalten wurde, fanden sich unter den Referenten Hirnforscher und Neuropsychologen mit Beiträgen zum Thema "Mensch und Musik unter verschiedenen natur- und geisteswissenschaftlichen Aspekten" (Petsche 1989). Die Vorträge hatten Inhalte wie "Musikwahrnehmung und Hirnstrombild", "Handmotorik und musikalisches Lernen", "Motorische Hirnrindenfelder und rhythmische Koordination der Hände beim Musizieren", "Amusien bei unterschiedlichen Hirnläsionen", um nur wenige Beispiele zu nennen. Das Rahmenthema war aber nicht auf eine Muse beschränkt. So sprach O.J. Grüsser über "Gehirnvorgänge und bildnerische Kreativität, phylogenetische, historische und individuelle Bedingungen".

Die Neurolinguistik hat auch sehr interessante Zusammenhänge des Entstehens der Schriftsprache mit der allgemeinen Kulturentwicklung aufgegriffen und bemüht sich um die Beantwortung vieler in dieser Hinsicht noch offener Fragen. Warum wurden die aus Piktogrammen bestehenden Schriftarten zunächst von oben nach unten, dann von rechts nach links und heutzutage von links nach rechts geschrieben? Hier liegt die Antwort in bezug auf die Änderungen der Schreibrichtung noch nahe, indem man sie als Anpassung an anderer Schriftarten erklärt. Was aber ist die Ursache der Schreibrichtung von rechts nach links bei den vokalfreien, nur aus Konsonanten bestehenden Schriftarten wie Arabisch und Hebräisch? Gibt es Beziehungen zwischen Schreibrichtung und zerebraler Informationsverarbeitung? Warum führte dann die Einführung der Vokale und damit die Entstehung des Alphabets zur Änderung der Schreibrichtung, d. h. zum Schreiben von links nach rechts mit der kurzen Übergangsphase des Bustrophedon? Für diese und andere Fragen gibt es erst teilweise Antwortangebote, (z.B. de Kerckhove u. Lumsden 1988). Hier findet sich auch die mit vielen bestechenden Argumenten belegte These, daß die Einführung des griechischen Alphabetes eine wesentliche Voraussetzung unserer neuzeitlichen Kultur darstellt.

In den letzten Jahren ist viel von transkultureller Psychiatrie die Rede. Warum sollten wir nicht auch von transkultureller Neurologie sprechen? Vor allem aber sollten wir uns eingedenk des Wortes von Clifford Rose (1984) "Speech is peculiar to man, and its disorders provide the greatest challenge to our understandig of how the human brain works", wieder mehr mit den die sprachlichen Leistungen betreffenden Fragen der Informationsverarbeitung in unserem höchstentwickelten Organ als Voraussetzung und Grundlage aller normalen und pathologischen Erscheinungen menschlichen Seins und Verhaltens befassen. Und wenn Macdonald Critchley (1984) ebenfalls bedauert, daß sich zu wenig Neurologen einem ernsthaften Studium der Aphasie widmen und feststellt "that psycholinguistics alone is not enough", so möchte ich hinzufügen: Ohne die Neurologie geht es nicht !

Literatur

Chritchley M (1984) Aphasiology: present status and trends. In: Rose FC (ed) Progress in aphasiology. Raven press, New York

Kerckhove D de, Lumsden Ch J (eds) (1988) The alphabet and the brain. the lateralization of writing. Springer, Berlin, Heidelberg, New York, Tokyo

Oepen G (1988) Psychiatrie des rechten und linken Gehirns, Deutscher Ärzte-Verlag, Köln

Petsche H (Hrsg) (1989) Musik - Gehirn - Spiel. Birkhäuser, Basel

Pöppel E (1989) Klassifikation psychischer Phänomene auf neuropsychologischer Grundlage. In: Jacobi P (Hrsg) Psychologie in der Neurologie. Springer, Berlin, Heidelberg, New York, Tokyo

Rose FC (ed) (1984) Progress in aphasiology. Raven Press, New York

Der Beitrag der Neuropsychologie zur Erforschung der Demenzen

K. Poeck

Für die Untersuchung kognitiver Störungen bei Patienten mit einer Hirnkrankeit steht ein großes Arsenal an psychologischen Testinstrumenten zur Verfügung. Einige davon sind mit dem Ziel entwickelt worden, Patienten mit einer Alterskrankheit zu identifizieren, die zur Demenz führt, in erster Linie also Patienten mit Alzheimerscher Krankheit. Einige gehören zu dem Repertoire der Untersuchungsverfahren, mit denen man Patienten nach Schlaganfällen oder nach Kopftraumen untersucht. Die am häufigsten verwendeten Tests können in drei großen Kategorien zusammengefaßt werden.

1. Kurzverfahren, um den psychischen Status rasch und annäherungsweise zu beschreiben.
2. Verhaltens- und Leistungsskalen, die speziell für die Untersuchung bei M. Alzheimer entwickelt worden sind.
3. Neuropsychologische Testserien, die ein breites Spektrum kognitiver Leistungen untersuchen.

Allgemein können neuropsychologische Tests zwei Aufgaben erfüllen: die Identifizierung von Untergruppen von Patienten in einer größeren Population und die genauere Leistungsbeschreibung jedes einzelnen Patienten einschließlich der Beschreibung von Leistungen, die bei ihm noch besser oder gut erhalten sind. Tests, die nur den Selektionsaspekt berücksichtigen, sind gewöhnlich nicht gut geeignet, die Leistungsmängel und schon gar nicht die noch verbliebenen Leistungen eines Patienten zu beschreiben. Auf der anderen Seite müssen psychometrisch valide beschreibende Tests die Eigenschaft haben, bestimmte Patienten aus einer größeren Gruppe auszulesen. Dies ist ein Aspekt der Konstruktvalidität.

Die erwähnten Kurztests haben außer ihrer mangelnden Kraft zur Beschreibung von Leistungstiefs und Leistungshochs auch andere Mängel: Sie sind gewöhnlich nicht an einer unabhängigen Stichprobe von Patienten kreuzvalidiert worden. Ferner gibt es für diese Kurztests gewöhnlich Grenzwerte ("cut-off scores"), welche die Tatsache unberücksichtigt lassen, daß jeder Mensch bei wiederholter Testdarbietung Leistungsschwankungen hat. Man muß deshalb nicht einen Trennwert, sondern einen Grenzbereich angeben.

Ein typisches Beispiel für einen Kurztest von geringen psychometrischen Qualitäten ist die sehr weit verbreitete Mini-Mental State Examination (Folstein et al.,1975). Daselbe gilt für den Mental Status Questionnaire (Kahn et al.,1960) und den Short Portable Mental Status Questionnaire (Pfeiffer 1975). Es ist richtig, daß diese Tests kurz und ohne größere psychologische Vorkenntnisse anwendbar sind. Sie sind aber ganz stark zur Seite sprachlicher Leistungen hin gewichtet und bleiben deshalb Auskünfte über andere kognitive Bereiche schuldig. Dies gilt noch mehr für eine Kurzfassung des ohnehin schon kurzen MMSE (Galasko et al.,1990), den man Mini-Mini-Mental State nennen könnte.

Einwände gegen die psychometrische Qualität der Kurzverfahren werden von manchen Demenzforschern damit beantwortet, daß demente Patienten mit degenerativer oder vaskulärer Demenz nicht imstande sind, bei anspruchsvolleren Testuntersuchungen mitzuarbeiten. Eine mögliche Antwort auf diesen Einwand ist, daß Patienten, die man nicht mehr testen kann, leicht durch die Anamnese und durch die Beobachtung ihres Verhaltens identifiziert werden können. Man fragt sich auch, welche Kenntnisse, die man nicht schon hat, aus den Studien von Patienten in so fortgeschrittenen Stadien der Demenz erlangt werden sollen.

Es ist aber nicht die Aufgabe dieser Ausführungen, die Vor- und Nachteile verschiedener Testverfahren gegeneinander abzuwägen. Statt dessen soll dargestellt werden, welchen Beitrag die Neuropsychologie zur Demenzforschung leisten kann.

Tabelle 1 listet die traditionelle Klassifikation der Demenzen auf. Die Zusammenstellung ist sicher nicht vollständig. Ich will auf zwei Probleme hinweisen, die sich bei den primär degenerativen und bei den vaskulären Demenzen ergeben.

Albert et al. (1974) haben die Unterscheidung zwischen kortikaler und subkortikaler Demenz eingeführt. Das Konzept der subkortikalen Demenz ist in der Literatur rasch angenommen worden, obwohl einige Autoren, z.B. Whitehouse (1986), ernstzunehmende Einwände dagegen erhoben haben. Ich will mich auf rein neuropsychologische

Tabelle 1. Traditionelle Einteilung der Demenz-Syndrome

Primär degenerative Demenzen
senile Demenz vom Alzheimer-Typ
Demenz bei Parkinsonscher Krankheit
Demenz bei Chorea Huntington
Demenz bei Pickscher Krankheit
Demenz bei ALS
Problem: Unterteilung in "kortikale" und "subkortikale" Demenzen
Vaskuläre Demenzen
Multiinfarktdemenzen (SAE)
ausgedehnte Territorialinfarkte
Infarkte des Thalamus und oberen Hirnstammes
Problem: Werden stationäre neuropsychologische Syndrome zurecht als Demenz beschrieben?

Überlegungen beschränken. Wenn man die Arbeiten über subkortikale Demenz kritisch liest, so stellt man fest, daß diese Patienten einen stark verminderten Antrieb und eine Einengung der emotionalen Schwingungsfähigkeit haben. Wenn diese Patienten getestet werden, zeigen sie Leistungsmängel in allen Aufgaben, die mit Zeitbegrenzung gelöst werden müssen. Es ist eine Frage der Terminologie, ob man Langsamkeit einer Leistung in die Definition der Demenz einschließt. Ich lasse diese Frage offen, weise aber nur darauf hin, daß es qualitative Unterschiede zwischen den Leistungsmängeln bei Patienten mit subkortikaler und mit kortikaler Demenz gibt.

Bei den vaskulären Demenzen sehe ich zwei Probleme. Patienten mit großen Territorialinfarkten und mit Infarkten des oberen Hirnstammes (Katz et al. 1987) und des Thalamus (von Cramon et al. 1981) zeigen stabile neuropsychologische Syndrome, wenn sie nicht einen weiteren Schlaganfall oder ein weiteres Trauma erleiden. Ist es dann aber zutreffend, ein stabiles neuropsychologisches Syndrom als Demenz zu beschreiben? Nach meinem Verständnis verlangt die Feststellung einer Demenz auch die Feststellung von Leistungsmängeln in mehreren kognitiven Bereichen. Dies ist aber in der Mehrzahl der Fälle von Patienten mit stabilen Territorialinfarkten des Gehirns nicht der Fall. Ein anderes Problem hat der Terminus Multiinfarktdemenz (Hachinski et al. 1974) mit sich gebracht. In der Mehrzahl der Publikationen wird Multiinfarktdemenz mehr oder weniger mit der Binswangerschen zerebralen Mikroangiopathie gleichgesetzt. Die multiplen lakunären Infarkte bei dieser Krankheit sind aber in Arealen lokalisiert, welche motorische oder sensible Funktionen haben. Sie können nicht die Ursache von Demenz sein. Meiner Ansicht nach ist es vernünftig die Hypothese aufzustellen, daß die ausgedehnte Demyelinisierung des Marklagers der Hemisphären, die man mit bildgebenden Verfahren oder auch neuropathologisch nachweisen kann, die Ursache der Demenz bei diesen Patienten ist. Es gibt Publikationen, die diesen Standpunkt nicht bestätigen (Rao et al. 1989, Hunt et al. 1989) und andere, die diese These unterstützen (Tanaka et al. 1989).

Das führt zu der Frage, welche neuropathologische Grundlage das Syndrom der Demenz haben könnte.

In psychologischen Termini könnte man Demenz als einen Verlust der Assoziationsfunktionen definieren. Wenn man diese Definition akzeptiert, kann Demenz durch eine kortikale Krankheit zustande kommen, welche die Assoziationsareale ergreift oder durch eine Krankheit des Marklagers, die die Assoziationsfasern in ihrer Funktion beeinträchtigt und dadurch die "Kommunikation" der Assoziationsfasern untereinander vermindert oder verhindert.

In der Neuropsychologie werden heute viele psychologische Funktionen mit sehr zuverlässigen Methoden untersucht. Einige dieser Funktionsbereiche werden im folgenden aufgeführt: Gedächtnis, Aufmerksamkeit und Vigilanz, Konzentrationsfähigkeit, psychomotorische Funktionen, Emotion und Affektivität. Sprache, Sprechen, visuelles, akustisches und taktiles Wahrnehmen und Erkennen, räumliche Orientierung und konstruktive Leistungen. Nur eine sehr breit angelegte Serie valider Tests kann das ganze Spektrum von möglicherweise beeinträchtigten und noch erhaltenen kognitiven Funktionen bei einem Patienten erfassen. Die neurologische Forschung, aber auch die soziale Beratung, verlangen, daß man nicht nur das Ausmaß der Leistungseinbußen genau definiert, sondern auch das Ausmaß, in welchem die psychologischen Leistungen eines Patienten noch erhalten sind. Derartige Feststellungen müssen nicht nur für den gegenwärtigen Status eines Patienten in zuverlässiger Weise gemacht werden, sondern sie sind auch bei Verlaufsuntersuchungen dringend notwendig.

Merk- und Gedächtnisstörungen werden nach bilateralen oder einseitigen Läsionen limbischer Strukturen des Gehirns beobachtet. Bilaterale Läsionen führen zu globaler retrograder und anterograder Amnesie. Diese Patienten haben eine ganz schwere Lernstörung, jedoch ist ihr prozedurales Gedächtnis manchmal noch überraschend gut erhalten. Rechtsseitige temporo-basale Läsionen führen zu materialspezifischer Beeinträchtigung nichtverbaler Gedächtnisfunktionen, linksseitige mediotemporale Läsionen zu verbalen Gedächtnisstörungen, und für alle diese Aspekte stehen zuverlässige Testverfahren zur Verfügung.

Aufmerksamkeit, Vigilanz und Reaktionszeit. Diese Funktionen sind offensichtlich sehr eng miteinander assoziiert. Aufmerksamkeitsstörungen werden nach Läsionen beobachtet, die ein ausgedehntes subkortikales Netzwerk im Hirnstamm in den thalamischen retikulären Strukturen und in subkortikalen Bahnen zum Frontallappen beeinträchtigen. Es gibt auch hier eine Hemisphärenspezifität in dem Sinne, daß rechtshemisphärische Schädigungen zu einer Verminderung der andauernden Aufmerksamkeit (Vigilanz) und der Reaktionsschnelligkeit auf einfache visuelle und auditive Reize führen, linksseitige Hirnschädigungen zu einer Beeinträchtigung der selektiven Aufmerksamkeit und der Sicherheit bei Wahlreaktionen sowie der Konzentrationsleistung in selektiven Reizsituationen.

Psychomotorische Funktionen können mit neuropsychologischen Methoden wesentlich genauer untersucht werden als mit neuroradiologischen. Es gibt Methoden, um sensomotorische Koordinationsleistungen zu überprüfen, wie Ziel- und Führungsbewegungen von

Arm und Hand, schnelle Manipulation kleiner Gegenstände, schnelles Klopfen auf einer Unterlage, statische und dynamische Bewegungsruhe. Auch hier gibt es eine Hemisphärenspezialisierung. Rechtshemisphärische Schädigungen führen zur Störung einfacher sensomotorischer Leistungen hauptsächlich kontralateral zur Schädigungsseite. Linkshemisphärische Schädigung führt zur Störung einfacher sensomotorischer Leistungen kontra- und häufig auch ipsilateral, insbesondere auch zur Beeinträchtigung komplexer sensomotorischer Leistungen, und hier erkennt man die Überlegenheit der linken Hemisphäre, die man bereits aus der Apraxielehre kennt.

Diese und andere Funktionsbereiche kann man bestimmten Hirnarealen zuordnen. Neurologen sind es gewohnt, in "Hirnlappen" zu denken, deswegen soll die folgende Darstellung auch die einzelnen anatomischen Hirnlappen berücksichtigen. Man muß allerdings bedenken, daß beispielsweise im Frontallappen sehr vielfältige Funktionen lokalisiert sind.

Läsionen des Frontallappens können zu Beeinträchtigung in folgenden Funktionsbereichen führen: Abstraktionsfähigkeit und Konzeptbildung, Umstellungsfähigkeit, Erkennen und Befolgen von Regeln, Flüssigkeit der Worteinfälle, vorausschauendes Organisieren und Planen, Störbarkeit durch automatische Prozesse, exploratives Verhalten. Eine Kombination solcher neuropsychologischer Störungen verdient den Namen Frontalhirnsyndrom, nicht der Antriebsmangel, der nur einen geringen lokalisatorischen Wert hat oder die in vielen Publikationen erwähnte und so selten beobachtete "Witzelsucht".

Die Funktionen der *Temporallappen* sind rasch aufgeführt: Sprache und sprachabhängige Funktionen auf der linken Seite, Prosodie auf der linken und rechten Seite, sowie die Gedächtnisstörungen, die bereits erörtert wurden.

Auch die Funktionen des *Parietallappens* sind gut bekannt: Visuell räumliche Orientierung, räumlich konstruktive Leistungen, taktiles Erkennen von Formen, Orientierung der Aufmerksamkeit, Praxie und Rechenfähigkeit.

Läsionen des *Okzipitallappens* führen zur Prosopagnosie, zu Schwierigkeiten bei der Verarbeitung von Farben, zu Alexie ohne Agraphie und zu dem seltenen Syndrom der Objektagnosie.

Aus meiner Sicht ist der einzige wirkliche Fortschritt, der auf dem Gebiet der Psychopathologie und Neuropsychologie in der letzten Dekade im Studium der psychologischen Funktionen dementer Patienten erreicht worden ist, die Identifizierung von bestimmten *Varianten,* die nicht dem traditionellen Bild der Alzheimerschen Krankheit entsprechen.

Das erste derartige Syndrom wurde von Mesulam (1982) unter dem Titel "Slowly Progressive Aphasia without Generalized Dementia" beschrieben. Andere Autoren haben ähnliche Fälle beigetragen. Wir (Poeck u. Luzzatti 1988) konnten zeigen, daß das Epitheton "ohne generalisierte Demenz" wahrscheinlich nicht zutreffend ist. Wir haben 3 Patienten beobachtet, bei denen die langsam fortschreitende Aphasie davon begleitet wurde, daß die kognitiven Leistungen sich aus dem oberen Bereich des Normalen in den unteren Bereich des Normalen absenkten, so daß man voraussagen konnte, daß diese Patienten auch generell dement werden würden. Französische Autoren haben eine langsam fortschreitende Apraxie beschrieben. Ochipa und andere (erscheint in "Brain") eine progressive ideatorische Apraxie. De Renzi (1986) hat langsam fortschreitende visuelle Erkennungsstörungen und langsam fortschreitende Apraxie beschrieben. Es ist sehr wahrscheinlich, daß diese Varianten viel häufiger existieren als man annimmt. Sie wären alle nicht erkannt worden, hätten sich die Untersucher darauf beschränkt, demente Patienten mit den oben erwähnten und kritisierten Kurzverfahren zu untersuchen.

Die Annahme, daß diese Varianten dementiver Krankheiten häufiger sind als angenommen, wird durch eine Untersuchung von Martin et al. (1986) gestützt. Diese Autoren haben an einer größeren Zahl von Alzheimer- Patienten eine Faktorenanalyse vorgenommen und haben keinen einzelnen Generalfaktor bei ihnen feststellen können. Statt dessen fanden sie zwei Faktoren, die verbalen und nichtverbalen Leistungen entsprachen. Diese Feststellung kann trivial erscheinen. Wichtiger dagegen ist der Befund, daß innerhalb dieser beiden Gruppen wiederum Cluster von Patienten mit ganz unterschiedlichen Leistungsprofilen identifiziert wurden.

Zusammenfassend vertrete ich die Meinung, daß nur breit angelegte neuropsychologische Testuntersuchungen mit der Analyse von Leistungsprofilen das Erkennen beeinträchtigter und noch erhaltener psychologischer Funktionen bei hirnkranken Patienten gestatten. Dies ist unentbehrlich, wenn man Initialstadien dementiver Krankheiten studieren will. Diese Feststellung gilt für die Grundlagenforschung genauso wie für therapeutische Untersuchung und für soziale Beratung. Es ist auch mehrere Gedanken wert, ob man nicht versuchen könnte, neuropsychologische Behandlungsmethoden, wie sie für die Aphasie und bei anderen stabilen neuropsychologischen Syndromen längst eingeführt sind, auch für Patienten in der initialen Phase dementiver Krankheiten zu entwickeln. Wenn man bedenkt, daß diese initiale Phase viele Jahre dauern kann, ist nicht einzusehen, warum diesen Patienten der Nutzen von psychologischen Trainingsmethoden vorenthalten werden soll, die sich bei stabilen Syndromen als wirksam erwiesen haben.

Literatur

Albert ML, Feldman RG, Willis AL (1974) The "subcortical dementia" of progressive supranuclear palsy. J Neurol Neurosurg Psychiatry 37: 121-130

Cramon von D, Kühnleich J. Wolfram A (1981) Die thalamische Demenz. Fortschr Neurol Psychiat 49: 129-135

De Renzi, E (1986) Slowly progressive visual agnosia or apraxia without dementia. Cortex 22: 171-180

Folstein, MF, Folstein, SE, McHugh, PR (1975) "Mini-Mental State". A practical method for grading the cognitive state of patients for the clinician. J Psychiatr Res 12: 189-198

Galasko D, Klauber MR, Hofstetter CR, Salmon, DP, Lasker B, Thal LJ (1990) The Mini-Mental State examination in the early diagnosis of Alzheimer's disease. Arch Neurol 47: 49-52

Graff-Radford NR, Damasio AR, Hyman BT, et al. (1990) Progressive aphasia in a patients with Pick's disease: A neuropsychological, radiologic, and anatomic study. Neurology 40: 620-626

Hachinski Vc, Lassen NA, Marshall J (1974) Multi-infarct dementia. A cause of mental deterioration in the elderly. Lancet II: 207-210

Hunt AL, Orrison WW, Yeo RA, Haaland KY, Rhyne RL, Garry PJ, Rosenberg GA, (1989) Clinical significance of MRI white matter lesions in the elderly 39: 1470-1474

Kahn RL, Golfarb AI, Pollack M et al. (1960) Brief objective measures for the determination of mental status in the aged. Am J Psychiatry 117: 326-328

Katz DI, Alexander MP, Manndell AM, (1987) Dementia following strokes in the mesencephalon and diencephalon. Arch Neurol 44: 1127-1133

Kirshner HS, Tanridag O, Thurman L, Whetsell jr., WO (1987) Progressive aphasia without dementia: 2 cases with focal spongiform degeneration. Ann Neurol 22. 527-532

Martin A, Brouwers P, Lalonde F, Cox C, Teleska P, Fedio, P (1986) Towards a behavorial typology of Alzheimer's patients. J Clin Exp Neuropsychol, 8: 594-610

Mesulam MM (1982) Slowly progressive aphasia without generalized dementia. Ann Neurol 11: 592-598

Ochipa C, Gonzalez Rohti LJ, Heilmann KM (1990) Identional apraxia in Alzheimer´s disease. Brain (in press)

Pfeiffer E (1975) A short portable mental status questionnaire for the assessment of organic brain deficit in elderly patients. J Am Geriatr Soc 23: 433-441

Poeck K, Luzzatti C (1988) Slowly progressive aphasia in three patients. Brain 111: 151-168

Rao SM, Mittenberg W, Bernardin L, Haughton V, Leo GJ (1989) Neuropsychological test findings in subjects with leukoaraiosis. Arch Neurol 46: 40-44

Tanaka Y, Tanaka O, Mizuno Y, Yoshida M (1989) A radiologic study of dynamic processes in lacunar dementia. Stroke 22: 1488-1493

Whitehouse PJ (1986) The concept of subcortical and cortical dementia: Another look. Ann Neurol 19:1-6

Sprache und Wahrnehmung in einer gespaltenen Nervenheilkunde

Exemplifiziert an einem Beispiel von Aphasie und der Komplementarität zwischen Neurologie und Psychiatrie

H.-J. Bresser und U.H. Peters

Daß mit fortschreitender Auseinanderspezialisierung der Nervenheilkunde in Psychiatrie und Neurologie etwas verloren zu gehen droht, spürt ein jeder, der in diesem Bereich arbeitet, und nicht zuletzt auch mancher Patient, der sich nicht selten selbst vor die Entscheidung gestellt sieht, wem er sich mit seinem Leiden anvertrauen soll. Die Nervenleiden werden sich, ganz abgesehen von grundsätzlichen Einwänden dagegen, nicht zwanglos in neurologische und psychiatrische Spezialitäten teilen. In der breiten Mitte des Spektrums wird besonders deutlich, daß beide Sichtweisen unverzichtbar sind. Kann ein Spezialist das noch in einer Person leisten?

Spezialisierung bedeutet notwendigerweise einen Verlust an Überblick. Das wird zum Nachteil für den Patienten, wenn Verständigungsprobleme zwischen den Disziplinen hinzukommen. Kaum zu sehen ist, wie sie vermieden werden sollen. Bei fortschreitendem Kompetenzverlust für das andere Fach wird zunehmend schwerer wiegen, daß zwei verschiedene Sprachen gesprochen werden diesseits und jenseit der Demarkation, die als psycho-somatische nur unvollständig charakterisiert ist. Antworten bekommt man nur auf die Fragen, die gestellt werden. Daraus resultiert, daß die Antwortmöglichkeiten durch die Fragen begrenzt werden: Auf somatische Fragen bekommt man somatische Antworten, auf Fragen nach der Psychodynamik ebensolche Antworten. Zwei Methoden leiten sich daraus her, mithin verschiedene Wahrnehmungsbereiche und Sprachregelungen. Durch bessere Bekanntschaft mit der anderen Sichtweise wurde aber abgemildert, was schon aus alltagspsychologischer Erfahrung zu erwarten ist: Ein besonderes Abgrenzungsbedürfnis dem Nachbarn gegenüber. Wenn das gleiche Phänomen anders aufgenommen und gedeutet wird, dann wird das nicht selten als Anfechtung der eigenen Arbeitsweise und Befunde erlebt. Darin liegt ein grundsätzlicher Irrtum, um den es hier besonders gehen soll.

Sich um Grenzgebiete zwischen Neurologie und Psychiatrie ausdrücklich zu bemühen, zeugt einerseits von der Trennung, der die Ausbildung zum ganzen Nervenarzt schon zum Opfer gefallen ist, andererseits aber der Absicht, dem Verlust an Überblick entgegenzuarbeiten. Es gilt, methodenabhängige Wahrnehmungs- und Sprachunterschiede nicht am Patienten zur Wahrnehmungs- und Sprachstörung werden zu lassen.

Vor diesem Hintergrund ist ein Fallbeispiel zu verstehen, bei dem neurologischer und psychiatrischer Aspekt nicht nur unverzichtbar sind, sondern auch zusammengebracht werden müssen - zu einem Verständnis.

Kasuistik

Vera G., die später erst in der Klinik ihren 41. Geburtstag feiern sollte, war abends in Begleitung ihres Sohnes zum Einkaufen in einem Supermarkt gewesen, als ihr dort "schlecht" wurde und sie in Tränen ausbrach. Den Sohn hatte sie dringend gebeten, den Vater herbeizutelephonieren. Als dieser ankam, saß sie vornübergebeugt da und sagte, sie sei "kaputt", sei mit den Nerven fertig.

Ein herbeigezogener Arzt veranlaßte die Überweisung in ein internmedizinisches Krankenhaus, wo sie sich, von Weinkrämpfen geschüttelt, kaum noch äußern konnte. Noch undeutlich, dachte man zunächst an einen "Nervenzusammenbruch". Der nach einigen Tagen herbeigezogene nervenärztliche Konsiliarius stand unter dem Eindruck einer psychogenen Störung - obwohl in seinem kurzen Text auch das Wort "Wortfindungsstörungen" vorkam - und veranlaßte die Verlegung.

Bei Aufnahme in unsere Klinik sprach sie von einem "Schwächanfall", den sie als Kreislaufversagen interpretierte, und sprach zögernd auch von Angst. Sie deutete an, in einer "schwierigen Situation" zu leben, ohne aber aktuelle Sorgen oder Beschwerden zu haben. Nach der Verabschiedung des Ehemanns, der zunächst beim Aufnahmegespräch dabei war, ergänzte sie, sie verstehe ihren Mann nicht immer und frage sich mit Angst, ob sie nach dem Abschluß einer Psychotherapie nicht mehr in die Familie passe. Kurze Zitate im Wortlaut aus den Aufzeichnungen des Aufnahmearztes lauten: "Seit seiner Krankheit nicht das Superverhältnis (...). Wenn man den Vater so hat wie den Mann, den Mann wie den Vater (...). Es gibt schlimmere Ehen, meine Mutter war auch nicht anders - als Krankenschwester." Sie äußerte die Meinung, daß Psychotherapie notwendig sei und verlangte dringend nach entsprechenden "Gesprächen".

Zur biographischen Anamnese: Sie war 15 Jahre alt, als ein Psychologe von "psychologischen Problemen" gesprochen habe. In diesem Zusammenhang wurde auch ein "Ohnmachtsanfall" gesehen, den sie 18-jährig erlitten hatte, zu einer Zeit, als der spätere Ehemann "in die Familie getreten" sei. Zu keiner Zeit ist er in die Firma eingetreten, von der später noch die Rede sein wird.

Zur weiteren Vorgeschichte wurde berichtet: Vera G. wurde in ein calvinistisches Milieu geboren. Die Familie war vermögend, aber "nie hatte man Geld in der Tasche". Arbeit und Selbstbeherrschung war die Devise, die aber die Eltern schon nicht mehr durchhalten konnten.

Zehn Jahre vor ihrer Geburt war der Vater an einer manisch-depressiven Erkrankung mit häufigen Phasen erkrankt. Mehrere seiner depressiven Phasen erlebte sie bewußt mit, mittelbar auch mehrere Suizidversuche des Vaters. Nach außen konnte er sich und seine Position halten: Ein angesehner Mann, ein Rotarier. Nach innen, in der Familie, war er der kranke Mann, der von seiner Frau versorgt werden mußte, die dadurch ständig beansprucht gewesen und als Mutter ihrer zwei Kinder deshalb ausgefallen sei. Zärtliche Zuwendung habe sie von der Mutter nicht erfahren. Der Vater starb wenige Jahre vor ihrer jetzigen Erkrankung an einem Karzinom.

Die 78-jährige Mutter war seit vielen Jahren medikamenten- und alkoholabhängig und litt außerdem an einer Colitis ulcerosa. Sie wurde als "sehr depressiv" beschrieben, besonders seit sie von der Sucht entwöhnt war. Vera G. hatte die Mutter zum Entzug in eine norddeutsche Klinik gebracht und dort häßliche Szenen miterlebt: Einen völligen Kontrollverlust mit Schreien und toben, Selbstbeschmutzung, Festklammern, Dort-nicht-bleiben-Wollen, wohin die Tochter sie genötigt hatte zu gehen. Vorwurf und Ablehnung, der Versuch sich zu distanzieren wurde deutlich bei der Schilderung.

Spontan kam sie in der Klinik auf die Mutter zu sprechen, wenn es um die Medikamente ging: Nicht zu viel, nur nicht werden wie sie oder wie die Schwiegermutter, die ebenso abhängig gewesen sei von Alkohol und Medikamenten. Lange schon verwirrt, habe sie die letzten 3 1/2 Jahre ihres Lebens in einer geschlossenen Anstalt verbracht.

Nach dem Tod ihres Vaters war es um die von ihm hinterlassene Firma zu Erbstreitigkeiten gekommen: Eine im Industriebau spezialisierte Bauunternehmung mit etwa 90 Mitarbeitern, die überregional engagiert ist. Mit ihrer 3 Jahre jüngeren Schwester verkehrte sie daher nur noch über den Anwalt. Drei Monate vor ihrem "Zusammenbruch" war der Zusammenbruch des Unternehmens unter massivem Druck der Hausbank gerade noch einmal verhindert worden. Diese hatte damit gedroht, die Kredite zu sperren, wenn der Streit nicht zurückgestellt werde.

Der Chef dieser Firma ist sie, Vera G. Auf einem Führungsseminar sei bei einer psychologischen Testung herausgekommen, daß sie der Typ des "Consultant" sei, jemand, der beratend im Team überzeuge. Mitarbeiter würden dagegen eher sagen: sie habe alles "eisern im Griff".

Der Freund, der seit 12 Jahren ihr Geliebter ist und zugleich Angestellter in ihrer Firma, begründete schon nach wenigen Tagen in der Klinik seinen Eindruck, daß es ihr besser gehe, damit, daß sie wieder über die Köpfe hinweg entscheide. Er selbst ist einer dieser Köpfe.

Übernehmen mußte sie den Betrieb vom kranken Vater mit 21 Jahren. Im gleichen Jahr hatte sie den Mann geheiratet, der schon 3 Jahre zuvor "in die Familie getreten" war. Nach ihrer Schilderung war es ein Mann ohne Selbstvertrauen und Eigenschaften. Er war "Banker" von Beruf, aber vor etwa 7 Jahren nach einer über 4monatigen stationär-psychiatrischen Behandlung war er länger als 2 Jahre krankgeschrieben gewesen. Es handelte sich um eine Herzangstneurose. Seither sei es kein "Superverhältnis" mehr, jedenfalls kein sexuelles mehr.

Wenn man dem Ehepaar in der Klink auf dem Flur begegnete, grüßte der Ehemann mit einem Kopfnicken und zog sich sofort außer Sichtweite zurück. Bei einem Zusammentreffen auf ärztliche Initiative hin, wirkte er so blaß gar nicht, sprach folgerichtig und schlüssig mit fester Stimme, zeigte sich um seine Frau mit Höflichkeit bemüht und war zurückhaltend. Die 11 bzw. 13 Jahre alten Kinder seien gesund und "problemlos".

Der langjährige Freund und Geliebte ist 15 Jahre älter, wirkt aber nicht so, sondern trainiert, straff, selbstbewußt und männlich. Gleich zu Beginn ihrer Bekanntschaft hatte er ihr von seiner Penisteilamputation erzählt. Er sei penetrationsunfähig. Der jährlich gemeinsam unternommene einwöchige Urlaub sei Tradition. Zurückzukehren sei jedesmal furchtbar gewesen, so

zuletzt im September, 3 Monate vor dem Ereignis. Seither sei sie "kaputt", wie zersört. Der Ehemann wußte angeblich nichts von der Beziehung.
Vera G. war bei dem gleichen Internisten und Psychotherapeuten in Behandlung, der ihren Mann noch immer betreute. Der Therapeut berichtete in dem Maße, wie der Ehemann sich allmählich von seiner Angstneurose befreit habe, sei es der Frau schlechter gegangen. Die eindeutige Rollenverteilung, in der Krankheit und Angst ihm zugewiesen worden sei und ihr die Beherrschung, sei ins Wanken geraten. Wegen Schwindels habe sie ihn seinerzeit aufgesucht sowie wegen allgemeiner, körperlich empfundener Beschwerden. Ihn, den Therapeuten, habe sie dauernd entwertet. Den Gedanken an einen psychischen Anteil an ihren Beschwerden habe sie nicht zulassen können und schließlich die Therapie abgebrochen. Der Therapeut berichtete ferner, daß zwei Jahre zuvor der Mann eines befreundeten Ehepaares seine zwei Kinder von der Aussichtsplattform eines Turmes geworfen hatte und hinterhergesprungen war. Dieser Vorfall hatte wegen seiner grausamen Tragik für viel öffentliche Erregung gesorgt.
Bald nach Aufnahme ging es ihr wieder besser, und sie versicherte nachdrücklich, in der Klinik "glücklich" zu sein. Auch hatte sie das dringende Bedürfnis, mit ihrem Psychotherapeuten wieder in Kontakt zu treten. Als sie auf die in der Vorgeschichte erwähnten Wortfindungsstörungen angesprochen wurde, berichtete sie, daß sie Schwierigkeiten habe, jeweils das passende Wort zu finden. Einem unvorbereiteten Gesprächspartner hätte das nicht mehr sofort auffallen müssen. Immerhin, wenn man aufmerksam zuhörte suchte sie auch jetzt nach Worten, bei denen man nach Kenntnis der Vorgeschichte eine besondere Besetzung durch Gefühle oder Erinnerungen nicht zu vermuten brauchte. Der dadurch erregte Aphasieverdacht ließ sich durch Nachfragen leicht auch anamnestisch erhärten.
Die sich daraus ergebenden diagnostischen Konsequenzen zur Feststellung der zerebralen Ursache wurden besprochen und stießen auf den Protest der Patientin und des Ehemannes. Dagegen wurde dringend eine Psychotherapie oder die Verlegung in eine psychosomatische Klinik, die wahrscheinlich besser sei, verlangt. Dies geschah offensichtlich in der nicht ohne jeden Grund verbreiteten Annahme, daß nur dort, jedenfalls nicht in einer psychiatrischen Klinik, psychotherapeutisch gearbeitet werde. Die Verhältnisse hatten sich auf diese Weise umgekehrt, so daß sie zu diesem Zeitpunkt und für eine Weile auch noch, als der organische Defekt nachgewiesen worden war, die Möglichkeit einer organischen Erkrankung leugnete und keinerlei emotionale Reaktion darauf zeigte.
Immerhin ließ sich die objektive Anamnese bezeichnend ergänzen. 14 Tage vor dem Ereignis hatte die Patientin beim Einkauf eine Schreibtischunterlage der Verkäuferin trotz mehrfacher Anläufe nicht benennen können. Dem Ehemann war in diesen Tagen bei einer Sitzung der Schulpflegschaft aufgefallen, daß seine Frau eine Rede an die Versammlung wiederholt an gleicher Stelle abbrechen mußte. Soche Aussetzer hatte sie auch am Arbeitsplatz erlebt, ohne ihnen zunächst größere Bedeutung beizumessen, da der Redefluß bald wieder ungehindert war. Auch der 12jährige Sohn konnte berichten, daß sie beim "Zusammenbruch" im Selbstbedienungsladen Worte nicht

gefunden hatte und daß für kurze Zeit auch eine Gesichtslähmung vorhanden gewesen war.
Bei der kernspintomographischen Untersuchung waren links temporale und parieto-okzipitale, kortikal und subkortikal gelegene Signalabweichungen, die nicht raumfordernd wirkten, nachgewiesen worden; im Stammganglienbereich fanden sich beidseits wenige Millimeter große Areale erhöhter T2-Signalintensität. Das Verteilungsmuster der Defekte machte eine vaskuläre Zuordnung wahrscheinlich. Die Darstellung der Hirndurchblutungsgröße und des Glukosestoffwechsels durch Positronenemissionstomographie bestätigte dieses Urteil: Links frontolateral im Versorgungsgebiet der A. praerolandica und hochparietal waren ausgedehnte Stoffwechsel- und Durchblutungsdefekte darzustellen, die den Hypometabolismus im ipsilateralen Stammganglienbereich und im Bereich des kontralateralen Kleinhirns im Sinne einer sekundären Inaktivierung begründeten (Max-Planck-Insitut für neurologische Forschung Köln, Direktor: Prof. Dr. W.-D. Heiß)
Auch hierzu gab es noch eine Vorgeschichte. 1986 erfolgte die Exstirpation eines Uterus bicornis - mit dem sie zwei gesunde Kinder zur Welt gebracht hatte - wegen eines nach Ansicht der Gynäkologen erhöhten Malignitätsrisikos. Seither wurde eine Hormonbehandlung mit 2 mg Cyproteronacetat + 0,05 mg Ethinylestradiol durchgeführt, weil die Eierstöcke nach Uterusexstirpation "früher austrocknen" würden und sie damit "ihrem Körper etwas Gutes tue". Unmittelbar nach dem Urlaub mit dem Freund und zuletzt 14 Tage vor der Aufnahme war sie wegen wahrscheinlich psychosomatisch bedingter Nackenschmerzen zu einem Chiropraktiker gegangen, der, wie sie andeutete, mit Brachialgewalt, "verrutschte Wirbel" wieder in Reihe gebracht habe. In den darauf folgenden Tagen waren die ersten leichten aphasischen Störungen aufgetreten.

Der "neurologische Fall"

Für den Neurologen handelt es sich um den diagnostisch klaren Fall eines linkshirnigen Infarktes, der in seiner Topographie unter Berücksichtigung des perifokalen Ödems die transiente Aphasie erklärt. Mit Recht wird er auf die diagnostische Bedeutung auch diskretester aphasischer Störungen, der Wortfindungsstörungen insbesondere, hinweisen und einer geschulten Untersuchungstechnik, der auch eine schon vorübergegangene Fazialismundastschwäche nicht entgeht. Er kann es sich als diagnostische Leistung anrechnen, einem Hirninfarkt auch ohne neurologische Herdzeichen, von der leichten Wortfindungsstörung abgesehen, auf die Spur gekommen zu sein, daran gedacht zu haben trotz des jugendlichen Alters und des Fehlens einer typischen Risikokonstellation. Es bestand keine Hypertonie, keine Stoffwechselstörung, das Herz war als Emboliequelle ausgeschlossen, der Gefäßstatus inklusive der extrakraniellen Gefäße war regelrecht.

Für sich und andere wird der Neurologe daraus eine Lehre ableiten, daß, auch ohne grob neurologische Zeichen und ohne krankheitstypische Konstellation, bei einem laienhaft genannten "Nervenzusammenbruch", der psychogen anmuten mag, lieber einmal mehr bildgebende Diagnostik angezeigt ist. Die von uns dargestellte Anamnese muß unter neurologischen Gesichtspunkten umständlich erscheinen.

Der "psychiatrische Fall"

Aus Psychiatersicht handelt es sich im wesentlichen um eine Charakterneurose, Spaltung ist der bedeutendste Abwehrmechanismus. Rationalisierend spaltet sich der Affekt vom Inhalt. Bei Durchsicht der Aufzeichnungen ist uns dies erst richtig aufgefallen: Hartes wurde erzählt ohne entsprechenden Affekt. Das Herunterspielen hat sich uns wohl übertragen, unsere persönliche Erinnerung war nüchterner und undramatischer. Ihr, so ausdrücklich betontes, warmes Verhältnis zur Familie: Da werden die Kinder vom Vater weggespalten. Hier harte Managerin in einer harten Branche - dort ausgestattet mit einer "Consultant"-Persönlichkeit. Bemerkenswert ist die Spaltung des Psycho-somatischen mit jeweiliger Leugnung des anderen Aspektes. Vor dem Infarkt bestand sie auf der Somatogenie ihrer subjektiven Beschwerden unter Skotomisierung der psychischen Seite, nach dem Infarkt, vice versa, konnte sie den augenfällig zu demonstrierenden organischen Defekt nicht wahrnehmen und betonte, gerade psychisch in einer "schwierigen Situation" zu leben. Spaltung ihrer Partnerbeziehung: Zu einem angstvollen Mann ohne Körper einerseits, zu einem straffen, männlichen Mann andererseits, der ihr aber auch nicht zu nahe kommen kann, weil er keinen Penis hat. Spaltung nicht zuletzt der Therapeuten. Der eine behandelte auch den Ehemann, dem anderen wurde der Freund als die engste Vertrauensperson vorgestellt. Beide Therapeuten wurden so zu Komplizen und wußten von der Doppelbeziehung. Alle wußten davon, außer dem Ehemann. Ihre Sprachstörung ergänzte seine Wahrnehmungsstörung.

Unter psychiatrischen Gesichtspunkten handelt es sich tatsächlich um eine sehr belastende Familie und um eine aktuelle Krisensituation sowohl im Bereich der persönlichen Beziehungen wie auch im beruflichen Bereich: Nach dem letzten Urlaub mit dem Freund ging es Vera

G. sehr schlecht. Die Erbstreitigkeiten spitzten sich so zu, daß auch die Mitarbeiter der Firma Wind davon bekamen, die Existenz der Firma stand auf dem Spiel. Der Wirtschaftsprüfer war im Haus und der Dezember ist alljährlich der härteste Monat im Betriebsjahr. Der Jahresabschluß stand an. Sie wollte aufgeben und sich zurückziehen, das hätte geheißen auch von dem Freund. All das ereignete sich gleichzeitig in den Wochen vor dem Krankheitsereignis. Zwei Wochen vor der Krankenhausaufnahme klagte sie einer Vertrauten: "Ich muß raus, nur raus, egal wie."

...und wie sie einander zu einem Fall ergänzen

Erst unter Berücksichtigung beider Aspekte ist alles zusammengetragen, was zwanglos das ganze Krankheitsbild erklären kann. Eine vielfach belegte persönliche und berufliche Krise, in ihrer Summation von existentieller Dimension, war durch die besondere Charakterstruktur nicht mehr auszugleichen und mußte, in Überforderung der, zur Persönlichkeit geronnenen, Abwehrhaltung, in ein Symptom münden. Die Patientin hat das vorausempfunden: "Raus, egal wie". Der psychische Entwicklungsstrang kreuzte sich so mit dem Infarktereignis.

Wenn die Vermutung richtig ist, daß die Spannung der Situation, welche nach ihrer Rückkehr aus dem Urlaub eskalierte, sich zu diesem Zeitpunkt auch ihrem Körper mitteilte - unsere Sprache weiß von keinem Unterschied zwischen seelischer und körperlicher Spannung -, dann sind die chiropraktische Behandlung im Verein mit dem zu vermutenden Risikofaktor der Hormonbehandlung die Faktoren, welche den Übergang zum Körper darstellen. Hyperventilation im Angsterleben mit hypokapnisch bedingter Einschränkung der Gehirndurchblutung kann ein übriges zum psycho-somatischen Übergang beigetragen haben, da auch in der Klinik ein hyperventilationstetanischer Anfall gesehen wurde.

Das Ungenügen einer rein neurologischen oder rein psychiatrischen Sicht zeigt sich auch in den therapeutischen Konsequenzen, die einfach sind, aber wichtig. Das Hormon soll künftig nicht mehr genommen werden, es war ohnehin nicht notwendig gewesen und stellt vermutlich einen Risikofaktor dar; chiropraktische Maßnahmen sollten zukünftig unterlassen werden. Ferner sollte eine auf längere Zeit angelegte Psychotherapie vorgenommen werden. Die Voraussetzungen dafür waren gut, da die Patientin den Infarkt als entscheidende Zäsur erlebt hat, in der ihr durch eine Sprachstörung die emotionale Sprache und Mitteilungsfähigkeit erst wieder eröffnet wurde, was sie glückvoll erlebte. Die Chance zu einer "gesunden Krankheit" gilt es zu nutzen.

Das Problem

Bei Feststellung auf den ersten Eindruck wäre daraus eine typische Fehldiganose geworden, wie sie leicht einmal von Psychotherapeuten, Psychosomatikern und Allgemeinpsychiatern gestellt wird, weil diese dazu neigen, alles zu psychogenisieren. Der Stolz der Somatiker nach Stellung der "richtigen" Diagnose ist in solchen Fällen groß. Dagegen läßt sich äußern, daß die Verkennung eines psychosomatischen oder neurotischen Leidens gewöhnlich nicht als schlechte ärztliche Leistung gewertet wird und die teuer zu bezahlende apparative Untersuchung mit dem Ergebnis "organisch gesund" sogar als eine hervorragende Leistung gilt. Was läßt sich ferner entgegnen, daß Patienten, die mit psychosomatischen oder neurotischen Leiden in die Klinik kommen, durchschnittlich vorher sechs somatisch orientierte Ärzte aufgesucht haben, ohne daß ihr Leiden diagnostiziert wurde (eigene Untersuchungen). Dennoch ist es nicht hilfreich, die Einheit und Unteilbarkeit des Menschen alleine zu beschwören. Welcher Arzt wird von sich sagen, daß er nicht den ganzen Menschen behandeln möchte, sondern nur einen Teil, Organ oder Psyche? Glaubenssätze zur Urteilbarkeit des Menschen sind wohlfeil, gelten aber als unwissenschaftlich.

Nicht Bösartigkeit oder Intoleranz sind es, welche die Protagonisten des psycho-physischen Widerspruchs in der Nervenheilkunde in einen Gegensatz zueinander geraten läßt, den sie durch Trennung zu entschärfen meinen. In der Praxis bedeutet das dann nicht selten Ruhe und Selbstvergewisserung durch Ausgrenzung und Verleugnung. Eine Aufgabe ist uns als echtes "Problem", das nicht deutlich genug formuliert werden kann, zur Lösung vorgeworfen. Die Diagnose ist auch hier vor die Therapie gestellt und lautet pointiert:

Neurologie und Psychiatrie in methodischem Widerspruch

In konsequenter Verfolgung ihrer jeweiligen Methode gelangen beide Fächer zu Befunden und Aussagen, die nicht mit dem gleichen Maß gemessen und deshalb nicht verglichen werden können. Das psychodynamisch verstandene und "notwendige" Symptom einer Sprachstörung ist mit einem Hirninfarkt unmöglich direkt zu vergleichen. Die Inkommensurabilität zwischen somatischem und psychischem Modell ist unvermeidlich, auch wenn wir wissen, daß es sich dabei nur um die anthropomorphe Beschränktheit des Erkenntnisapparates handeln kann.

Am Anfang eines übergreifenden Verständnisses muß die Anerkennung des "hiatus irrationalis" zwischen Somatogenie- und Psychogeniehypothese stehen und das Wissen darum, daß dieser Hiatus von keiner Seite her durch einen Methodenmonismus mit Alleinerklärungs- und Wahrheitsanspruch überwunden werden kann. Auf ein Gesamtverständnis resignierend oder mit positivistischem Stolz ganz verzichten zu wollen, ist keine wirkliche Alternative. Bevor der Frage weiter nachgegangen werden soll, wie dem Widerspruch zwischen somatischer Neurologie und einer Psychiatrie, sofern diese den psychologischen Entwicklungsgedanken der Dynamik ihrerseits nicht methodisch ausschließt, zu begegnen ist, soll der Blick hilfesuchend auf andere Wissensgebiete geworfen werden.

Historische Antinomien

Widerspruchsvolle und vermeintlich sich ausschließende Zugangswege, der Methodenstreit in der Naturerforschung haben eine Tradition, die so alt ist wie die Wisschenschaft. Unter polaren Gegensatzpaaren wurde gestritten, von denen nur wenige aufgeführt werden sollen: Teil- Ganzes, Element- Gestalt, Analyse - Synthese, kausal - final, Natur- und Geisteswissenschaft. Wenig beachtet blieb oft, wie eng die Gegensatzpaare aufeinander angewiesen sind, ist doch das Teil ebenso konstitutives Moment des Ganzen, wie umgekehrt. Zwei Menschentypen werden für die eine oder andere Seite begabt gehalten: Der experimentierend und handelnd sich der Welt bemächtigende "homo faber" neben einem kontemplativen, intuitiv erfassenden "homo sapiens". Eine historische Perspektivverschiebung gilt gemeinhin als Prototyp des reinen Fortschritts, nämlich die vom ptolemäischen zum kopernikanischen Weltbild.

Physik und Erkenntnistheorie

Der exaktesten der exakten Naturwissenschaften, der Physik, ist der Durchbruch zu verdanken. In strenger Anwendung naturwissenschaftlicher Methode, kam diese dazu, die Grenze ihres Geltungsbereichs bestimmen zu können. Mit der Heisenbergschen Unbestimmtheitsrelation, welche die Unmöglichkeit einer gleichzeitigen Orts- und Impulsbestimmung eines Elektrons beschreibt und belegt, daß mit der Genauigkeit der einen Messung der andere Gegenstand notwendig aus dem Blick gerät, wurde die Grenze der Überprüfbarkeit und begründeten Anwendung der Kausalität metaphorisch belegt. Daß die Beobachtung das zu beobachtende beeinflußt, der sog. Beobachtereffekt, konnte in der Physik zur zwingenden Schlußfolgerung werden, während die Medizin als angewandte Naturwissenschaft angesichts der Unschärfe biologischer Phänomene nicht so bald auf die Begrenzung ihrer Methode hätte stoßen müssen. Daß Licht, vom Blickwinkel des Beobachters abhängig, nur in seiner korpuskulären oder Welleneigenschaft in Erscheinung tritt, und das Phänomen des Lichts beider, einander scheinbar ausschließender, Erklärungen bedarf, hat Bohr mit dem Begriff der Komplementarität, d. h. wechselseiter und notwendiger Ergänzung, charakterisiert. Die Physik ist auf den Dualismus des Erkenntnisaktes gestoßen und auf die Notwendigkeit zum Überstieg. Nicolai Hartmann formulierte: "In aller Erkenntnis stehen einander Erkennendes und Erkanntes gegenüber. Das Gegenüber beider Glieder ist aufhebbar und trägt den Charakter gegenseitiger Urgeschiedenheit oder Transzendenz" (Hartmann 1949).

All das ist wohlbekannt - aber nicht durchgesetzt. Mehr als ein halbes Jahrhundert nach diesen Entdeckungen, die Epoche machten, ist den angewandten Wissenschaften noch nicht zum selbstverständlichen Allgemeingut geworden, daß jede Methode an einem Alleinerklärungsanspruch scheitern muß, vielmehr der Widerspruch unvermeidlich ist und die Sichtweisen sich ergänzen können und müssen.

Komplementarität in der Biologie

Auch in der Biologie wird die Einheit der Wirklichkeit zu einer irrationalen, indem sie sich unter forschender Beobachtung in zwei antinome Seinsbereiche mit unbezweifelbarer Wirklichkeit unversehens teilt. Konrad Lorenz hat den Beobachtereffekt in seinem Erfahrungsbereich in folgender Weise gesehen: "Das rational gesteuerte Beachten wahrgenommener Einzelheiten stört offenbar das Gleichgewicht, das zwischen ihnen herrschen muß, sollen sie sich zu einer ganzheitlichen Gestalt zusammenfinden" (Lorenz 1965). Als besonderen Effekt der Beobachtungs-Wechselwirkung hat er dabei herausgehoben, daß Element- und Gestaltwahrnehmung einander stören, dem beobachteten Element mit wachsender Vergrößerung des Objektivs zunehmend der Gestaltbezug verlorengeht.

Dies wird evident, wenn man von der Makro-Anatomie über Histologie bis in den submikroskopischen Bereich an der Vergrößerungsschraube dreht.

Unter dem kausal-analytischen Ansatz verflüchtigt sich das Leben in einer Abfolge von Wirkursachen (causa efficiens), deren Lückenlosigkeit zu postulieren ist, wie ihr differentieller Charakter in einem Kontinuum: Wirkung nur auf die unmittelbare Nachbarschaft in Raum und Zeit - natura non facit saltus. "Die Gesetze der Physik sind ausnahmslos differentiell (...), sie wirken von einem Punkt nur auf die unmittelbare Nachbarschaft und nur für den unmittelbar folgenden Zeitpunkt. Gesetze, die räumlich oder zeitlich in die Ferne wirken, gibt es nicht" (Heitler 1966). Die meristische Natur der Kausalforschung besagt weiter, daß jedes Objekt der Beobachtung weiter teilbar ist. Der Analytiker treibt so potentiell von jedem Punkt aus sein Mikroskop in die Unendlichkeit von Raum und Zeit vor; eine mehrdimensionale Unendlichkeit gleichsam, in der er ein Ziel leicht verliert.

So imponierend das "Bewältigungswissen" als Frucht des kausalanalytisch naturwissenschaftlichen Ansatzes ist, so wenig kann damit Leben erklärt werden, nicht einmal die funktionelle Einheit, die Gestalt ist unter den Fragen des "Was" und "Wozu" des Geschehens (causa formalis et finalis). Die Gestalt wird nur faßbar in Form- und Qualitätsbegriffen, und das heißt unter einem synthetischen Ansatz, der die Ganzheit sieht - etwa eines Organs. Das Atom ist ein Bild, das durch die Kernspaltung nicht von seiner Notwendigkeit eingebüßt hat.

Wenn das "Bewältigungswissen" der kausal-analytischen Methode verdankt wurde, dann ist das ebenfalls nur eine halbe Wahrheit. Naturwissenschaftliches Wissen wird nutzbar in der Anwendung von Regeln (Hübner 1978), die sich nicht aus der Fülle der Daten spontan gebären, sondern von der Frage an das Material erst entbunden werden. Fragen und die endliche Formulierung der Gesetze sind als eidetische, gestaltseherische Prozesse dem synthetisch erfaßten Seinsbereich zugeordnet.

Ein Hin- und Herpendeln über den Graben des Irrationalen zwischen unvereinbaren Erkenntnisweisen, der innere und äußere Dialog, ist geradezu die Voraussetzung für fruchtbares Arbeiten. Fleißige Forschungsarbeiter versanden zuhauf, die entweder in fortwährendem Analysieren nie eine Gestalt erblicken im Meer der Daten, oder auf der anderen Seite jeden Gedanken in immer größeren Zusammenhängen blicken müssen, ganz von eigentlicher Beobachtung und Prüfung am Gegenstand abkommen, bis sie vor dem All-Eins in resignierender oder demütiger Haltung erstarren.

Vogel (1972) hat die komplementären Aspekte der Ontogenese und Evolution - diese Unterscheidung ist auch nur eine Frage der Perspektive - aufgezeigt. Weder die Entwicklungsgeschichte der Menschheit noch das Individuum (dem "reinen" Analytiker ein sinnleerer Begriff), kein Organ und keine Zelle sind in ihrer Wirklichkeit auch nur zu erahnen unter dem Kausal- oder Formgedanken alleine. Nicht blinde Summation von Zellen macht ein Organ aus, sondern nur jede Zelle in ihrem Verhältnis zum Ganzen. Der Organisator dieser komplexen Beziehung entzieht sich der Analyse. Organgestalt ohne Fülle andererseits ist nicht mehr als beliebige Fiktion.

Die Ontogenese ist nicht als kontinuierliche Entwicklung aus pluripotenten Zellen zu verstehen, sondern "stochastische" Phasen sind eingeschaltet, die Emergenz neuer Figuren, die als Wirkfelder vorstellbar sind, die etwa Zelltransplantate einer lokalen Ordnung unterzuordnen wissen. Wie sonst soll sich aus einem Zellhaufen eine Struktur entwickeln, wenn nicht als Gestalt um einen Kristallisationspunkt. Und das muß angenommen werden für jede Ordnungsebene: Vom Atom zum Molekül, von der Zelle (...) zur Stammesgeschichte - in einer "Folge von Perioden figuraler Ordnung" (Vogel 1972). An der Schwelle der Qualitätssprünge hat der Zufall mit seiner Statistik breiten Raum. Ein Maschinenmodell wird der Ontogenese genausowenig gerecht, wie ein beseelter Ganzheitsentwurf. Nur Komplementarität macht uns reale Erscheinungsformen ohne ideologische Ausblendung - auch in der Biologie - zugänglich.

Der hermeneutische Zirkel - auch ein Beobachtereffekt

Die Diskussion um die Hermeneutik in der Geschichtswissenschaft soll hier nur insofern herangezogen werden, als sie die Einführung des Subjekts (des Beobachters) in die Erkenntnistheorie begründet. Außenvorgelassen wird die Auseinandersetzung um eine normative (Gadamer 1965) oder historische Hermeneutik. Historisches Verstehen beschreibt den dynamischen Zirkel zwischen konkretem Untersuchungsgegenstand, wie er sich in den Quellen darstellt, und dem Vorverständnis des Untersuchers: Hermeneutischer Zirkel. Der Historiker stellt die Fragen, die, wenn ihm das Quellenmaterial darauf antwortet, möglicherweise neue Sinnzusammenhänge eröffnen, die ihrerseits sein Vorverständis korrigieren, das allerdings von seinem gesamten Lebenshorizont bestimmt ist. Das Handeln anderer Menschen kann nur durch den Rekurs auf die eigene Lebenserfahrung verstanden werden. Nach Gadamer (1965) ist Verstehen immer "der Vorgang der Verschmelzung vermeintlich für sich seiender Horizonte" (des Verstehenden und des Verstandenen).

Geschichte kann nicht abschließend geschrieben werden, sondern die Aufgabe stellt sich fortschreitend unter verändertem Aspekt immer neu. Die Antworten ersetzen nicht, sondern ergänzen sich. Geschichte ist nicht vollendet, sondern wird aus der Begegnung zwischen Gegenstand und Beobachter im hermeneutischen Zirkel geschaffen: "Denn das Vergangene ändert sich vom Kommenden her" (Plessner 1960). Sollte nicht in Analogie zur Physik auch in diesem Zusammenhang berechtigt von einem Beobachtereffekt zu sprechen sein?

"Verstehen" einer Lebens- und Krankheitsgeschichte

Die Parallele zur biographischen Methode psychiatrischer Diagnostik neben der Psychopathologie liegt auf der Hand. "Verstehen" ist nicht weniger durch den Horizont des Arztes begrenzt und mitbestimmt, als durch die Ausdrucks- und Introspektionsfähigkeit des Patienten (Peters 1972). Jedenfalls geht ein subjektiver Faktor von seiten des Arztes in die Untersuchung ein. Mit der offenen Mehrdeutigkeit des Vergangenen rechnend, gilt es zu erkennen, daß "in der unvermeidlichen Subjektivität seiner Auffassung (auch) eine bis dahin nicht begriffene Wahrheitschance" (Plessner 1960) liegt, die therapeutisch nutzbar zu machen ist. Für den Somatiker ist das schwer zu verstehen, sieht er doch unwissenschaftlicher Willkür, wenn nicht Scharlatanerie, Tür und Tor geöffnet. Eine solche Gefahr ist nicht von der Hand zu weisen, wenn der Untersucherfaktor (im Verstehen) nicht re-flektiert wird, der innere Blick nicht prüfend zurückgelenkt wird in der Besinnung - nicht nur auf die Gegenübertragung. Unbedacht könnte der Somatiker annehmen, objektiv zu arbeiten. Ohne seine Untersuchungsmaschine hier auf diesen Anspruch prüfen zu wollen, wird er ihre Daten bewerten müssen - und nicht darauf verzichten sich zu fragen, was sie für seinen Patienten bedeuten, wenn er eine Diagnose mitzuteilen hat. Wie er das angemessen und therapeutisch macht, ist nicht unter dem Verifikationspostulat zu beforschen. Reflektierend hat er zu prüfen, inwiefern seine Maschinenmethode seine Wahrnehmung prägt und einengt. Geht nicht der Somatiker mit einem "de-finierten" Vorverständnis an seine Aufgabe heran? Nicht nur die Lebens- und Krankheitsgeschichte prägt den Menschen in einfacher Linearität, sondern er schafft sich seine Geschichte auch immer neu und verändert sie, indem er Erinnerung von neuen Horizonten aus befragt. Die Tiefenpsychologie schenkt dem in Diagnose und Therapie nicht genug Beachtung. Lebensgeschichte wird auch auf hirnorganischer Grundlage umgeschrieben, denkt man etwa an das Ribotsche Gesetz des Erinnerungsverlustes.

Komplementarität in der Nervenheilkunde

Von Grenzgebieten zwischen Neurologie und Psychiatrie zu sprechen impliziert, daß es eine Grenze gebe. Je nach Standpunkt wird die Frage bejaht oder verneint. Auf die Grenze wird pochen, seine Definition, wer auf dem Boden eines geschlossenen naturwissenschaftlichen oder psychodynamischen Paradigmas auf die methodische Inkommensurabilität der beiden Gegenstandsbereiche hinweist. Mit dem Verweis auf die unteilbare Lebenswirklichkeit, wie sie dem Arzt mit jedem Patienten entgegentritt, werden andere eine Grenzziehung verwerfen.

Beide Gesichtspunkte sind wohlbegründet und im Recht, solange nicht um der Systematisierung willen, die mehr über das Ordnungs- und Sicherheitsbedürfnis des Forschers aussagt, denn über seinen Forschungsgegenstand, eine Sichtweise verabsolutiert wird mit Alleinerklärungsanspruch vor der Wirklichkeit. Das ist etwa der Fall, wenn alles, was nicht operationalisierbar ist, systematisch aus der Untersuchung ausgeschlossen wird und forschender Bemühung um diesen Wirklichkeitsaspekt mit dem Hinweis auf vorwissenschaftliches Spekulieren polemisch die Diskussionsfähigkeit im Zirkel positivistisch reduzierter Wissenschaft abgesprochen wird. Diesem "autistischen" Standpunkt steht ein nicht weniger beschränkter Wirklichkeitsentwurf von seiten einer verabsolutierten Psychogenie gegenüber. So ausdrücklich werden diese Standpunkte, im sicheren Gefühl um ihre Einseitigkeit, kaum je gemacht, doch bestimmen sie die praktische Arbeit und auch die Organisation der Nervenheilkunde nicht selten unerkannt mit.

Es ist mit Sicherheit zu sagen, daß in der Antinomie der Erklärungsmodelle der Somatiker und Psychogeniker die Wirklichkeit recht eigentlich verborgen liegt, so jedenfalls, wie sie dem Menschen nur zugänglich sein kann. Darin ist nicht die resignierende Anerkennung zweier unvereinbarer Wirklichkeits- und Wissenschaftsentwürfe zu erkennen, wie die wechselseitigen Bemühungen den jeweils anderen Aspekt durch Fortschritt überflüssig zu machen, als gescheitert angesehen werden müssen. Antinomie, der Widerspruch zweier Sätze, von denen jeder Gültigkeit beanspruchen kann, und Komplementarität stehen für ein umfassenderes Verständnis in der Grenzfrage zwischen Neurologie und Psychiatrie. Über Ansichten kann man nicht streiten. Um Ansichten im wohlverstandenen Sinne aber handelt es sich im alltäglichen Streit, der auf einfachem Abstraktionsniveau unausgleichbar ist. Es wäre ein Fehler, die Demarkationslinie zwischen Neurologie und Psychiatrie anzunehmen. Sie verläuft quer, wenn auch asymmetrisch, durch beide Fächer. Neigungen zu chemisch-physikalischem Reduktionismus in der Psychiatrie sind dafür ebenso Indizien, wie dringenderes Fragen nach einer neurologischen Psychosomatik auf der anderen Seite. In der psycho-physischen Antinomie und Komplementarität ist eine Grundbedingung der Erkenntnismöglichkeit anzuerkennen. Das erkenntnistheoretische Problem ist in Philosophie und Physik gelöst, und es ist ein überfälliger Schritt, davon in der Nervenheilkunde Kenntnis zu nehmen.

Für Theorie und Praxis gilt gleichermaßen, daß die beiden Wirklichkeitsbereiche einander zum Regulativ werden müssen, um Fehler zu vermeiden. In der dargestellten Kasuistik wurde deutlich, daß ein umfassenderes Verständnis in Diagnose und Therapie nur in Ergänzung beider Ansichten zu gewinnen ist. Die Patientin versuchte zu verstehen, was ihr geschehen war, um Konsequenzen daraus ziehen zu können. Verstehen, die Sinnfrage kann nur vom Ganzen her gestellt werden. Zum Verstehen hat in diesem Fall auch beigetragen, was der Schlaganfall alles bewirkt hat an notwendiger und gesuchter Veränderung. Ihre persönliche wie berufliche Situation erfuhr eine Wende, um die sie sich lange Zeit vergeblich bemüht hatte: Die Sprachstörung konnte ihr nach Jahren die Sprache wiedergeben ihrem Mann und der Schwester gegenüber, sie fand den Weg, sich, ihrem langgehegten Wunsch entsprechend, aus der Alleinverantwortung für das Unternehmen zurückzuziehen. Dieser finale Aspekt ist dem Naturwissenschaftler nicht erlaubt, für ihr Verstehen der Krankheit und die Therapie aber von Gewicht.

Die Forderung nach einer anthropologischen Grundlegung der Nervenheilkunde

Auch wenn der Methodenstreit als ein Streit um die Perspektive erkannt ist, wie setzt man in der Praxis eine bessere wechselseitige Ergänzung durch ? Lamentieren und postulieren hilft nichts, nur das Verstehen. Es stellt sich die Herausforderung, methodenabhängig unvereinbares "Wissen" in seiner Einheit verstehen zu lernen, und das heißt bei unserem Gegenstand die Aufgabe einer medizinischen Anthropologie in Anwendung auf die Nervenheilkunde. Nur auf dem Boden einer bewußtgehaltenen Anthropologie - und das bedarf einer permanenten Anstrengung - können auch zwischen Neurologie und Psychiatrie unvergleichbare Befunde in ihrem Wert und ihrer wechselseitigen Ergänzung gewürdigt werden. Ein bestimmtes Menschenbild liegt, wenn es auch im Dunkeln bleibt, jeder Methode in der Medizin zugrunde. Gegen den unkritischen Fortschrittsgedanken der *terribles simplificateurs* ist ein Menschenbild in seiner ganzen Komplexität bewußt zu machen. Es gehört dazu das Wissen um die anthropomorphe Kurzsichtigkeit unseres Erkennnisapparates und die "Umweghaftigkeit" unseres Denkens, um die gröbsten Sprach- und Wahrnehmungsstörungen zwischen den Fächern in der Nervenheilkunde und dem Patienten gegenüber zu vermeiden.

Literatur

Gadamer HG (1965) Wahrheit und Methode. Grundzüge einer philosophischen Hermeneutik. Mohr, Tübingen

Hartmann N (1949) Grundzüge einer Metaphysik der Erkenntnis, 4. Aufl. De Gruyter, Berlin

Heitler W (1966) Der Mensch und die naturwissenschaftliche Erkenntnis, 4. Aufl. Vieweg, Braunschweig

Hübner K (1978) Kritik der wissenschaftlichen Vernunft. Alber, Freiburg

Lorenz K (1965) Über tierisches und menschliches Verhalten. Piper, München

Peters UH (1972) Wie versteht man eine Krankengeschichte ? Strukturalistische Interpretation eines psychiatrischen Falles. Schweiz Arch Neurol Neurochir Psychiat 111:143-154

Plessner H (1960) Conditio Humana. In: Propyläen Weltgeschichte, Bd I. Propyläen, Berlin S 33

Vogel S (1972) Komplementarität in der Biologie und ihr anthroplogischer Hintergrund. In: Gadamer HG, Vogler P (Hrsg) Neue Anthropologie, BdI Thieme, Stuttgart S 152

Zur Psychodiagnostik von Hirnschadensfolgen im Rahmen der forensisch-psychologisch-psychiatrischen Begutachtungspraxis

E. Littmann

Einleitung und Problemstellung

Nach Hirnschäden und - funktionsstörungen unterschiedlicher Ätiologie treten diffuse oder lokale hirnorganische Psychosyndrome (HOPS) mit akuten bzw. chronischen, spezifischen bzw. allgemeinen, reversiblen bzw. irreversiblen psychischen Hirnschadensfolgen relativ häufig auf (Hartje 1975, Poeck 1989). In unserer Inanspruchnahmepopulation forensisch-psychologisch-psychiatrisch zu begutachtender Straftäter (Nervenklinik der Charité, n=955 der Jahrgänge 1970-1973) betrug der Anteil tatsächlich Hirngeschädigter – vergleichbar mit dem Patientenklientel der Psychiatrie (Hartje 1975) – ca. 25%, wobei hier Enzephalopathien nach frühkindlichen Hirnschädigungen dominieren (56,9%), gefolgt von posttraumatischen (13,4%), degenerativen (10,8%), entzündlichen (7,8%) Erkrankungen bzw. Verletzungen des ZNS, Epilepsien (6,7%) und hirnorganisch Mehrfachgeschädigten (4,5%); klinisch-paraklinisch prävalieren dabei chronische, hirndiffuse Psychosyndrome (85%). Anamnestische Hinweise auf Hirnschädigungen (v.a. FKHS, SHT) stellen eine der häufigsten Begutachtungsindikationen dar, die bei jedem 8. Straftäter Anlaß zu Zweifeln an deren strafrechtlicher Verantwortlichkeit gaben (Szewczyk u. Littmann 1986).

Angesiedelt im Grenzgebiet zwischen Neurologie und Psychiatrie, kommen der forensischen Psychiatrie und Psychologie wesentliche Aufgaben bei der Beurteilung unmittelbarer und sekundär-mittelbarer psychischer Hirnschadensfolgen vor allem im Rahmen von Straftäterbegutachtungen, aber auch der Testierfähigkeit, der Geschäfts- und Handlungsfähigkeit bzw. der Erziehungsfähigkeit zu (Wurzer u. Scherzer 1987). Hier geht es um die Beurteilung der ganzen Spielbreite von HOPS'n, die sich von Bewußtseinsstörungen verschiedener Art und Schwere, über pseudoneurasthenische Syndrome, hirnorganische Persönlichkeitsveränderungen und deren Sekundärfolgen in Form evtl. forensisch bedeutsamer Sozialisationsstörungen und/oder sekundär-neurotischer Entwicklungen bis hin zu dementiellen Zuständen erstreckt (Hunger et al. 1987). Von einigen seltenen Risikogruppen – etwa den zu Affekt- und Triebdelikten disponierenden Stirnhirngeschädigten (8 von 94 SHT-Fällen unseres Probandengutes) – abgesehen, gibt es zwar keine direkten Beziehungen zwischen ZNS-Erkrankungen und Kriminalitätsbelastung, wohl aber hirnorganische Störungen bleibender oder vorübergehender Art, die tat- und tatzeitbezogen eine Ex- oder Dekulpierung zu Begutachtender unter verschiedenen gesetzlichen Voraussetzungsalternativen nach sich ziehen können (Ritter 1986). Das erfordert in solchen Verdachtsfällen auch nach forensischer Übereinkunft eine komplementäre klinisch-psychopathologische Beurteilung des psychischen Zustandes der Täterpersönlichkeit und ihrer Psychodynamik zur Tatzeit, eine paraklinisch-neurologische und testpsychologische (Zusatz-) Diagnostik (Littmann 1985), deren diagnostische Aussagen nicht wechselseitig substituierbar sind: die Ära bildgebender Diagnostik zeigte, daß selbst morphologisch schwere Hirnschäden ohne dramatische psychopathologische Symptome vorliegen können und vice versa (Poeck 1989, Ritter 1986, Wolfram et al. 1989)

Die vom Gesetzgeber immer geforderte Quantifizierung des hirnorganischen Funktionszustandes (Ritter 1986) mit seinen Auswirkungen auf die Einsichtsbefähigung bzw. Steuerungs- und Entscheidungsfähigkeit, ließ schon historisch frühzeitig auch die Beiziehung experimentell-psychodiagnostischer Verfahren (Littmann 1975) sinnvoll und nützlich erscheinen, und zwar bei der quantitativen Objektivierung von *Hirnleistungsschwächen* (HLS) und bei der Diagnostik der im Begriff der *psychoorganischen Wesensänderung* (WÄ) verdichteten, vor allem affektiven Auffälligkeiten (Hunger et al. 1983, 1987, Littmann 1975, 1980, Sturm 1984, Wurzer u. Scherzer 1987).

Einer nahezu unüberschaubaren Vielzahl psychometrisch-fundierter, mehr oder weniger "hirnschadenssensibler" Einzeltests bzw. Testbatterien - von klinisch-psychologischen Breitbandverfahren bis hin zu speziellen neuropsychologischen Prüfverfahren - zur Erfassung der HLS (Verfahrensübersicht in: Frank 1982, Hartje 1981, Kryspin-Exner 1987, Littmann 1975, 1980; Poeck 1989, Schmidt 1987, Sturm 1984, Wolfram et al. 1989), die sich im übrigen anderen neurodiagnostischen Methoden (CT, MRT, EEG, Angiographie u. a.) als oft zumindest ebenbürtig, teils diesen sogar überlegen erwiesen (Frühauf 1987, Wolfram et al. 1989), stehen hingegen kaum ebenso valide psychologische Diagnostikinstrumente zur Erfassung und Abschätzung postmorbider Persönlichkeitsveränderungen gegenüber, die zudem noch eine verläßliche Differenzierung primär-hirnorganischer gegenüber psychogenüberlagerungsbedingten psychopathologischen Auffälligkeiten ermöglichten.

Auch im forensischen Anwendungsbereich sind traditionell folgende Aufgabenstellungen psychologischer Hirnschadensfolgediagnostik zu unterscheiden (Hartje 1975, Littmann 1975, Schmidt 1987, Sturm 1984):

- "Hinweisende" bzw. Screening-Diagnostik mittels *psychopathognostischer* Verfahren, die mit angebbarer Irrtumswahrscheinlichkeit Klassifikationsentscheidungen (hirngesund/hirnkrank) ermöglichen, zur Veri- oder Falsifizierung anamnestisch und/oder klinisch begründeter Verdachtsdiagnosen eines HOPS bzw. zur Vorauslese fraglich hirngeschädigter Patienten zwecks weiterführender Organdiagnostik beitragen sollen - ein Ansatz, dessen Adäquanz in den letzten Jahren aus verschiedenen Gründen als zweifelhaft beurteilt wird (z. B. enorme Weiterentwicklung bildgebender Diagnostik, mit 75-85% eher geringe "Trefferraten" bzw. unzureichende Differenzierungsfähigkeit von Tests zwischen HOPS und anderen neuropsychiatrischen Patientengruppen), zumal der klinische Wert der Testpsychologie ohnehin nicht in einer "Ersatzfunktion" für die medizinische Diagnose bestehen kann (Hartje 1981, Schmidt 1987, Sturm 1984).

Der Schwerpunkt experimenteller Psychodiagnostik liegt deshalb bei der Objektivierung, Spezifizierung, qualitativen und quantitativen Beschreibung und Bestimmung des Ausmaßes und Ausprägungsgrades evtl. eingetretener psychischer Störungsfolgen bei medizinisch-neurodiagnostisch gesicherter Hirnschädigung mittels *psychopathometrischer* Verfahren, etwa im Sinne einer Defizitobjektivierung wie aber auch der Erfassung unbeeinträchtigter, kompensatorisch wirkender Leistungs- und Persönlichkeitsanteile - beides auch im Hinblick auf erforderliche (dann auch mittels Tests gut evaluierbarer) Rehabilitations-, Therapie- und Resozialisierungsmaßnahmen (Frühauf 1987). Dies umfaßt die auf "Testebene" allerdings schwierige Abgrenzung psychogener Überlagerungen bzw. Reaktionen des Patienten auf die zerebrale Dysfunktion und dadurch immer auch bedingter Veränderungen seiner Lebenssituation, bei vielen Straftätern mit HOPS etwa auch die Abgrenzung und Bestimmmung des Stellenwertes hierdurch (mit-) bedingter Sozialisationsstörungen - der Gutachter steht hier oft vor der Frage (Ritter 1986), ob hirnorganische Störungen nur einen Zufallsbefund darstellen, die aber evtl. sekundär über Sozialisationsstörungen für die Erhellung der Kriminogenese und die Beurteilung der Tat relevant werden können.

Hinzu kommen, besonders wohl unter forensischen Begutachtungsbedingungen, weitere Teilaufgaben, etwa die objektive Erfassung von wie auch immer motivierten Verhaltensstrategien zu Begutachtender (Simulation/Aggravation, aber auch Dissimulation/ Diminuation u. ä.), die Abschätzung der aktuellen Untersuchungs-, speziell auch der "Testmotivation", des weiteren Verlaufs unter (kriminal-) prognostischen Aspekten u. a. m. (Littmann 1988).

Auf die vielschichtigen methodischen und meßtheoretischen Probleme und hieraus folgenden Aussagegrenzen psychologischer Hirnschadensfolgediagnostik ist wiederholt hingewiesen worden (Frank 1982; Frühauf 1987; Hartje 1975; Littmann 1975; Schmidt 1987; Sturm 1984, Wolfram et al. 1989). Für den hier diskutierten Anwendungsbereich ist hervorzuheben die oft mangelhaft gelöste "Testnormproblematik" (z. B. Fehlen von alters- und intelligenzdifferenzierten Normen bei vielen Leistungstests als unabdingbarer Voraussetzung für die Abgrenzung des physiologischen vom hirnpathologischen Abbau; Fehlen zielgruppenorientierter, hier an zu begutachtenden Straftätern ermittelten Testnormen von Fragebogentests), die unterschiedliche Definition des Konstrukts "Hirnschädigung" und selbst seiner Kardinalsymptome (Fähndrich et al. 1981) auf klinischer und psychometrischer Ebene, die oft divergente "Befundsprache" von Arzt und Psychologem. Letztere kann auch nach unseren Erfahrungen etwa bei psychiatrischerseits unreflektiert übernommenen, nicht mit dem Psychologen abgestimmten oder von der forensischen Fragestellung abgelösten testpsychologischen Zusatzbefunden bzw.-gutachten im Rahmen (gerichts-)psychiatrischer Gutachten nicht nur zu terminologischen, sondern für den zu Begutachtenden konsequenzenreichen Mißverständnissen, Unklarheiten (vor allem beim Gutachtenadressaten) bis hin zu Fehlentscheidungen führen.

Zu einigen Untersuchungsergebnissen

Klinisch- und forensisch-psychopathologische Befunde

Die Diagnose des HOPS muß in erster Linie eine klinisch-psychopathologische sein (Poeck 1989, Ritter 1986), gestützt auf anamnestisch, explorativ und durch Verhaltensbeobachtung gewonnene (möglichst standardisierte) Fremdbeurteilungsdaten, die wir in unserer Begutachtungspraxis bei Straftätern unter anderem mit dem *Münchener Forensisch-Psychiatrischen (Kurz-) Dokumentationssystem* (FPDS nach Nedopil u. Graßl 1988) erheben. Ein Vergleich der damit quantifizierten Schätzdaten bei zu Begutachtenden mit und ohne (klinisch-paraklinisch gesicherten, gemäß ICD-9 klassifizierten) HOPS ergab Unterschiede zwischen den Stichproben in folgender Weise:

Von den im FPDS enthaltenen 53, tatzeitunabhängig quantitativ abgestuft einzuschätzenden, *Persönlichkeitsauffälligkeiten* (teils sensu Leonhard) waren folgende bei Probanden mit HOPS (n=34) versus Nicht-HOPS (n=126) signifikant (p<0,05) stärker bzw. häufiger ausgeprägt: passiv-gehemmt, mißtrauisch-eifersüchtig, impulsiv-ungesteuert, kritikschwach, emotiv-weich, selbstunsicher-insuffizient, ängstlich-schüchtern, bindungsschwach, vereinsamt-isoliert, durchsetzungsschwach, infantil-unreif. Vice versa wurden folgende Merkmale als signifikant geringer ausgeprägt codiert: demonstrativ-exzentrisch, manipulativ, paranoisch-sensitiv, rechtfertigend, fordernde Anspruchshaltung, labil-haltschwach und unzuverlässig. Diese für HOPS-Probanden "charakteristischen" Auffälligkeitsattribuierungen sind psychologisch-psychopathologisch "plausibel", wenngleich sicher nicht als unabhängig von den gutachterlich erstellten "globalen" HOPS-Diagnosen anzusehen.

Die mit dem FPDS geschätzte *psychopathologische Symptomatik zur Tatzeit* (!) zeigt für beide (hinsichtlich Alter, Deliktverteilung nicht unterschiedene) Vergleichsgruppen folgende, in Klammern angeführte Häufigkeitsverteilungen (HOPS/Nicht-HOPS, Angaben in %): (affekt- und alkoholbedingte) Bewußtseinsstörungen (12,9/19,5), Orientierungs- (12,9/5,2), Aufmerksamkeits- und Gedächtnis- (35,5/18,4), formale Denkstörungen (19,4/17,1), Befürchtungen/Zwänge (9,7/2,6), Wahn (3,7/0,0), Sinnestäuschungen (2,7/2,6), Ich- (6,5/5,3), Affekt-(25,8/18,4), Antriebs- und psychomotorische Störungen (41,9/27,6), circadiane (3,2/1,3), sexuelle Störungen (19,4/21,0), Suizidalität (8,3/9,2), sowie "sonstige" psychopathologische Störungen (38,7/30,2). Bei Straftätern mit HOPS fanden sich tatzeitbezogen also signifikant bzw. symptomatisch häufiger Antriebs- und Affektstörungen, Aufmerksamkeits- und Merkfähigkeitsstörungen, sowie als "sonstige Störungen" codierte Symptome und Auffälligkeiten.
Die *multiaxiale Zuordnung* beider Vergleichsgruppen zu den fünf Beurteilungsachsen (FPDS) (Nedopil u. Graßl 1988) erläutert Tabelle 1.

Tabelle 1. Multiaxiale Zuordnung von HOPS und Nicht-HOPS zu fünf Achsen des FPDS

Achse des FPDS	HOPS	Nicht-HOPS
1. Psychopathologie z.Zt. der Untersuchung		
a) Akute Auffälligkeiten	22,6 %	10,4 %
b) Persönlichkeitsgebundene Auffälligkeiten	83,9 %	85,1 %
2. Krankheitsanamnese		
a) psychiatrisch	25,8 %	14,9 %
b) körperlich/neurologisch	52,3 %	22,4 %
3. Erhebliche Beeinträchtigungen der Lebensentwicklung	35,5 %	29,9 %
4. Frühere Delinquenz	51,6 %	53,7 %
5. Tatumstände		
a) Psychopathologische Auffälligkeiten	48,4 %	50,7 %
b) Besondere Einflußfaktoren	58,1 %	46,3 %
c) Intakte psychische Funktionen	61,0 %	77,7 %

Die Zahlen bedürfen keiner Erläuterung: eine tendenzielle Unterscheidbarkeit der Vergleichsgruppen zeichnet sich noch am ehesten bezüglich der Achsen 2 und 5 (Krankheitsanamnese und Tatumstände), hingegen gar nicht hinsichtlich der bisherigen Delinquenzentwicklung ab.

Gutachterliche *Ex- und Dekulpierungsempfehlungen* (Verhältnis 1:1,5) erfolgten für rund 2/3 der zu Begutachtenden mit HOPS unter den verschiedenen gesetzlich-normativen Alternativen aufgehobener bzw. verminderter Zurechnungsfähigkeit (§§ 15,16, StGB der ehemaligen DDR) und damit signifikant ($p < 0.01$) häufiger als in einem unausgelesenen Begutachtungssample (Szewczyk u. Littmann 1986). Wo solche Vorschläge ergingen, waren sie bei 2/3 der Fälle allein auf die primären und/oder sekundären Hirnschadensfolgen gestützt, beim restlichen 1/3 auf deren Kombination mit zusätzlich alkoholischer Beeinflussung bei zudem häufiger vorliegender Alkoholintoleranz.

Testpsychologische Befunde

1) Probandenseitig an die forensische Begutachtungsuntersuchung und deren Ausgang allgemein, an das "Getestetwerden" speziell , geknüpfte *Einstellungen, Erwartungen und Vornahmen* sind angesichts der besonderen (Rechts-) Natur des Gutachter-Probanden-Auftraggeber-Verhältnisses wichtige Indikatoren der Kooperabilität und auch der Testmotivation zu Begutachtender, die nach vielfach gesicherten Untersuchungsbefunden (Littmann 1988) bei der Interpretation testpsychologisch erhobener Daten stets ins Kalkül gezogen werden müssen.

Eine vor und nach Abschluß der Begutachtungsuntersuchung von uns vorgenommene "Einstellungsdiagnostik" mittels Fragebogen (Littmann 1988) zeigte für die Subgruppe HOPS (3/4 Posttraumatiker mit "Wissen" um die unfallbedingte Hirnaffektion; n=24) folgende, sie von der Restgruppe (n=117) signifikant ($p < 0.05$) unterscheidende Charakteristika:

Die Begutachtung wird häufiger selbst angeregt, initiiert bzw. veranlaßt, von 85% sogar für "unbedingt erforderlich" erachtet.

Krankheitserleben und subjektive Befindensstörungen sind weitaus deutlicher ausgeprägt (2/3 fühlen sich "nervlich krank"), fast alle dieser Probanden signalisieren Problem- und Konfliktanhäufung, sehen ärztliche Behandlungsnotwendigkeit, erwarten entsprechendes bereits vom Gutachter.

Bei der Selbstdeklaration der Ursachen eigenen Straffälligwerdens dominiert bei der Hälfte der HOPS (Vergleich: 3% der Restgruppe) der Hinweis auf Unfall- und Krankheitsfolgen, auf belastende Lebensereignisse, d. h. überwiegen Haltungen der Verleugnung und Externalisierung von persönlicher Schuld.

Aus alledem evtl. zu erwartende ausgeprägtere (zumindest verbalisierte) Ex- und Dekulpierungsbedürfnisse bzw.-hoffnungen der HOPS bestätigten sich indes nicht. Vergleichbar dem Gesamtklientel (Littmann 1988) erachten sich jeweils die Hälfte der Befragten für strafrechtlich voll bzw. für eingeschränkt/gar nicht verantwortlich.

Häufiger als von der Vergleichsgruppe wird im voraus Angst und Unsicherheit vor der Untersuchungsprozedur geäußert und die befürchtete Verlautbarung der Begutachtungsuntersuchung gegenüber Dritten als "Makel" erlebt.

Das subjektive Belastungs- und Beanspruchungserleben der HOPS ist stärker ausgeprägt - sie erleben im Nachhinein insbesondere die lebensbiographische Exploration und die Absolvierung der (gleichumfänglichen) Testdiagnostik häufiger als "sehr" bzw. "erheblich" belastender und anstrengender als Nicht-HOPS. Korrelationsstudien legten dabei nahe, daß solche und andere untersuchungsbezogene Motivations- und Situationsvariable trotz Ungeklärtheit der Wirkungsrichtungen und -sequenzen, die Resultate psychodiagnostischer Untersuchungen besonders unter forensischen Bedingungen beeinflussen bzw. auch verzerren *können*, was zumindest der kritischen Reflektion des Diagnostikers bedarf.

Für (HOPS-) gruppenspezifisch stärker oder häufiger ausgeprägte *Simulations- und Aggravationstendenzen* fand sich unter Zugrundelegung der entsprechenden "Gültigkeitsskalen" des Psychopathologischen Kurzverfahrens (PpKV: MMPI-Kurzform) kein Anhalt (Wasyliw et al. 1988). Signifikant ($p < 0.05$) geringere Offenheitswerte (FPI-Skala 9; vgl. Tab. 3) bzw. vice versa symptomatisch ($p < 0.10$) höhere "Lügenwerte" (L-Skala, PpKV) der HOPS-Probanden lassen trotz weitgehend noch ungeklärten Validitätsanspruchs solcher "Ehrlichkeitskontrollskalen" (Littmann 1985) am ehesten doch aber an eine hirnorganische Kritik- und Urteilsschwäche und/oder an einen reflektierenden Selbsteinschätzungseffekt infolge Mißtrauen und Verschlossenheit, auch an Dissimulationstendenzen dieser Probanden denken (Denk 1986).

2) Zur (leistungs- und persönlichkeitsseitigen) *Psychodiagnostik von Hirnschadensfolgen* unter der speziellen Zielstellung einer differentialdiagnostischen Abgrenzung organisch- versus psychogen-neurotisch bedingten Leistungsversagens, stellten wir schon vor Jahren mit unserer Doktorandin C. Denk (Denk 1986; Littmann u. Denk 1980) eine relativ umfangreiche Batterie praxisüblicher, standardisierter und psychometrisch fundierter Tests zusammen: LPS von Horn, Test

d2 von Brickenkamp, Benton-Test, Wiener Determinationsgerät; Freiburger Persönlichkeitsinventar FPI von Fahrenberg et al., Leistungsmotivationsfragebogen von Ehlers, skalierter Selbsteinschätzungsfragebogen von Littmann u.Denk (1980). Deren diagnostische Brauchbarkeit wurde zunächst in Vergleichsuntersuchungen an (nach Alter, Geschlecht, Bildungsgrad homogenisierten) Stichproben von je n=50 (überwiegend chronisch-diffus) Hirngeschädigten, Neurotikern (mit dem Leitsymptom subjektiv geklagter Leistungsminderungen) und gesunden Kontrollpersonen (Nichtstraftäter-Kollektiv) überprüft, wobei die befriedigende Validität der Batterie für psychopathometrische Fragestellungen (siehe oben) im Ergebnis uni- und multivariat-statistischer Gruppenvergleiche bestätigt werden konnte. Eine diskriminanzanalytisch vorgenommene Reduktion führte zu einer Kombination von zehn (gewichteten) Leistungs- und Persönlichkeitsvariablen. Nach der Reihenfolge ihrer "Unentbehrlichkeiten" waren dies: Extraversion (FPI), Gesamt-IQ (LPS), Allgemeinbildung (UT 1+2 LPS), Reaktionsverzögerung unter maximalem Tempodruck, Reaktionsgeschwindigkeit unter Eigentempo und geringem Tempodruck (Wiener Determinationsgerät WDG), Fehlleistungen bei Aufmerksamkeitsanspannung (d2), visuelle Wahrnehmung und Raumorientierung (UT 10 LPS), emotionale Labilität/Neurotizismus (FPI), sowie Informationsverarbeitung und Problemlösen (UT 8 LPS). Mittels zweier Diskriminanzfunktionen war eine Diskrimination der drei Stichproben (davon allerdings zwei "pathologische" Gruppen) mit einer eher geringen Gesamt-Trefferquote von 75% "richtiger" (Re-) Klassifikationen möglich (siehe Tabelle 2).

Vor allem zwischen den Gruppen Ho und Neu besteht ein deutlicher Unsicherheitsbereich richtiger Klassifikationen: die Wahrscheinlichkeit, daß Ho als neurotisch fehlklassifiziert werden, ist doppelt so hoch wie umgekehrt, wobei es sich bei ersteren (22%) um die in

Tabelle 2 Diskriminanzanalytische Klassifikation der Untersuchungsstichproben (Ho, Neu, Ko) unter Verwendung von 10 Testvariablen

	Hirnorganiker		Neurotiker		Gesunde	
	abs.	rel.	abs.	rel.	abs.	rel.
Hirnorganiker (Ho)	35	70%	11	22%	4	8%
Neurotiker (Neu)	5	10%	37	74%	8	16%
Gesunde (Kontrolle)	0	0%	9	18%	40	82%

(Erläuterung: in Diagonale unterstrichen:% 'richtiger' Reklassifikationen

mehreren Leistungsbereichen nur diskret beeinträchtigten Hirnorganiker mit klinisch und via Fragebogen nachweisbaren stärker psychogenen Auffälligkeiten im Sinne neurotischer und dissozialer Symptomüberlagerungen bzw. -ausprägungen handelte.

Bei Anwendung der diskriminanzanalytisch verkürzten Testbatterie bei *forensisch-psychiatrischen Begutachtungsfällen* mit anamnestisch, klinisch und paraklinisch gesicherten Hirnschäden (bisher n=24 SHT-Patienten mit postkontusionellen Zustandsbildern unterschiedlichen Schweregrades und chronisch-diffusem HOPS) "schrumpfte" die Trefferrate richtiger Klassifikationen dieser Probanden als "hirngeschädigt" auf nur 65%, wobei wiederum 27% als "neurotisch" fehlklassifiziert wurden. Dies ist vermutlich der üblichen Schrumpfungsrate bei Kreuzvalidierungen (Hartje 1981) an anderen als den Analysestichproben, hier wohl aber auch den bedeutsamen Wichtwerten der FPI-Persönlichkeitsvariablen in den Diskriminanzfunktionen zuzuschreiben: wie die FPI-Skalenwerte (Mittelwerte und Streuungen) in Tabelle 3 nämlich unschwer erkennen lassen, weisen hirngeschädigte Straftäter versus hirngeschädigten Nicht-Straftätern ein signifikant höheres Ausmaß psychovegetativer und emotional-affektiver Labilität (Nervosität, Depressivität, Neurotizismus) und Kontakt- und Anpassungsgestörtheit (Gehemmtheit) auf (Littmann 1985). Mit diesen Untersuchungsergebnissen scheint allerdings eher nur der "psychopathognostische" Aussagewert (Klassifikationsentscheidungen) unserer Testbatterie relativiert und eingeschränkt, nicht deren "psychopathometrische" Brauchbarkeit für Schweregraduierungen von Hirnleistungsschwächen auch bei forensischen Begutachtungsfällen, vor allem im Rahmen der Einzelfallbegutachtung.

Wie anderenortes (Denk 1986, Littmann u. Denk 1980) für die hirngeschädigten Nicht-Straftäter ausgeführt, imponierten auch (trotz bisher kleiner Fallzahl, siehe oben) die zu begutachtenden hirnorganisch geschädigten Straftäter im univariaten Mittelwertvergleich mit ersteren, vor allem durch quantitative Leistungsminderungen bzw. -einbußen in allen geschwindigkeitsorientierten, d.h. zeitlimitierten Intelligenz- und Leistungstests (Speed-Komponente), in qualitativer Hinsicht besonders bei der Lösung komplex-verzweigter kognitiver Problemanforderungen und durch Merkfähigkeitsstörungen. Als reagibel für die Differenzierung organisch und funktionell bedingter Komponenten eines Leistungsversagens erwiesen sich im Sinne des jüngst wieder favorisierten ergopsychometrischen Diagnostikansatzes (Kryspin-Exner 1987) apparativ mittels WDG realisierbare Langzeitbelastungen unter den vergleichenden Bedingungen des Eigen- und Fremdantriebes (letzteres durch Einbezug einer experimentellen Überforderungs- und nachfolgenden Restitutionsphase).

Solche, die Alltagsbelastungen der Patienten besser simulierende Leistungsdiagnostik unter Belastung stimmt nach neueren Befunden (Kryspin-Exner 1987) mit den klinischen Diagnosen besser überein und liefert auch genauere Voraussagen für die Bewältigung realer Lebensanforderungen. Testbatterien "mittlerer Reichweite", die mit trotzdem zeitökonomisch vertretbarem Aufwand möglichst heterogene psychische Funktionsbereiche abgreifen, erwiesen sich auch in unserer forensischen Begutachtungspraxis der Hirnschadensfolge-Diagnostik als doch aussagefähiger im Vergleich zu nicht zeitlimitierten intelligenzdiagnostischen Kurz- bzw. Screening-Verfahren, wie den routinemäßig eingesetzten Progressiven Matritzen von Raven (eher "flüssige Intelligenz") und dem Mehrfach-Wahl-Wortschatztest MWT/B von Lehrl (Littmann 1980), (eher "kristallisierte Intelligenz").

Die IQ-Verteilungen unserer Probanden mit HOPS weichen gruppenstatistisch (bei allerdings signifikant größerer Streubreite) zwar bei beiden Intelligenztests nicht signifikant von denen der Ver-

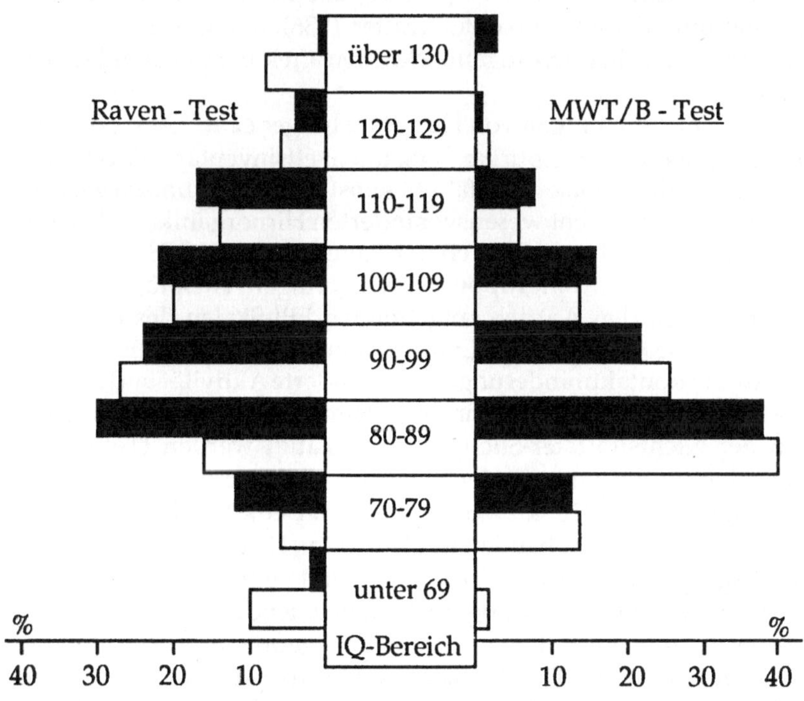

Abb. 1. IQ-Häufigkeitsverteilungen bei forensisch begutachteten Straftätern mit (schwarze Säulen) und ohne (weiße Säulen) Hirnschädigung

gleichsgruppe (Nicht-HOPS) ab (Abb.1), zeigen wie diese eine mehr (MWT/B) oder weniger (Raven-Test) deutliche Verschiebung in den Bereich psychometrisch unterdurchschnittlicher Intelligenz(en) bei den zu begutachtenden Straftätern (Littmann 1985) – dennoch war die gemäß des IQ-Abbaukonzeptes im Einzelfall (!) als pathognomonisch für hirnorganische Intelligenzeinbußen zu erwartende Diskrepanz niedrigerer Raven- gegenüber höheren MWT/B-IQ-Werten bei HOPS (n=41) signifikant ($p < 0{,}05$) häufiger auszumachen als bei der Vergleichsgruppe (n=210).
3) *Selbstbeurteilungsdaten* aus herkömmlichen Persönlichkeitsfragebögen lassen zwar (Hunger et al. 1983) von vornherein keinen direkten Nachweis eines HOPS erwarten, könnten allenfalls zur Erfassung der hirnorganischen Sekundärsymptomatik vor allem bei pseudoneurasthenischen Syndromen und Wesensänderungen dienlich sein. Denn besonders krankheitsbedingte Änderungen der Affektivität sind – bei erheblicher prämorbider Variabilität (Ritter 1986) – hiermit schwierig festzustellen, eine Separierung habitueller Persönlichkeitszüge von hirnorganischen Wesensänderungen und/oder körperlich-psychischen Beschwerden bzw. psychogen-reaktiven Überlagerungen ist nicht verläßlich möglich, vor allem nicht bei hospitalisierten und inhaftierten Probanden (Ritter 1986), deren Selbsteinschätzungen immer eher den augenblicklichen affektiven Zustand widerspiegeln.

Nach Untersuchungen von Hunger (Hunger et al. 1983) erwiesen sich die Skalen des Freiburger Persönlichkeitsinventars (FPI) als nur mangelhaft differenzierungsfähig - selbst zwischen klinisch wesensveränderten und nicht wesensveränderten Hirnorganikern. Die von ihm gefundene Abgrenzbarkeit der Patienten mit HOPS gegenüber hirngesunden Kontrollgruppen durch geringere Ausprägungen ersterer bei den den Antrieb tangierenden FPI-Skalen des Extraversionsbereiches (Geselligkeit, Extraversion, Maskulinität) als Hinweis auf soziale Kontaktminderungen, verminderte Aktivität und Spontanität, konnte auch von uns für die entsprechenden Vergleichsgruppen der Nichtstraftäter-Stichproben bestätigt werden (Tabelle 3), nicht aber für die äquivalenten Subgruppen des forensischen Begutachtungsklientels (Denk 1986, Littmann u. Denk 1980).

Hier zeigten die Probanden mit HOPS (n=41) gegenüber den Vergleichsgruppen Nicht-HOPS (ohne und mit neurotischen und/oder dissozialen Fehlentwicklungen) lediglich tendenzielle ($p > 0{,}05$) Abweichungen mit z. B. (noch) stärker ausgeprägter Nervosität und Erregbarkeit im FPI. Die deutlichsten Normabweichungen bot eine kleine Subgruppe (n=10) mit klinisch dementiellen Zustandsbildern, deren FPI-Skalenprofil mit dem Bild der klinischen Antriebsschwä-

Tabelle 3. Mittelwerte und Streuungen (in Klammern) der Untersuchungstichproben bei den Skalen des FPI (KO Kontrollgruppe, hirngesund; HOPS organische Psychosyndrome; NEU/DISS Fehlentwicklungen)

	Nicht - Straftäter			Forensisch begutachtete Straftäter				Signifikanz
FPI-Skalen	KO	HOPS (1)	NEU	KO	HOPS (2)	Demenz	NEU/DISS	HOPS (1) versus HOPS (2)
(n=)	(50)	(50)	(50)	(63)	(41)	(10)	(150)	(t-Test)
1. Nervosität	5,8 (1,9)	5,6 (2,1)	7,0 (1,6)	6,4 (2,3)	7,0 (2,4)	7,7 (1,7)	6,6 (2,1	p<0,01
2. Aggressivität	4,7 (2,1)	4,6 (1,9)	4,8 (1,6)	4,6 (2,0)	4,6 (2,1)	5,0 (2,2)	5,2 (2,0)	p>0,05
3. Depressivität	4,5 (1,8)	5,4 (2,1)	6,0 (1,9)	6,6 (2,1)	6,7 (2,2)	6,5 (2,1)	7,0 (2,0)	p<0,01
4. Erregbarkeit	4,6 (2,0)	4,7 (2,1)	5,2 (1,9)	5,8 (2,1)	6,4 (2,3)	4,8 (1,2)	6,1 (2,0)	p<0,01
5. Geselligkeit	6,1 (1,8)	5,0 (2,1)	4,3 (2,5)	3,9 (1,8)	4,4 (2,4)	3,2 (2,1)	4,0 (2,1)	p>0,05
6. Gelassenheit	4,8 (1,7)	4,6 (1,9)	3,2 (1,5)	4,6 (1,7)	4,2 (1,9)	4,4 (1,3)	4,6 (1,7)	p>0,05
7. Dominanz	5,1 (1,8)	4,3 (2,0)	4,2 (1,9)	5,0 (2,1)	4,7 (2,4)	3,7 (1,9)	5,6 (2,0)	p>0,05
8. Gehemmtheit	4,9 (2,1)	5,2 (2,3)	6,2 (1,9)	6,4 (1,6)	6,3 (2,4)	7,0 (1,6)	6,5 (2,0)	p<0,05
9. Offenheit	5,1 (2,2)	4,1 (1,8)	4,9 (1,9)	4,9 (1,9)	3,7 (2,1)	4,4 (1,6)	5,0 (2,1)	p>0,05
E: Extraversion	5,8 (1,6)	4,8 (1,7)	4,4 (2,2)	4,3 (1,7)	4,8 (1,7)	3,7 (1,7)	4,5 (2,0)	p>0,05
N:Emotionale Labilität	5,0 (2,1)	5,7 (2,2)	6,6 (2,2)	5,9 (2,2)	6,8 (2,4)	6,8 (1,9)	6,7 (2,0)	p<0,05
M:Maskulinität	4,9 (1,8)	3,8 (2,0)	2,8 (1,5)	3,5 (1,8)	3,1 (2,2)	1,9 (1,5)	3,6 (1,9)	p>0,05

che korrespondierte (Tabelle 3). Auch bei den Skalen des stärker an der Psychopathologie orientierten Psychopathologischen Kurzverfahrens (PpKV) zeigten sich keine bedeutsamen oder statistisch signifikanten Ausprägungsunterschiede zwischen den genannten Vergleichsgruppen.

Vergleicht man hingegen die FPI-Mittelwertprofile der nach dem Begutachtungsergebnis bzgl. der Zurechnungs- bzw. Schuldfähigkeit binnendifferenzierten HOPS-Subgruppen, so zeigt sich folgendes (Abb. 2):

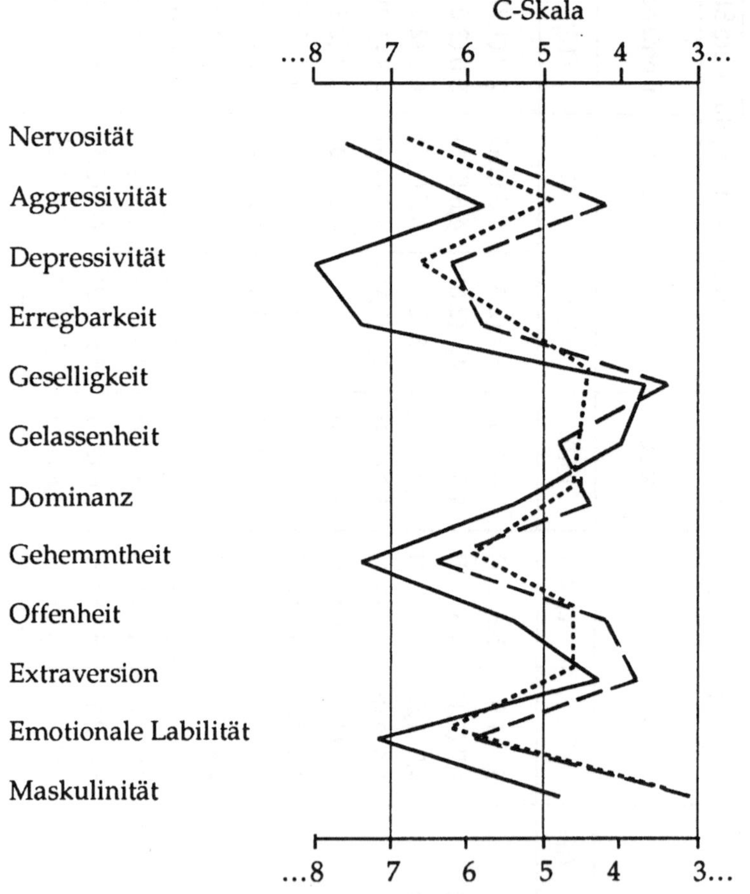

——— n= 26 Straftäter mit HOPS: Ex- und Dekulpierung wegen dauerhafter/ zeitweiliger krankhafter Störung der Geistestätigkeit;
··········· n= 48 Straftäter mit HOPS: Zurechnungs- bzw. schuldfähig;
— — n= 22 Straftäter mit HOPS: Dekulpierung wegen schwerwiegender abnormer Entwicklung der Persönlichkeit mit Krankheitswert

Abb. 2. FPI-Mittelwertprofile (C-Skala: M = 5; s = ± 2) von Subgruppen begutachteter Straftäter mit HOPS

Die ausgeprägtesten Normabweichungen des Selbstbildes im FPI weisen die wegen einer "dauerhaften/zeitweiligen krankhaften Störung der Geistestätigkeit" (BRD: krankhafte seelische Störungen) ex- und dekulpierten Begutachtungsfälle auf, die sogar bei mehreren Skalen den einfachen Streuungs- und damit charakterologischen Normbereich über- bzw. unterschritten, und zwar in Richtung einer ausgeprägteren psychovegetativen (pseudoneurasthenischen) Symptomatik, Depressivität, Erregbarkeit, Aggressivität, emotional-affektiven Labilität, sowie sozialer Anpassungs- und Kontaktgestörtheit ($p < 0.05$). Dahinter stehen klinisch-psychopathologisch nahezu ausnahmslos Probanden mit hirnorganischer Wesensänderung.

Die wegen einer "schwerwiegenden abnormen Entwicklung der Persönlichkeit mit Krankheitswert" (BRD: schwere andere seelische Abartigkeit) dekulpierten Fälle mit HOPS zeigen hingegen ihre charakteristischen Normabweichungen eher bei den FPI-Skalen zur Erfassung psychosozialer Auffälligkeiten, und zwar in Richtung des Introvertierten, der Kontaktminderung, des Aggressionsgehemmt-Durchsetzungsschwachen und Selbstunsicheren, was nach Anamnese und Klinik dieser Probanden eher als Ausdruck sekundär-mittelbarer Hirnschadensfolgen im Sinne fehlentwicklungstypischer Sozialisationsstörungen anzusehen war, bei zumindest nicht ausgeprägter Wesensänderung. Ihr Mittelwertprofil zeigt im übrigen nahezu aber Deckungsgleichheit mit demjenigen der als strafrechtlich voll verantwortlich beurteilten Straftäter mit HOPS.

Diese, ohnehin nur gruppenstatistisch-tendenziellen, wenngleich psychologisch-psychopathologisch "plausiblen" Korrelate zwischen forensischer Gutachterdiagnose und persönlichkeitsdiagnostischen FPI-Testbefunden sind indes weder so eng noch so spezifisch (auch nicht als völlig voneinander unabhängig anzusehen), daß hieraus für die Einzelfallbegutachtung ein nennenswerter klassifikatorischer Beitrag letzterer für die Konstituierung forensischer "Auswirkungsdiagnosen" (Maisch 1983), d.h. für eine Skalierung unbeeinträchtigter, erheblich beeinträchtigter oder aufgehobener Zurechnungs- bzw. Schuldfähigkeit bei zu Begutachtenden mit HOPS zu folgern wäre. Wohl aber vermag die Testpsychologie, natürlich immer nur in Zusammenschau mit der Anamnese, mit klinischen und neurodiagnostischen Befunden im Sinne einer klinischen (begrenzt auch einer forensischen) Graduierungsdiagnostik (Maisch 1983) einen wertvollen Beitrag zur Quantifizierung, Qualifizierung, Präzisierung und Differenzierung der Primär- und Sekundärfolgen organischer Psychosyndrome zu leisten (Poeck 1989), damit die diachronisch-längsschnittorientierte Gutachterdiagnose zu objektivieren, vor allem aber auch besser transparent und überprüfbar zu gestalten (Littmann

1985). Unsere Untersuchungsergebnisse, mehr noch aber die Erfahrungswerte bei Einzelfallbegutachtungen, sowie die von Hunger (Hunger et al. 1987) vorgenommenen empirischen Strukturanalysen zu den keineswegs so deutlich wie oft angenommen separierbaren Hauptkonzepten der Hirnleistungsschwäche und Wesensänderung, legen dabei den komplementären Einsatz von validen Leistungs- und Persönlichkeitsverfahren anstelle der einseitigen Favorisierung einer Hirnleistungsdiagnostik (Wolfram et al. 1989) nahe - dies vor allem im forensischen Anwendungsbereich.

Literatur

Denk C (1986) Experimentell-psychologische Untersuchungen zum Leistungsverhalten und zur Persönlichkeit von Hirnorganikern, Neurotikern und Kontrollpersonen., Med. Dissertation, Humboldt-Universität Berlin

Fähndrich E, Gebhardt R, Neumann H (1981) Zum Problem der Diagnosesicherung des hirnorganischen Psychosyndroms. Arch Psychiatr Nervenkr 229: 239-248

Frank C (1982) Verfahren zur Leistungsdiagnostik im klinisch-neurologischen Bereich. In: Quandt J, Sommer H (Hrsg.) Neurologie Bd I, Fischer, Stuttgart, S 195-222

Frühauf K (1987) Aktuelle Probleme der Neuropsychologie in Forschung und Praxis. Psychol Prax 2: 101-120

Hartje W (1975) Allgemeine Psychodiagnostik in der Neurologie. In: Schraml WJ, Baumann U (Hrsg) Klinische Psychologie Bd I.3. Aufl., Huber, Bern, S 147-163

Hartje W (1981) Neuropsychologische Diagnose zerebraler Funktionsbeeinträchtigungen. Nervenarzt 52: 649-654

Hunger J et al (1983) Das Freiburger Persönlichkeitsinventar (FPI) in der Persönlichkeitsdiagnostik hirngeschädigter Patienten. Nervenarzt 54: 316-319

Hunger J, Leplow B, Kleim J (1987) Zur Struktur des hirnorganischen Psychosyndroms. Nervenarzt 58: 603-609

Kryspin-Exner I (1987) Ergopsychometrie und Hirnleistungsdiagnostik. In: Wittchen HU (Hrsg.) Beiträge zur klinischen Psychologie und Psychotherapie, Bd. 1, Roderer, Regensburg

Littmann E (1975) Zur Psychodiagnostik von Hirnschäden und Hirnschadensfolgen im Erwachsenenalter. Psychiat Neurol Med Psychol 27: 641-659

Littmann E (1980) Zur Anwendung psychodiagnostischer Verfahren bei der Diagnostik und Differentialdiagnostik hirnorganischer Erkrankungen. Z Ärztl Fortbild 74: 268-273

Littmann E (1985) Zum Stellenwert der Psychodiagnostik im Rahmen forensisch-psychologischer und -psychiatrischer Begutachtungen. Kriminalistik 57/58: 91-104

Littmann E (1988) Die forensisch-psychologisch- psychiatrische Begutachtung im Erleben zu Begutachtender - Daten einer Befragung. Psychiat Neurol Med Psychol 40: 655-664

Littmann E, Denk C (1980) Einige Ergebnisse klinisch-psychologischer Hirnschadensdiagnostik In : Rösler HD, Ott J, Richter-Heinrich E (Hrsg.) Neuropsychologische Probleme der klinischen Psychologie, Verlag der Wissenschaften, Berlin, S 105-113

Maisch H (1983) Diagnostische Urteilsbildung zur Einschätzung von Schweregraden psychischer Störungen und ihrer Auswirkungen für forensische Zwecke. Monatsschr Kriminol 66: 343-354

Nedopil N, Graßl P (1988) Das Forensisch-Psychiatrische Dokumentationssystem (FPDS). Forensia 9: 139-147

Poeck K (Hrsg.) (1989) Klinische Neuropsychologie, 2. Aufl. Thieme, Stuttgart

Ritter G (1986) Die hirnorganischen Störungen einschließlich Anfallsleiden. In: Venzlaff U (Hrsg.) Psychiatrische Begutachtung. Fischer, Stuttgart New York S 201-230

Schmidt L (1987) Befunderhebung mit psychologischen Tests zur Funktionsdiagnostik. In: Suchenwirth RMA, Wolf G (Hrsg.) Neurologische Begutachtung. 2. Aufl. Fischer, Stuttgart, S 527-534

Sturm W (1984) Neuropsychologische Diagnostik. Z Diff Diagn Psychol 5: 37-57

Szewczyk H, Littmann E (1986) Probleme bei der Begutachtung Jugendlicher und Erwachsener - Unterschiede und Gemeinsamkeiten. Forensia 7: 19-31

Wasyliw OE, Grossman LS, Haywood TW, Cavanaugh JL (1988) The detection of malingering in criminal forensic groups: MMPI validity scales. J Person Assessm 52/2: 321-333

Wolfram H, Neumann J, Wieczorek V (1989) Psychologische Leistungstests in der Neurologie und Psychiatrie, 2. Aufl. Thieme, Leipzig

Wurzer W, Scherzer E (1987) Die Problematik psychogener Störungen bei der Begutachtung des organischen Psychosyndroms. In: Schlußbericht, 27. Kongreß des B.Ö.P. Graz, S 64-67

Psychosomatische Aspekte von Lähmungen

D. Janz

Einleitung

Man mag sich fragen, ob Psychosomatik ein Grenzgebiet zwischen Psychiatrie und Neurologie ist. Fraglos ist, daß die psychosomatische Betrachtungsweise ihre Wurzeln in der Neurologie (S. Freud, K. Goldstein, V. von Weizsäcker) hat und heute in allen Zweigen der klinischen Medizin fruchtbar geworden ist. Zusammenfassende Darstellungen über psychosomatische Aspekte speziell in der Neurologie sind aus unserer Klinik hervorgegangen von Lamprechts (1979), Kütemeyer und K. F. Masuhr (1981), Schultz und Kütemeyer (1986).

Man wüßte gerne, wie Wilhelm Griesinger, dessen Andenken wir heute feiern, darüber gedacht hat. Hatte er doch einschlägige akademische Erfahrung, denn er war in seiner beruflichen Laufbahn vom Psychiater zum Internisten und dann wieder zum Psychiater geworden. Einen Hinweis darauf gibt vielleicht die Bemerkung von Schrenk (1968), daß der Naturwissenschaftler Griesinger für die neue Psychiatrie sorgfältige neue psychologische Krankheitsgeschichten fordert, weil er im Kranken auch die Geschichtlichkeit des Individuums sieht und in der einzelnen Lebensgeschichte verstehen will. In jedem Fall hat er in seiner eigenen Lebens- und Leidensgeschichte eine schmerzvolle existentielle Erfahrung gemacht, die mitten in das Thema hineinführt. Ist er doch – wie R. Thiele (1956) – in seiner biographischen Würdigung schreibt, in einem "heftigen Kampf mit den deutschen Anstaltsdirektoren, der seine letzten Lebensjahre verdüsterte", in einem "von beiden Seiten mit unerfreulicher Schärfe geführten Meinungsstreit" in vergifteter Atmosphäre "an einer Perityphlitis erkrankt", an deren Eröffnung sich eine Wunddiphterie anschloß, "die zu einer aufsteigenden Polyneuritis mit schließlich fast vollständiger Lähmung der willkürlichen Muskulatur führte". Er starb "durch diese mißlichen Dinge (...) verbittert" nach fünfmonatiger Krankheit "erst 51 Jahre alt" (...) "unter Zurücklassung vieler unerfüllter Pläne", wie es dort heißt.

Im folgenden werde ich versuchen, einige psychosomatische Aspekte bei vier weiteren mit Lähmungen einhergehenden organischen neurologischen Erkrankungen aufzuweisen: Bei Myasthenie, bei Querschnittslähmung, bei Schlaganfällen und bei peripherer Fazialislähmung.

Myasthenie

Die Myasthenia gravis wird zu den Autoimmunerkrankungen gerechnet. Spezifische Antikörper besetzen und zerstören die Azetylcholinbindungsstellen an der postsynaptischen Membran und blokkieren damit die neuromuskuläre Erregungsübertragung. Als charakteristischer Ausdruck dafür gilt eine belastungsabhängige Muskelschwäche. Obwohl erfahrenen Klinikern die Bedeutung emotionaler Belastungen für die Manifestation und Verschlimmerung der Krankheit diskutabel und auch einleuchtend erscheint, wird dabei doch in erster Linie an physische und im engeren Sinne motorische Belastungen gedacht. Frau Kütemeyer (1978) hat in 4 Fällen jahrelanger psychotherapeutischer Begleitung auf die lebensgeschichtliche Bedeutung der mit Verbesserungen oder Verschlechterungen der Symptomatik verbundenen Umstände geachtet und dabei erstaunliche, der geläufigen Meinung z. T. widersprechende Erfahrungen gemacht. Während des Behandlungsverlaufes konnte sie eine klare Entsprechung zwischen dem Verhalten der Patienten und der Ausprägung der Symptome beobachten. Die Symptome wurden besser oder verschwanden sogar weitgehend in Abhängigkeit von einer wachsenden Ich-Stärke und der Möglichkeit, unter der Behandlung Aggressivität und Kreativität zu artikulieren. Bemerkenswert erschien an den Krankengeschichten, daß die Anlässe, die interkurrent zu Besserungen führten, entgegen der Regel, daß Muskelanstrengung die Symptome verschlimmert, eher erregende Ausnahmesituationen, meist Festlichkeiten, waren, bei denen sich die Patienten motorisch ausleben konnten, Situationen, die sie als befreiend empfanden. Kann man bei solchen Beobachtungen sich noch fragen, was propter und was post hoc zu deuten sei, so erscheinen mir die in den Krankengeschichten beschriebenen unmittelbaren Symptomwandlungen durch "körperbezogene Redewendungen", d.h. durch unmittelbar aus der Situation hervorgehende Deutung der Symptome besonders bemerkenswert, da sich daran zeigt, daß die Aufhebung von Blockaden der neuromuskulären Übertragung auch durch psychotherapeutischen Umgang bewirkt werden kann. Wesentlich scheint zu sein, daß sich die myasthenischen Symptome in einem therapeutischen Umgang durch seelische Erregungen nicht verschlimmern, wie das bei Interviews und psychologischen Testuntersuchungen beobachtet wird und daß "körperliche Anstrengung" entgegen gängiger Auffassung nicht zwangläufig einen ermüdenden , sondern unter "lustbringenden" Umständen sogar einen mobilisierenden Effekt haben kann. Ihre bisherigen Erfahrungen lassen Frau Kütemeyer vermuten, daß in der neuromuskulären Übertragungsstörung auch ein mangelnder Widerstand gegen fremde Einflußnahme zum Ausdruck kommt. Entwickelt sich unter der Psychotherapie die Eigeninitiative des Patienten, so formuliert sie im von Uexküll'schen Lehrbuch (1986), so werden die Muskelfunktionen wieder verfügbar.

Besonders eindrucksvoll ist das Verschwinden eines Symptoms, die Aufhebung einer Lähmung, in einem Falle einer bulbären Sprachstörung durch eine sich aus der Kenntnis der Situation ergebende direkte Deutung: Sprech- und Schluckstörung als verschluckte Einwände. Auch in anderen Fällen, in denen es gelang, den Sinn eines Symptoms gemeinsam zu entdecken, konnten plötzliche Veränderungen der Symptomatik beobachtet werden.

Querschnittslähmung

"Psychosomatische Probleme bei Querschnittsgelähmten" lautet der Titel einer sehr zu Unrecht in Vergessenheit geratenen Arbeit von Leonie Stollreiter-Butzon (1951/52), in der sie sehr schlicht und eindrucksvoll die Leidensgeschichte von zwei, in ihrem Alter, ihrer sozialen Herkunft und ihrem Bildungsniveau vergleichbaren Hausfrauen beschreibt, die sie 2 und 2 1/2 Jahre stationär in der Nervenabteilung in Heidelberg und danach noch ambulant zu Hause ärztlich begleitet hat.

Bei beiden hatte sich im Alter von 51 Jahren und 52 Jahren in wenigen Tagen eine Querschnittslähmung mit schlaffer Paraplegie der Beine und Anästhesie von den unteren Brustsegmenten ab entwickelt, die bei der einen als Neuromyelitis optica und bei der anderen als parainfektiöse Querschnittsmyelitis diagnostiziert worden war. Beim Vergleich fiel zunächst der Unterschied zwischen dem nach einer fieberhaften Krise zu Beginn der Erkrankung fieberfreien Verlauf bei der einen und dem durch häufig erhöhte Temperaturen ausgezeichneten Krankheitsverlauf bei der anden Patientin auf, obwohl bei beiden Kranken gleiche Infektionsherde in Form einer chronischen Zystitis und von Druckgeschwüren vorlagen. Ferner war auffallend, daß der Krankheitsverlauf bei der einen durch zahlreiche, weder mit der Myelitis noch mit den Infektionsherden zusammenhängenden Komplikationen, wie Angina, abdominellen Beschwerden, Kreislaufschwäche und anderes charakterisiert war, während interkurrente Erkrankungen bei der anderen völlig fehlten. Während bei gleichem neurologischen Befund die eine trotz des noch kompletten Querschnittssyndroms nach einiger Zeit im Sessel sitzen konnte, blieb die andere trotz bald nur noch inkompletter Querschnittslähmung bettlägerig, bis sie schließlich verstarb.

Frau Stollreiter-Butzon beschreibt das äußerlich vergleichbare Herkunftsmilieu der beiden, ihren auch äußerlich vergleichbaren Familienhintergrund, belegt aber in vielen Aussagen, daß beide in ihrer inneren Haltung und Einstellung sehr verschieden waren. Sehr wesentlich für das psychische Verhalten der beiden Kranken erschien aber auch die Reaktion der Familienangehörigen auf ihre Krankheit.

Während der Ehemann der einen seine Frau immer wieder auf ihre Unentbehrlichkeit und auf die Aufgaben hinwies, die sie auch als Gelähmte noch in der Familie übernehmen könne, und sie auch nach ihrer Entlassung selber pflegte, konnte die Familie der anderen Patientin, insbesonders ihr Mann, seine Ungeduld und Unzufriedenheit über die lange Krankheit seiner Frau nicht vor ihr verbergen und sich nicht mit dem Gedanken abfinden, eine leidende Frau zu haben. Besuche bei den beiden Frauen zu Hause zeigten dann auch bei der einen, daß sie stets in der Küche sitzend, mit Hausarbeiten und in das Alltagsleben des Haushalts eingespannt war, während die andere in dem entlegensten, immer dämmerigen Zimmer des Hauses lag, von ihrem Bett nicht einmal durchs Fenster blicken konnte und selten besucht wurde.

Beide Krankengeschichten enthalten einleuchtende Einsichten über Zusammenhänge zwischen seelischen und körperlichen Krisen während des Krankheitsverlaufes, so wie sie jedem Arzt auch ohne psychotherapeutische Bildung möglich sind. Zusammenfassend ergab sich Frau Stollreiter-Butzen als generelle Folge ihrer Beobachtungen, daß "latente Infektionsherde (...) durch emotionelle Faktoren aktiviert bzw. dekompensiert werden können und daß der Krankheitsverlauf im ganzen gesehen (...) weitgehend mitbestimmt wird von Persönlichkeits- und vor allem umweltabhängigen geistig-seelischen Kräften, die über Einstellung und Haltung gegenüber einem Leben als Leidende entscheiden".

Schlaganfall

Bei Schlaganfall-Patienten zieht schon die Frage nach der jeweils adäquaten Rehabilitation zwingend die Frage nach sich, "wie es dazu kam". Wer die Risikofaktoren ermittelt, um zu ihrer künftigen Vermeidung, etwa durch Nichtrauchen, Abspecken, Diät, beizutragen, bekommt notwendigerweise mit der Krankengeschichte eine Lebensgeschichte zu Gesicht, in der sehr verschiedene Konstellationen pathogenetisch relevant sein können. Man wird auch auf Fragen derart gefaßt sein müssen, wie sie sich der Arzt von Schinkel nach dessen Tod infolge eines Schlaganfalles vorgelegt hat, "ob dieses außerordentliche, vielleicht über alles menschliche Dürfen hinausgehende Maaß geistiger produktiver Tätigkeit zu der merkwürdigen Krankheit... in einem Verhältnis der Ursache zur Wirkung stehe?" (Janz 1981). Im Psychosomatik-Seminar der Klinik hat uns Frau Dr. Skotzek (1986) zwei Patienten vorgestellt, an deren Schicksal uns die auffallend unscheinbare Rolle des Partners besonders bemerkenswert wurde.

Es handelte sich einen einen 52jährigen Mann und eine 74jährige Frau, die beide einen Mediainfarkt rechts mit brachiofazial betonter Hemiparese links erlitten. Beide waren starke Raucher und hatten sowohl eine arterielle Hypertonie wie eine Adipositas. Beide sind von dem Infarkt nachts überrascht worden; während der Mann am Tag zuvor eine ihn sehr beanspruchende Arbeit zum Abschluß gebracht hatte, war von der Frau kein unmittelbar vorausgehendes besonderes Ereignis zu eruieren. Die Biographien beider Patienten wiesen einige Parallelen auf. Beide sind die mittleren von drei Geschwistern. Die Mütter sind unscheinbar, die Väter beherrschend. Das verbal und brachial kränkende Verhalten ihres Vaters hatte sie in ihrer autonomen Entfaltung behindert. Erwachsen geworden, streben beide ein unabhängiges, sogar glanzvolles, interessantes Dasein an, scheitern aber beide. Herr E. versucht kurze Zeit, als Schlosser selbständig zu sein, zieht sich aber nach ersten geschäftlichen Schwierigkeiten in eine abhängige aber gesicherte Berufsposition als Postverteiler bei der BfA zurück, übernimmt dort jedoch freiwillig und ungefragt auch Aufgaben für Kollegen.- Frau G. hingegen führt eine Berufsausbildung, die sie in der väterlichen Fabrik machen sollte, nicht zu Ende, läßt sich vom Vater eine Sekretärinnen-Position bei der AEG verschaffen und bewegt sich gerne in Jetset-Kreisen. Dort findet sie auch ihren Ehemann, einen Piloten und Fluglehrer. Nach der Heirat gibt sie jedoch ihre Stelle auf und kehrt in die väterliche Fabrik als ungelernte Ausbilderin zurück, d.h. es erfolgt wieder ein Rückzug in eine vermeintliche Sicherheit, die jedoch gleichzeitig auch als erneutes Dominiertwerden durch den Vater erlebt wird. "Stark" verhalten sich beide in ihrer Partnerbeziehung: Herr E. legt seine Frau auf eine konventionelle Demut und Dienerinnenrolle fest; er maßregelt sie offen vor der behandelnden Ärztin und scheint sie nur innerhalb der von ihm festgelegten Grenzen zu dulden. Auch Herr G., der Pilot und Fluglehrer, der von seiner Frau zur Zeit der Heirat als strahlender Held erlebt wird, steht ganz unter dem Kommando seiner Ehepartnerin; er selbst wirkt freundlich und still. Beide gesunde Ehepartner bleiben bei ihren Klinikbesuchen für den behandelnden Arzt eigentümlich blaß. Frau Dr. Skotzek bemerkt dazu, daß ihr nur allmählich die Gefahr bewußt wurde, das von den Patienten im Beisammensein mit den Partnern gezeigte Verhaltensmuster der Dominanz einfach selbstverständlich hinzunehmen und die Lebenspartner nicht in die Aufklärung und Behandlung mit einzubeziehen.

Beide Patienten hatten eine Tendenz, die Schwere der Behinderung zu bagatellisieren, die Halbseitenlähmung zu leugnen, ein Phänomen, daß man auch als Hemineglect bezeichet. Wir wissen oder können es uns denken, daß der Erfolg einer Rehabilitation davon abhängt, ob und wie die Kranken ihre Behinderung annehmen und die Leugnung bzw. Verdrängung aufgeben. Daß aber ein Hemineglect einer Körperhälfte mit einem Hemineglect eines Partners korrespondiert und beiden Haltungen psychodynamisch der gleiche

Abwehrvorgang zugrunde liegen kann, darauf könnte dieser psychodynamische Aspekt von Schlaganfällen hinweisen. In der Formulierung von Frau Dr. Skotzek mag daher gelten, daß in der Behandlung eines halbseitig schwachen Patienten die Aufmerksamkeit auch darauf gerichtet werden muß, ob eine ähnliche "Halbseitenschwäche" in einer ausgesprochen untergeordneten Rolle des Lebenspartners - in einer Mißachtung der sog. besseren Hälfte - sichtbar wird.

Fazialislähmung

Das letzte Kapitel bezieht sich - um mit Charcot zu reden - auf die Rolle von Gemütsbewegungen bei der Entstehung der idiopathischen Fazialislähmung.

Der erste für mich eindrucksvolle Fall betraf einen älteren Lehrer aus einem kleinen Ort im Odenwald, der sich zur Aufbesserung seines Speisezettels einige Stallhasen hielt. Eines Nachts - es war im Winter - hörte er Geräusche im Hof und stand auf, um nachzusehen. Als er runterkam, waren alle Ställe aufgebrochen, die Hasen weg und keine Spur von den Dieben. Sehr verärgert und gekränkt legte er sich schlafen. Als er am nächsten Morgen erwachte, hatte er eine Fazialislähmung und dachte - wie so oft - er habe vor Aufregung in der Nacht einen Schlaganfall erlitten.

Prof. Paul Vogel machte uns damals auf den von älteren Neurologen immer wieder zitierten Fall eines Jungen aufmerksam, den Charcot in den Lecons du Mardi seinen Hörern in der Salpêtrière vorgestellt hatte. Der Junge sollte sich für einen Besuch bei einem Erbonkel zurecht machen. Er hatte sich aber beim Spielen in der Zeit vertan, kam zu spät und außerdem schmutzig nach Hause. Der Vater geriet in Wut und verabreichte ihm eine kalte Abreibung, d. h. er wusch ihn kalt und heftig. Als die Familie bei dem Onkel eintraf, hatte der Junge ein schiefes Gesicht. Charcot erinnerte mehrere solcher Fälle.

Uns sind dann solche Geschichten auch immer wieder begegnet, wie die eines Polizisten, der einen Häftling mit der "Grünen Minna" in die Zahnklinik begleiten sollte. Der machte sich dort durch einen Sprung aus dem Fenster aus dem Staube. Als der Polizist seinem Vorgesetzten davon Meldung machte, hing die eine Gesichtsseite - es war die dem offenen Fenster seines Polizeiwagens zugewandte - herunter.

Viktor von Weizsäcker (1955) stellt anläßlich der Vorstellung eines entsprechenden Falles die Frage, "gibt es eine Entstehung durch Aufregung?" und fährt fort, "ich halte die Mitwirkung einer solchen in vielen Fällen für ganz gewiß", und führt dann kursorisch einige Beobachtungen an, wie die folgende: "Ich erinnere mich einer tüchtigen und guten Frau, die eine Fazialislähmung bekam, welche recht übel war. Gewissermaßen war ihr roher Mann schuld, daß auch die andere Seite erkrankte. Er sagte im Streit (der nicht der erste war) zu ihr: "Wenn du jetzt nicht augenblicklich still bist, bekommst Du eine runtergehauen, daß die andere Seite auch lahm wird." Er tat das nicht, aber am anderen Tag war die andere Seite lahm.

Ich habe kürzlich einem Assistenten der Klinik, der als Konsiliarius der HNO-Klinik die meisten Fazialislähmungen zu Gesicht bekommt, Herrn Dr. Lempert, von solchen Geschichten erzählt und er wollte künftig darauf achten. Gleich die ersten beiden Patienten berichteten ihm von unmittelbar vorausgehenden Aufregungen. Eine der beiden Kurzgeschichten will ich wiedergeben:

Eine 32jährige Frau kommt am Sonntag in die Notaufnahme, eine Woche vor dem errechneten Geburtstermin ihres vierten Kindes. Auf die Frage, ob sie sich auf das Kind freue, beginnt sie zu weinen und antwortet zunächst mit einem "Ja". Im Verlauf des Gesprächs wird daraus aber ein "Nein". Als ihr Mann von der Schwangerschaft erfahren hatte, habe er gleich gesagt, sie solle das Kind mit einer Spritze "wegmachen" lassen. Er sei immer pessimistisch, meine, das Kind würde ihnen eine zu große Last. Von ihm könne sie jedenfalls keine Hilfe erwarten. Im Gegenteil, sie müsse auch ihn noch immer bemuttern und mitversorgen. Ehe sie ein Kind abtreiben ließe, würde sie lieber selber zehn ungewollte Kinder großziehen. - Die Parese war am Samstag aufgetreten, am Tag nach der letzten Ultraschalluntersuchung. Dabei hatte der Gynäkologe ihr mitgeteilt, daß das Kind einige Zentimeter größer ist als der Durchschnitt sei. Die Patientin sagte mehrmals, sie wolle kein "zu großes Kind". Es schien aber, als sei auch ihr nun eher die Last zu groß als das Kind.

Weizsäcker fragt, nachdem er eine Reihe solcher Vorkommnisse anekdotisch aufgeführt hat: "Gibt es also eine psychogene Fazialislähmung?" Er antwortet: "Sicher nicht, wenn wir damit eine hysterische Gesichtslähmung meinen. Schon Charcot hob hervor, daß er nie eine solche gesehen hat. Die Prosopoplegie ist organisch. Aber deren Begünstigung, Auslösung durch seelische Erschütterungen und Spannungen steht für mich außer Zweifel. Warum sträuben sich eigentlich manche Leute gegen diese Ansicht ? Körper und Seele sind doch eine einheitliche Zweiheit; an ihrem wichtigsten Punkte hängen sie zusammen. Das Mittelalter hat gewiß die Seele höher gestellt, aber es hatte keine Angst vor ihrer körperlichen Verknüpfung. Am Straßburger Münster sehen Sie die Fratze eines Elenden, die nichts anderes als eine Fazialislähmung zeigt. Er macht ein schiefes Gesicht, aber die Gotik fragt nicht, ob das nur ein körperliches Übel sei; sie sieht beides als eines; sie kennt zwar den Unterschied von Leib und Seele; aber wichtiger ist ihr der von Gut und Böse. Ein schiefes Gesicht ist immer ein böses Ding."

Es ist gewiß verlockend, darüber zu spekulieren, was da geschieht, Kränkungen, Beschämungen, Gesichtsverlust. Aber wir versagen uns das, weil wir noch zu wenig darüber wissen und möchten viel mehr dazu anregen, diese Spur aufzunehmen und ihr gründlich, d.h. mit geeigneten Krankengeschichten, nachzugehen.

Literatur

Charcot, JM (1982) Poliklinische Vorträge. Bd 1. Band. (Übers. von Sigm. Freud). Deuticke, Leipzig, S 355

Janz D (1981) Schinkels letzte Krankheit. Der Tagesspiegel vom 19. April, Berlin, S 20

Kütemeyer M (1979) Symptom changes during the psychotherapy of patients with myasthenia gravis. Psychother Psychosom 32: 279-286

Kütemeyer M (1986) Versuch der Integration psychosomatischer Medizin in eine Neurologische Universitätsklinik. In: Uexküll T von (Hrsg) Integrierte psychosomatische Medizin, Schattauer, Stuttgart, S 188-266

Kütemeyer M, Masuhr KF ([2]1981) Psychosomatische Aspekte in der Neurologie. In: Jones A (Hrsg) Praktische Psychosomatik, 2. Aufl. Huber, Bern,S 353-370

Lamprecht F (1979) Neurologie. Hahn P (Hrsg) Die Psychologie des 20. Jahrhunderts. Bd. IX: Psychosomatik, Kindler, München, S 533-578

Schrenk M (1986) Drei Centenarien: Griesinger-Bonhoeffer- das "Archiv für Psychiatrie und Nervenkrankheiten" 1868-1968. Arch Psychiat Z Neurol 211: 219-233

Schultz U, Kütemeyer M ([3]1983) Neurologie. In: Uexküll T von et al (Hrsg) Psychosomatische Medizin. Urban & Schwarzenberg, München,S 946-974

Skotzek B (1986) Schlaganfall und Lebensgeschichte. Vortrag im Psychosomatik-Seminar der Neurologischen Klinik. FU Berlin

Stollreiter-Butzon L (1951/52) Psychosomatische Probleme bei Querschnittsgelähmten. Psyche 5: 598-607

Thiele R (1956) Wilhelm Griesinger 1817-1868. In: Kolle K (Hrsg) Große Nervenärzte. Thieme, Stuttgart, S. 115-127

Uexküll T von et al (Hrsg) (1986) Psychosomatische Medizin. Urban & Schwarzenberg, München

Weizsäcker V von (1990) Klinische Vorstellungen XIV: Leib und Seele (Fazialislähmung). In: Band 3 Ges. Schriften: Wahrnehmen und Bewegen. Die Tätigkeit des Nervensystems. Suhrkamp, Frankfurt a M,S 66-70

Nervenärztliche Probleme bei der Betreuung neuropsychiatrischer Patienten in Pflegeheimen

C. Donalies

Die meisten Tagungen und wissenschaftlichen Arbeiten beschäftigen sich fast ausschließlich mit neuropsychiatrischen Problemen in Kliniken und Ambulanzen. Die sog. Pflegefälle in den zahlreichen Heimen unterschiedlicher Größenordnung werden kaum wissenschaftlich untersucht, man hält sie zumeist für abgeklärt, nicht rehabilitationsfähig und wissenschaftlich unergiebig.

Mir fällt in dem Zusammenhang u. a. der Ausspruch des Göttinger Physikers und Schriftstellers Georg Christoph Lichtenberg ein, der vor ca. 200 Jahren schrieb: "Was ein jeder für ausgemacht hält, verdient am meisten untersucht zu werden". Jeder zweite neuropsychiatrische Patient, der in der DDR unbefristet untergebracht werden muß, befindet sich in Pflegeheimen des Sozialwesens, wozu ich auch viele sog. konfessionelle Einrichtungen zähle.

Die nervenärztliche Betreuung erfolgt recht locker durch einen einzelnen Kollegen, der in der Regel auch für den ganzen Kreis zuständig ist, oder aber der in Abständen erscheinende Allgemeinmediziner regelt die psychiatrischen Belange nach eigenem Gutdünken gleich mit. Die Fehlerquote kann erheblich sein.

Sicherlich, die meisten sog. "Heimbewohner" waren irgendwann in Nervenkliniken und wurden auch von diesen als nicht weiter untersuchungsbedürftig eingestuft, und doch liegen die Dinge oft anders. Dafür zwei Beispiele:

Ich denke einmal an einen alten Zahnarzt, der vor dem Kriege eine ungewöhnlich gutgehende Praxis im Berliner Stadtzentrum mit mehreren Assistenten besaß, zu dessen großem Patientenkreis u. a. namhafte Schauspieler sowie Luftwaffenangehörige gehörten. Nach Zerstörung seines Hauses und einem Neuanfang in der Gegend von Potsdam trank er vermehrt Alkohol, was nicht nur zur Scheidung und einer Reihe von Entziehungkuren in verschiedenen Nervenkliniken, sondern auch zum Entzug der Approbation und zur Entmündigung führte. Er wurde als nicht behandelbar sowie nicht behandlungsfähig in das Pflegeheim Wittstock eingewiesen, wo jedoch ein angepaßtes Verhalten bei freiem Ausgang mit Verzicht auf Alkohol erreicht werden konnte. Es konnte sogar die Aufhebung der Entmündigung beantragt und durchgesetzt werden. Er starb als geachteter älterer Bürger in einem Feierabendheim bei Potsdam.

Zum anderen denke ich an ein damals knapp 18jähriges Mädchen, welches 1972 nach zwei Hirntumoroperationen als Pflegefall im Finalstadium in das Pflegeheim Wittstock überwiesen wurde. Durch persönliches Bemühen gelang es noch einmal, einen Neurochirurgen zu einer dritten Operation zu überreden. Diese gelang und die Patientin konnte dann 13 Jahre unter häuslichen Verhältnissen angepaßt leben und und mußte erst danach für ihre letzten 4 Lebensjahre wieder bei uns aufgenommen werden.

Die Trennung in Neurologie und Psychiatrie ist sicherlich in großen Kliniken nötig, zumal das vorhandene Wissen sich ständig erweitert und die notwendigen Fertigkeiten einen einzelnen absolut überfordern. Auf dem flachen Land und insbesondere in Pflegeheimen, wo ein Nervenarzt zumeist Einzelkämpfer ist und eine Aufteilung in irgendwelche Spezialisierungen daher nicht erfolgen kann, muß die Einheit von Psychiatrie und Neurologie weiter praktiziert werden. Das zeigt sich insbesondere bei zwei Diagnosegruppen:

1) Die Folgezustände frühkindlicher Hirnschäden werden in Kliniken in erster Linie von den Kinderneuropsychiatern mit Hilfe von Pädagogen behandelt und betreut. In der Erwachsenenpsychiatrie sieht man diese zumeist als Fremdkörper an und bemüht sich, die entsprechenden Patienten in den Heimen unterzubringen. Das Zusammenspiel neurologischer und psychiatrischer Syndrome ist hier ganz offensichtlich und verlangt von dem einzelnen Kollegen Wissen und entsprechende Schlußfolgerungen auf beiden Fachgebieten.
2) Dasselbe gilt auch für das weite Feld der zerebro-vaskulären Insuffizienzen mit ihren psycho- und neuropathologischen Folgezuständen. Hier kommt zur Psychiatrie und Neurologie noch ein gerüttelt Maß an innerer Medizin dazu, wobei wir wiederum bei dem Ausgangspunkt elementarer Gedanken von Griesinger sind.

Weitere Syndrome müssen in den psychiatrischen Pflegeheimen beachtet werden; ich denke hier insbesondere an Fragestellungen, die sich aus den Folgen eines jahrzehntelangen Alkoholismus, von handfesten Abbauerscheinungen epileptischer Personen bis hin zu festgefahrenen Verhaltensweisen, die sich aus hirnorganischen Schäden ableiten und sich oft mit Fragen des Hospitalismus vergesellschaften. Das gilt auch für manche schizophrene Syndrome, die aber in Heimen selten auffallen. Einmal verblaßt die Symptomatik in zunehmendem Alter recht häufig, so daß die betreffenden Patienten sich kaum von den anderen unterscheiden, es sei denn, man provoziert sie - aber wer provoziert schon gerne – zum anderen behalten die Nervenkliniken die Altersschizophrenien gerne, ganz im Gegensatz zu anderen alterspsychiatrischen Syndromen.

Das Problem der psychisch Kranken in Heimen ähnelt denen der Chronikerabteilungen in unseren Krankenhäusern und doch sind oft bei gleichen oder ähnlichen Patienten die Bedingungen entscheidend unterschiedlich. Das gilt für die Qualifizierung des Personals und noch mehr für die ärztliche Besetzung. Jedoch schrieb schon W. Schulte (Schulte 1962): "... nicht einige klinische Prunkabteilungen, sondern Siechenabteilungen und Stationen für psychisch Schwerkranke geben ein Bild von dem Niveau einer Anstalt". Er war der Meinung, daß"...die erfahrensten und rührigsten Ärzte auf den

Abteilungen für chronisch Kranke..." eingesetzt werden müßten; "...in erster Linie, um zu einer inneren Verlebendigung der Abteilungen beizutragen". Das sind goldene Worte, sie wurden aber offenbar selten gelesen und noch seltener befolgt. Vermutlich hatte auch W. Schulte die einheitliche neurologisch-psychiatrische Betrachtungsweise bei den chronisch Kranken im Auge. Viel diagnostische und therapeutische Grundarbeit wird durch den Terminus Pflegefall abgewehrt, verkannt oder verniedlicht.

Hagemann schrieb 1969: "In Wirklichkeit befindet sich unter den Pflegefällen eine große Zahl von Menschen – wir schätzen grob 2/3–, die noch intensiv rehabilitativer, teilweise auch echt therapeutischen Bemühungen zugängig wären".

Hier liegen noch große Aufgaben vor uns allen, denn der Pflegeheimarzt ist diesen Dingen allein nicht gewachsen. Er braucht nicht nur eine fundierte neuropsychiatrische Ausbildung, sondern benötigt eine ständige gute Verbindung zu Klinikern, die er konsultieren kann, die ihn aber andererseits auch selbst bei der Übernahme vieler Chroniker beanspruchen.

Viele Probleme kommen noch hinzu, dazu zähle ich nicht zuletzt juristisch-psychiatrische Grenzfragen, wie Stellungnahmen zu Handlungsfähigkeit, Glaubwürdigkeit und andere teilweise forensische Belange, Problemkreise, die durch die neue Situation in Deutschland noch an Bedeutung gwonnen haben.

Aber wie sagte nicht schon Lichtenberg vor ca. 200 Jahren: "Was ein jeder für ausgemacht hält, verdient am meisten untersucht zu werden".

Literatur

Schulte W (1962) Klinik der "Anstalts"- Psychiatrie. Thieme, Stuttgart

Der Überlebende des Nazi-Terrors im Spiegel nervenärztlicher Erfahrung

H. Stoffels

Wissenschaftliche Erfahrungsbildung in Neurologie und Psychiatrie folgt nicht nur einer immanenten Forschungsdynamik, vielmehr steht sie auch, was wenig bedacht wird, in Abhängigkeit von sozialen und historischen Ereignissen und Bedingungen.

Die "Traumatische Neurose" bildete vor der Jahrhundertwende ein Streitthema innerhalb der Nervenheilkunde. Traumatische Neurose meint psychische Störungen, die nach einem Unfallereignis (meist handelt es sich um leichtere Schädel-Hirn-Traumen) auftreten, deren Symptomatik eine Generalisierungstendenz zeigt, so daß der Zusammenhang zwischen Trauma und Symptombild fraglich wird. Solche Kranke klagen über Kopfschmerzen, Konzentrationsstörungen, Schwindelgefühle, Erschöpfungszustände und multiple körperbezogene Beschwerden. Nach der Verwerfung der Lehre von Oppenheim (1889), welcher eine somatogene Verursachung, nämlich molekulare Veränderungen in der Hirnsubstanz vermutete, bildete sich die psychiatrische Lehrmeinung aus, daß das Symptomenbild im wesentlichen prospektive Aspekte aufweise, nämlich sog. "Begehrungsvorstellungen" (Strümpell 1983), die, seien sie bewußt oder unbewußt, die Krankheitsdynamik unterhalten. Man ging, wenn man so will, von der Annahme einer Soziogenese aus, sofern als Ursache ein sozialer Tatbestand, nämlich das Versichert-Sein in der gesetzlichen Unfallversicherung und die damit einhergehende Aussicht auf Entschädigung und Existenzsicherung vermutet wurde [1].

Im und nach dem Ersten Weltkrieg kamen neuropsychiatrische Störungsbilder zur Beobachtung, welche nach anfänglicher Ratlosigkeit in ähnlicher Weise gedeutet wurden: nämlich die sog. Kriegsneurosen, die meist im Gefolge von frontnahen Schockerlebnissen auftraten, sich in Angst- und Verwirrtheitszuständen äußerten und mit bizarren Bildern, Lähmungen, Sprach-, Seh-,Hörverlusten, Schüttelzittern etc. einhergingen. Wenn diese Zustände längerfristig andauerten, wurde als Begehrungsvorstellung die Vermeidung des Fronteinsatzes unterstellt oder später, nach Ende des ersten Weltkrieges, der Wunsch nach Erlangung einer Rente. In der Regel, davon ging man aus, bilden sich solche tendenziösen Fehlhaltungen auf der Basis einer psychopathischen Anlage.

Bestätigt sah sich diese Auffassung durch die Tatsache, daß die "Kriegsneurosen" schlagartig zurückgingen, nachdem im Jahre 1925 unter Federführung von Karl Bonhoeffer die erlebnisreaktiven Störungen als nicht entschädigungspflichtig deklariert wurden (vgl. Bonhoeffer et al. 1925). Alternative Verstehens- und Therapieansätze dieser "Sozialneurosen" stammen u. a. von Viktor von Weizsäcker (1930), der sie mit Hilfe der von ihm entwickelten "Situationstherapie" behandeln wollte. Der institutionellen Verankerung und Ausarbeitung dieser Therapieform wurde von den Nationalsozialisten ein rasches Ende bereitet.

Nach dem Zweiten Weltkrieg drang nur sehr allmählich in das Bewußtsein der Menschen ein, was während der 12 Jahre der Nazi-Diktatur sich in Deutschland und Europa wirklich zugetragen hatte. Die Terrorlandschaft, die sich darbot, die Millionen Menschen in tiefste Erniedrigung, in körperliche und seelische Leiden getrieben hatte, wo Millionen Menschen ermordet worden waren, entzog sich den überkommenen Begriffen des Verstehens und Begreifens, war für das zivilisatorische Bewußtsein unvorstellbar. Alsbald zeigten sich Abwehrphänomene gegen die Vergegenwärtigung des Geschehenen. Das Darniederliegen des gesellschaftlichen, politischen und ökonomischen Lebens bot genügend Gelegenheit, sich von Schuld- und Schamgefühlen durch einen nahezu maniformen Einsatz für den Wiederaufbau zu befreien. Ein zeitgenössisches Drama stellt das beginnende "Wirtschaftswunder" als Transformation der Erinnyen in Industriekapitäne dar. Durch Strafprozesse, Dokumentationen und eine zunehmende Anzahl von Erlebnisberichten wurden Abwehrformationen, für die Mitscherlich u. Mitscherlich (1967) den Begriff der "Unfähigkeit zu trauern" einführten, erschüttert. Unter den Berichterstattern waren nicht selten exzellente Ärzte, Psychologen, Psychiater (E.A. Cohen, B. Bettelheim, V.E. Frankl). Insbesondere fand die als soziologische Analyse angelegte Schrift von Kogon "Der SS-Staat - Das System der deutschen Konzentrationslager" (1949) weite Verbreitung und schärfte das Bewußtsein dafür, daß der nationalsozialistische Terror mit üblichen Maßstäben von Moral, mit traditionellen soziologischen Begriffen, mit dem bekannten Menschenbild unvereinbar war.

In der Bundesrepublik Deutschland wurde 1956 als Zusammenfassung bisheriger Ländergesetze in der Bundesrepublik das sog. Bundesentschädigungsgesetz (BEG) verabschiedet. In der Präambel heißt es, daß jenen Menschen, die aus religiösen, politischen und rassischen Gründen während der Nazi-Herrschaft verfolgt wurden, Unrecht geschehen ist, welches wiedergutzumachen sei. Insbesondere seien Schäden an Eigentum, beruflichem Fortkommen und auch an Gesundheit zu entschädigen.

Einige Autoren vertreten heute die Auffassung, daß die Verabschiedung dieses Bundesentschädigungsgesetzes nicht einem Bedürfnis des bundesdeutschen Parlaments entsprang, sondern vielmehr als lästige Pflichterfüllung betrachtet wurde. Es habe eine Bedingung dargestellt für die Westintegration der Bundesrepublik. Auch habe die Mehrheit der bundesdeutschen Bevölkerung dieses Gesetz für überflüssig gehalten. Es gilt als populär (Pross 1988). Bemerkenswert ist, daß eine der ersten Amtshandlungen der offiziellen DDR nach ihrer politischen Neuorientierung in der Zusicherung an die Nazi-Verfolgten bestand, ihnen Unterstützung, Entschädigung und medizinische Behandlung zu gewähren. Dies war in den 40 Jahren zuvor in dieser Form nicht erfolgt.

Das Bundesentschädigungsgesetz stellte die deutsche Psychiatrie vor Aufgaben, denen sie sich zunächst nicht gewachsen zeigte. Der Nervenarzt war aufgefordert, darzulegen und wissenschaftlich begründet zu entscheiden, ob bei einem Verfolgten eine psychische Krankheit besteht und ob diese mit hoher Wahrscheinlichkeit auf die Verfolgungserlebnisse zurückgeführt werden kann bzw. mit ihnen kausal verknüpft ist. Der juristische Rahmen sah vor, daß finanzielle Entschädigung nur dann gewährt wurde, wenn die u. U. als verfolgungsbedingt eingestufte psychische Erkrankung die Fähigkeit des Verfolgten zum Gelderwerb beeinträchtigt hat. Der Grad der Minderung der Erwerbsfähigkeit mußte in Prozentzahlen angegeben werden, wobei das untere Limit für die Gewährung einer Entschädigungszahlung bei 25% lag.

Prinzipielle Schwierigkeiten in der gutachterlichen Bewertung traten nicht auf, wenn die psychischen Störungsbilder als psychoorganisches Syndrom erkannt und beschrieben wurden und dies mit einer in der Verfolgungszeit durchgemachten Enzephalitis (z. B. nach Fleckfieberinfektion), vermuteten zerebralen Dystrophie-Schäden, schwerem Schädel-Hirn-Trauma in kausale Verbindung gebracht werden konnte. Fand sich jedoch kein Anhalt einer organischen Genese der psychiatrischen Störungsbilder, so forderte die Doktrin der Vorkriegspsychiatrie, daß diese psychogenen Störungen in der Regel nach einer bestimmten Frist abgeklungen sein müssen, es sei denn anlagebedingte, psychopathische Beeinträchtigungen oder "Tendenzen" stehen im Vordergrund. So beurteilte man psychische Störungen bei Verfolgten, die in der Nazizeit vor allem in den Konzentrationslagern Unvorstellbares an Erniedrigung, Grausamkeit, Sklavenarbeit und Auslöschung ganzer Familien erlebt hatten, auf der gleichen kategorialen Ebene wie Folgeerscheinungen nach den Entbehrungen beim Kriegseinsatz, nach Kriegsgefangenschaft oder nach Haft überhaupt. Kaum ein Nervenarzt registrierte das historisch Neue der Phänomene systematischer Vernichtung, die sich noch der Einordnung in die zivilisatorische Entwicklung entzogen. [3] Nach der vorherrschenden Kausaldoktrin war der Freiheitsraum des Menschen dauerhaft nur durch biologisch-organische Funktions- und Substratstörungen begrenzt, wohingegen Erlebnisse, Lebens- und Umweltereignisse nur vorübergehend seelische Gesundheit und Belastungsfähigkeit beeinträchtigen könnten. Dabei hatte Bonhoeffer (1947) im ersten Heft des Nervenarztes nach dem Kriege davon gesprochen, daß bei Extremerlebnissen der psychischen Tragfähigkeit "Grenzen" gesetzt sind und in diesem Zusammenhang auf psychotische Symptome nach Folterung verwiesen.

Auch psychoanalytisch orientierte Psychiater, die nicht den Maßstäben der traditionellen Diagnose- und Beurteilungsschemata verpflichtet waren und deren Thema schon immer der Zusammenhang zwischen biographischen Lebensereignissen, zumal traumatischen, und psychischen Störungen war, taten sich im Umgang mit den ehemals Verfolgten schwer. Ohne Revision von Grundannahmen zeigten sich psychoanalytische Deutungen kurzsichtig und inadäquat, wenn z. B. die Konzentrationslagerhaft als Re-aktualisierung des Kastrationskomplexes interpretiert wurde. Wollte man dem Leiden des Verfolgten gerecht werden, mußten sowohl die Doktrin von der mehr oder weniger ausschließlichen Bedeutsamkeit der frühkindlichen Entwicklung und ihrer Traumatisierungen relativiert werden als auch die Auffassung, die psychische Realität sei im Gegensatz zur materiellen Realität in jedem Fall die wichtigere.

Die Krankheitskonzepte in der inneren und auch in der chirurgischen Medizin legten der Erkennung und Beurteilung von verfolgungsbedingten Körperschäden ähnliche Restriktionen auf wie in der Nervenheilkunde. Kausalitäten wurden nur dann ausgemacht, wenn sie sich auf der Körperebene abspielten, wenn z. B. eine Schußverletzung durch den SS-Mann zu einer Gehbehinderung, Zwangsarbeit bei Regen und Schnee zu einer chronisch rezidivierenden Bronchitis (bei Ausschluß einer allergischen Diathese und verfolgungsunabhängiger Risikofaktoren), eine nachzuweisende Kontamination zu einer Hepatitis geführt hatten. Typisch für diese einseitige Sichtweise ist die bei der Beurteilung von zwangssterilisierten Frauen regelmäßig getroffene Feststellung einer "reizlosen Narbe am Unterbauch", welche keine Folgeschäden hinterlassen habe. Der psychosomatische Gedanke besaß in der Medizin nicht genügend wissenschaftliche Reputation, um andere Perspektiven zu eröffnen. Auch sind bis heute empirische Studien rar, die einen psychosomatischen Zusammenhang zwischen Verfolgung und dem Auftreten bestimmter Körperkrankheiten belegen können. Zweifellos spielen methodologische Probleme eine Rolle, die psychosomatische Fragestellungen stets begleiten. Überhaupt wird man fragen müssen, ob das Streßkonzept in der Psychosomatik, auf das immer wieder zurückgegriffen wird, überhaupt geeignet ist, die apokalyptische Dimension der Wirklichkeit der Konzentrationslager wiederzugeben (vgl. Joraschky u. Köhle 1981). Die ersten Arbeiten zur Psychosomatik von Verfolgungsschäden stammen von den Holländern Bastiaans (1957) und Groen (1964). Huebschmann (1974) hat zahlreiche

Kasuistiken gesammelt, um dem Zusammenhang von Verfolgung und koronarer Herzkrankheit nachzugehen. Fortdauernde Widerstände gegen eine solche Betrachtungsweise sieht er in dem vorherrschenden "Wissenschaftspositivismus".

Die Beziehung zwischen Arzt und Verfolgtem war nicht nur durch das theoretische Vorverständnis und die Krankheitskonzeptualisierungen, durch die Weigerung, sich in ein Schicksal hineinzudenken, das bisherige Anschauungen in Frage stellte, gestört. Überhaupt wirkte es sich belastend aus, daß die Begegnung mit dem Verfolgten sich vorwiegend im Rahmen einer Gutachtersituation vollzog. Nur in Ausnahmefällen entwickelte sich eine vertrauensvolle Beziehung, wie sie Kempinski (1979) beschrieben hat, wenn sich (polnischer) Psychiater und (polnische) Verfolgte in ihrem Wissen um die Abgründigkeit menschlicher Existenz trafen. Die Gutachtersituation führte zwei Menschen zusammen, von denen der eine sich um Objektivität, um eine von Gefühlsregungen, Mitleid und Wohlwollen freie Haltung bemühte, um auf diese Weise der Wahrheit und Gerechtigkeit zu dienen, während der andere sich von einem Repräsentanten einer staatlichen Behörde befragt und untersucht erlebte, dem er tiefstes Mißtrauen entgegenbrachte, weil wenige Jahre zuvor staatliche Behörden nach seinem Leben getrachtet hatten. Die professionelle Distanz des Gutachters, sein Mangel an historischem Wissen, sein Rekurs auf das Belegbare, sein steter Zweifel am Wahrheitsgehalt des Berichteten, auch die zwangsläufige Aufforderung an den Verfolgten, das Vergangene erneut zu vergegenwärtigen, auch der implizierte Zwang zur Symptomanpassung im Sinne eines körperlichen Beschwerdebildes bildeten Umstände eines behördlichen Verfahrens, dem retraumatisierende Aspekte zugesprochen werden müssen.

Es ist das Verdienst einiger Psychiater – ich nenne an dieser Stelle nur Venzlaff (1958), von Baeyer et al. (1964), Matussek (1972) –, die sich - gewiß nicht zufällig - einer dynamisch und anthropologisch orientierten Psychiatrie verpflichtet sahen, eine Revision der überkommenen Lehre zu entwickeln. Sie taten dies unter Anwendung unterschiedlicher methodischer Instrumente, sowohl der hermeneutisch-kasuistischen Methode als auch empirisch-statistischer Verfahren.

Auf diese Weise wurde ein Kernsyndrom herausgearbeitet, das von Venzlaff "erlebnisbedingter Persönlichkeitswandel" und von W.von Baeyer et al. "Umstrukturierung der Persönlichkeit" genannt wurde. Andere Autoren haben von einem KZ- oder Überlebenden-Syndrom, von einer chronischen Asthenie der Verfolgten gesprochen.[4] Hierunter werden Verfassungen einer mehr oder minder dauerhaften Preisgabe des leib-seelischen Wohlbefindens subsummiert, insbesondere der mitmenschlichen Vertrauensfähigkeit, der Selbstsicherheit und Stimmungsstabilität, was sich in chronischen oder passageren Angstzuständen, in ausgedehnten depressiven Verstimmungen mit Zuständen von Schlaflosigkeit und Alpträumen, in Leistungsinsuffizienz und vielfältigen vegetativ-funktionellen Syndromen äußert. Es zeigt sich, daß diese posttraumatischen Verfassungen nicht in unmittelbarem zeitlichen Zusammenhang mit den Terrorerfahrungen auftreten müssen, sondern häufig erst nach jahrelanger Latenz,nach einer Phase von aktiver Restitution, manchmal von sozialer Überangepaßtheit, wenn es schließlich gilt, auch passiven Bedürfnissen Raum zu geben.

Von Baeyer et al. (1964) werteten 500 Gutachtenfälle aus und fanden bei 38% der Fälle erlebnisbedingte Dauerschäden belangvoller Art. Insgesamt wurden bei 65% der Fälle erlebnisreaktive Syndrome im Zusammenhang mit der Verfolgung registriert. Es waren auch 71 Psychosekranke zu begutachten, bei 29 von ihnen wurde ein Zusammenhang bejaht. Die Übereinstimmung mit den späteren statistischen Untersuchungen von Matussek (1972) sind erstaunlich und belegen die Sonderstellung der psychopathologischen Phänomene. Dabei bleibt letztlich eine individualisierende Betrachtungsweise unumgänglich. Der Verfolgte gehört keiner einheitlichen Gruppe an, und die Verfolgungssituationen sind teilweise sehr unterschiedlich. Auch die Zeit vor der Verfolgung kann durch große Unterschiede gekennzeichnet sein.

Man hat die Frage aufgeworfen, ob ein Mensch die Tortur eines deutschen Konzentrationslagers, die "Annihilierung seiner Person" (von Baeyer) unbeschadet überstehen kann. Von den 217 ehemaligen KZ-Häftlingen in den Untersuchungen von Matussek hatten lediglich 9 keinen Gesundheitsschaden bei den Behörden angemeldet. (Allerdings muß die Vorauswahl der in die Untersuchungsgruppe einbezogenen Häftlinge berücksichtigt werden.) Aber auch an diesen 9 Häftlingen war die durchgemachte Haftzeit nicht spurlos vorübergegangen. Am Beispiel eines Kellners, eines ehemals Verfolgten, den Matussek zufällig in Israel kennenlernte und interviewte, konnte er zeigen, daß sowohl die prätraumatische Situation und Einstellung für das Bewältigungsverhalten des Verfolgten von Bedeutung ist als auch die posttraumatische Situation im Sinne familiärer Unterstützung und sozialer Anerkennung. Welch ein Unterschied bestand beispielsweise in der Art und Weise, wie in Norwegen die KZ-Überlebenden von der Bevölkerung nach ihrer Befreiung empfangen wurden und wie dies etwa in Deutschland, aber auch in anderen Ländern der Fall war. Das Kompensationsvermögen des Menschen, einer der "faszinierendsten Aspekte der menschlichen Natur" (Eitinger 1990) darf weder über- noch unterschätzt werden, und es ist gewiß nicht unabhängig von den sozialen Bedingungen.

Die überzeugendsten epidemiologischen Arbeiten auf dem Gebiet der Verfolgten-Pathologie verdanken wir dem Norweger Eitinger. In einer Vergleichsuntersuchung an einheimischen Norwegern, die nach Deportation durch die Deutschen zurückgekehrt waren, konnte er belegen, daß sogar 35 Jahre nach der Befreiung in Norwegen pro Jahr mehr Überlebende sterben als nach demographischen Statistiken zu erwarten gewesen wären (116 gegenüber statistisch zu erwartenden 100 Todesfällen). Beim Vergleich der Todesursachen war in der Überlebendengruppe eine auffallende Häufigkeit von Selbstmord und Unfalltod festzustellen (91 gegenüber dem statistischen Durchschnitt von 67). Auch mußte ein übermäßiger Genuß von Alkohol und Tabak als mitbedingender Faktor für die erhöhte Mortalität angenommen werden. Es wurde zudem festgestellt, daß die Psychoserate bei den Verfolgten um den Faktor 5 höher lag als in der entsprechenden Vergleichsgruppe (Eitinger u. Ström 1973).

Zur Frage des Zusammenhangs von Alter und Spätfolgen extremer Traumatisierung hat zuletzt Dasberg in Israel auf anspruchsvollem methodischem Niveau mehrere Untersuchungen vorgenommen. Auch Dasberg (1990) will die Möglichkeit gelingender Bewältigung nicht ausschließen, kommt aber zu dem Ergebnis, daß in Situationen von "zusätzlichem Streß", wie sie auch im Alter vorkommen, gehäuft bei Überlebenden Dekompensationen zu beobachten sind und diese Krisen schwerer verlaufen als bei Angehörigen einer Kontrollgruppe (z. B. beim Tod von Angehörigen, Einlieferung ins Krankenhaus, aber auch bei politischen Spannungslagen mit Kriegsdrohungen etc). Dasberg spricht die ehemals Verfolgten als psychische und somatische Risikogruppe an und verlangt die psychotherapeutisch orientierte Aufmerksamkeit des Arztes.

Die Möglichkeiten von Behandlung und Rehabilitation Verfolgter sind von Psychotherapeuten und Psychoanalytikern immer wieder erörtert worden. Es geht um die Frage, ob eine traumatische Vergangenheit erinnert werden kann, ohne von ihr erneut überwältigt zu werden. Lassen sich eine solche Vergangenheit und die damit verbundenen Gefühle in den seelischen Haushalt und den normalen Lebensalltag integrieren? Jean Améry (1966, S. 54) hat darauf eine eindeutige Antwort gegeben:

"Wer der Folter erlag, kann nicht mehr heimisch werden in der Welt. Die Schmach der Vernichtung läßt sich nicht austilgen. Das zum Teil schon mit dem ersten Schlag, in vollem Umfang aber schließlich in der Tortur eingestürzte Weltvertrauen wird nicht wiedergewonnen. Daß der Mitmensch als

Gegenmensch erfahren wurde, bleibt als gestauter Schrecken im Gefolterten liegen... Wer gemartert wurde, ist waffenlos der Angst ausgeliefert. *Sie* ist es, die fürderhin über ihn das Zepter schwingt."

Wie sollen auch die Erfahrungen im Erleiden von Grausamkeiten in den Konzentrationslagern rehabilitierbar, d.h. umkehrbar sein, solange eine solche Umkehr die Rückkehr in eine Welt bedeutet, deren teuflische Möglichkeiten der Verfolgte gerade erst am eigenen Leib erfahren hat. Nur wenige Überlebende haben einen Psychotherapeuten konsultiert. Psychotherapie kann nur als Teil eines gesellschaftlichen Wandels in der Einstellung zum Verfolgten verstanden werden und hilfreich sein. Der Psychotherapeut steht vor der Aufgabe, seine soziale Stellung in der Welt zu überdenken, aber auch seine seelische Belastbarkeit. Von den Veronesern wird erzählt, daß sie sich schaudernd abwandten, wenn Dante, der Autor der "Göttlichen Komödie", auf der Straße erschien, und sie sprachen: "Seht, das ist der Mensch, der in der Hölle war".

In den letzten Jahren haben sich in den USA, in Kanada und Israel Autoren mit der Frage befaßt, ob es eine generationsübergreifende Transmission des Traumas gibt, ob die Kinder von ehemals Verfolgten spezifische Störungsbilder aufweisen und entsprechender Hilfe bedürftig sind. Wie wirkt sich das "Überlebenden-Syndrom" auf die Nachkommen aus? Es gibt hierzu bereits eine größere Literatur unter dem Stichwort "Zweite Generation". Auch hier sind die methodischen Zugangswege unterschiedlich. Und zweifellos sind auch diese Fragestellungen eingebettet in einen historischen und gesellschaftlichen Verantwortungs- und Schuldzusammenhang, verdichtet in der Frage: Sollte es etwa Hitler gelungen sein, auch noch den Kindern der Verfolgten Schäden zuzufügen?

Die grundlegenden Untersuchungen stammen von der Forschergruppe um John J. Sigal aus Montreal. In mehreren methodisch sorgfältig vorbereiteten Studien konnte er nachweisen, daß die Kinder von nach Kanada eingewanderten Verfolgten nicht mehr und nicht weniger psychisch auffällig sind als die Kinder von Einwanderern ohne Verfolgungsschicksal (Sigal et al. 1973). Aber bei der Untersuchung einer klinischen Population (d. h. einer Gruppe von Angehörigen der "Zweiten Generation" in psychotherapeutischer Behandlung) zeigte sich im Kontrast zu einer Kontrollgruppe, daß die psychische Problematik jener Kinder ein bestimmtes Spektrum von Problemen aufweist, welche um die Frage der Identitätsempfindung, der Entwicklung konstruktiver Aggressivität, der Ablösung vom Elternhaus angesichts eines enormen Delegationsdruckes kreist. Es gibt Elternhäuser, wo das Thema NS-Verfolgung peinlich vermieden wird, und es gibt Elternhäuser, wo der überlebende Elternteil gegenwärtiges Geschehen stets auf die vergangene KZ-Zeit bezieht und nahezu jedes Gespräch gleichsam im Lager endet. Bergmann u. Jucovy (1982) haben in dem Sammelband "Generations of the Holocaust" die Ergebnisse psychoanalytischer Arbeit mit Kindern von Überlebenden zusammengestellt. Es zeigt sich, daß die psychoanalytische Behandlungstechnik, will sie erfolgreich sein, charakteristische Abwandlungen erfährt, die sicher nicht auf diese besonderen Behandlungssituationen beschränkt bleiben werden (vgl. Grubrich-Simitis 1984).

Die furchtbaren Vernichtungsmaßnahmen und Massenexperimente des Hitler-Deutschland haben eine Pathologie der Verfolgten notwendig gemacht. Die Forschungen stehen immer noch am Anfang und sind keineswegs abgeschlossen. Diese Pathologie lehrt uns nicht nur die Anerkennung biologisch-körperlicher Faktizität, sondern auch die enorme Bedeutung von Mit-Menschlichkeit, von Umwelt und Sozialität, von Geschichte im großen und im familiären Rahmen für die gesundheitliche Verfassung des Menschen. Vielleicht liegt hierin auch ein Stück Hoffnung und Ansporn.

Anmerkungen

1 Es ist gewiß kein Zufall, daß die traumatischen Neurosen häufig nach Eisenbahnunfällen auftraten und in diesem Zusammenhang auch erstmals beschrieben wurden. Derjenige, der sich dem neuen öffentlichen Verkehrsmittel anvertraut hatte, sah sich durch das Unfallereignis einer anonymen Gewalt ausgesetzt und richtete zunächst sein Bedürfnis nach ausgleichender Gerechtigkeit an öffentliche Instanzen. Siehe hierzu den Begriff der "Rechtsneurose" bei von Weizsäcker (1929).

2 Bei der Situationstherapie handelt es sich um eine moderne, gemessen an den damaligen Gepflogenheiten revolutionäre Form von Gruppentherapie, bei der psychoanalytische, verhaltens- und familientherapeutische sowie sozialpsychiatrische Behandlungsansätze zusammenfließen. Die Therapieachse bildet ein von Partnerschaft bestimmtes Arzt-Patient-Verhältnis. Nach Förster (1984) steht die Wiederentdeckung dieser Therapieform noch aus.

3 Es darf nicht verschwiegen werden, daß manche nervenärztliche Gutachter befangen waren. Sie waren Anhänger des Nazismus. Sofern dies unbearbeitet geblieben war, herrschte eine Tendenz sowohl der Bagatellisierung des Geschehenen als auch des Beschwerdebildes vor.

4 In der neuesten psychiatrischen Nomenklatur taucht der Begriff einer posttraumatischen Belastung (PSTD) auf.

Literatur

Améry J (1966) Jenseits von Schuld und Sühne. Bewältigungsversuche eines Überwältigten. Deutscher Taschenbuchverlag, München 1970

Baeyer W von, Häfner H, Kisker KP (1964) Psychiatrie der Verfolgten. Springer, Berlin Göttingen Heidelberg

Bastiaans J (1957) Psychosomatische gefolgen van onderdrucking en verzet. North-Holland, Amsterdam

Bergmann MS, Jucovy ME (eds) (1982) Generation of the Holocaust. Basic Books, New York

Bonhoeffer K (1947) Vergleichende psychopathologische Erfahrungen aus den beiden Weltkriegen. Nervenarzt 18:1-5

Bonhoeffer K, Jossmann, Reichardt, Knoll (1925)

Dasberg H (1989) Psychiatrische und psychosoziale Auswirkungen des Holocaust aus israelischer Sicht. In: Stoffels H (Hrsg) Schicksale der Verfolgten, Springer, Berlin Heidelberg New York Tokio

Eitinger L (1990) Lebenswege und Lebensentwürfe von durch Nazi-Terror verfolgten Juden: In: Stoffels H (Hrsg) Schicksale der Verfolgten. Psychische und somatische Auswirkungen von Terrorherrschaft. Springer, Berlin Heidelberg New York Tokyo

Eitinger L, Ström A (1973) Mortality und morbidity after excessive stress. Universitetsforlaget, Oslo

Förster K (1984) Neurotische Rentenbewerber. Springer, Berlin Heidelberg New York Tokyo

Groen JJ (1964) Psychosomatic research. Pergamon Press, Oxford

Grubrich-Simitis I (1984) Vom Konkretismus zur Metamorphorik. Gedanken zur psychoanalytischen Arbeit mit Nachkommen der Holocaust-Generation- anläßlich einer Neuerscheinung. Psyche 38:1-28

Huebschmann H (1974) Krankheit - ein Körperstreik. Herder, Freiburg

Joraschky P, Köhle K (1981) Das Streßkonzept in der psychosomatischen Medizin. In: Uexküll T von (Hrsg) Lehrbuch der Psychosomatischen Medizin. Urban & Schwarzenberg, München

Kempinski A (1979) Das sogenannte KZ-Syndrom. Versuch einer Synthese. In: Hamburger Institut für Sozialforschung (Hrsg) Die Auschwitz-Hefte. Beltz, Weinheim 1987:7-14

Kogon E (1949) Der SS-Staat. Das System der deutschen Konzentrationslager, 17. Aufl. München 1988

Matussek P (1972) Die Konzentrationslagerhaft und ihre Folgen. Springer, Berlin Heidelberg New York

Mitscherlich A, Mitscherlich M (1967) Die Unfähigkeit zu trauern. Grundlagen kollektiven Verhaltens. Piper, München

Oppenheim H (1889) Die traumatischen Neurosen. Berlin

Pross C (1988) Wiedergutmachung. Der Kleinkrieg gegen die Opfer. Athenäum, Frankfurt

Sigal JJ et al. (1973) Some second generation effects of the survivors of the Nazi-persecution. Am J Orthopsychiatry 43: 320-327

Strümpell A (1883) Über die traumatischen Neurosen. Neurol Centralbl 12. 318-323

Venzlaff U (1958) Die psychoreaktiven Störungen nach entschädigungspflichtigen Ereignissen. Springer, Berlin Göttingen Heidelberg

Weizsäcker V von (1929) Über Rechtsneurosen. In: Gesammelte Schriften, Bd. 8, Suhrkamp, Frankfurt, S. 7-30

Weizsäcker V von (1930) Soziale Krankheit und soziale Gesundung. In: Gesammelte Schriften, Bd. 8, Suhrkamp, Frankfurt, S. 30-95

Epilepsie und Psychose

P. Wolf

Einleitung

In der Epoche vor Einführung der Elektroenzephalographie, als Epilepsie in vielen Ländern hauptsächlich zum psychiatrischen Fachgebiet gehörte, wurde viel über Psychosen bei Epilepsie veröffentlicht. Nach dem Feldwechsel der Epilepsie in das Gebiet der Neurologie nahm das Interesse an Epilepsiepsychosen vorübergehend quantitativ ab. Gleichzeitig wurden aber neue und interessante Aspekte in das Thema eingeführt, und in den letzten 15 Jahren haben Psychosen wieder erhebliche Aufmerksamkeit in der Epileptologie auf sich gezogen.

Eine gründliche Bearbeitung des Themas hat heute hunderte Publikationen zu berücksichtigen, die zahlreiche Aspekte beleuchten. Viele Fragen sind noch offen und harren ihrer Erforschung.

In diesem Aufsatz werden nur einige der wichtigsten Aspekte berührt, besonders solche von praktischer Bedeutung, bei denen die Vermeidung von Mißverständnissen besonders wichtig ist. Diese betreffen die pathogenetische Beziehung zu verschiedenen Arten von Epilepsie und Anfällen sowie ihre Risikofaktoren.

Beziehung der Psychosen zur Epilepsie

Am praktischen Umgang mit Epilepsiepsychosen ist heute besonders zu bemängeln, daß sich niemand für ihre Ätiologie und Pathogenese zu interessieren scheint. In einem Epilepsiezentrum wie Bethel wird eine Auswahl besonders problematischer Fälle aufgenommen und viele dieser Patienten haben Psychosen in der Vorgeschichte. Um sich über die Ursachen solcher Komplikationen klar zu werden, sammeln wir immer alle verfügbaren Berichte. Ich kann mich aus vielen Jahren an keinen einzigen Bericht erinnern, welcher die Pathogenese der Psychose und ihre nosologische Differentialdiagnose diskutiert. Eine Folge dieser Vernachlässigung ist, daß weniger erfahrene Ärzte häufig zu dem Glauben verleitet werden, die Epilepsie und die Psychose bei diesen Patienten hätten nichts miteinander zu tun, doch ist dies die am wenigsten wahrscheinlichste Möglichkeit. Manche Patienten werden aus diesem Grund über Monate und Jahre mit Neuroleptika behandelt,obwohl sie weiter nichts als eine postiktale psychotische Episode gehabt haben.

Es geht hier in der Tat um die adäquate Behandlung, für die natürlich eine korrekte ätiologische Diagnose unverzichtbar ist. Dies scheint in unserem Land zunehmend in Vergessenheit geraten zu sein.

Epilepsien sind die Folge einer großen Zahl von strukturellen oder funktionellen Hirnstörungen. Wenn der Patient auch eine Psychose entwickelt, ist es a priori nicht unmöglich, aber sehr unwahrscheinlich, daß diese auf eine andersartige, hiervon unabhängige Störung desselben Gehirns zurückgeht. Sehr viel wahrscheinlicher ist es, daß die Psychose entweder ein weiteres, paralleles Syndrom derselben zugrundeliegenden Störung ist oder daß die Epilepsie eine Rolle für ihre Pathogenese spielt.

Fälle, in denen die Psychose den Anfällen vorausgeht, sind vermutlich Beispiele einer parallelen Manifestation. Wenn die Anfälle der Psychose vorausgehen - was sehr viel häufiger ist - ist die Frage der Pathogenese offen und bedarf einer Analyse der Beziehung zwischen Anfällen und psychotischen Symptomen. Die folgenden Möglichkeiten sind zu berücksichtigen (Tabelle 1):

1. *Iktale Psychose:* Epileptische Anfallsaktivität kann sich in Form eines psychotischen Syndromes äußern, wenn sie begrenzt bleibt und prolongiert verläuft. Beispiele hierfür sind der Absencestatus, der sich als stuporöser oder Dämmerzustand darstellen kann, sowie einfache und komplexe fokale Status epileptici. Beim komplex fokalen Status entwickeln sich Dämmerzustände verschiedener Symptomatik oder auch andere Typen akuter organischer Psychosen. Das klinische Erscheinungsbild einfach fokaler Status oder Aurastatus hängt vom Auratyp ab und ist üblicherweise nicht mit einer Psychose zu verwechseln. Gelegentlich kann jedoch eine Halluzinose oder Pseudohalluzinose eines Sinnesfeldes entstehen. Die Beurteilung des EEG kann schwierig sein. Beim einfach-fokalen Status sind seine Veränderungen u. U. nur beim Vergleich mit vorhergehenden Ableitungen zu erkennen. Selbst dann kommt es vor, daß im Skalp-EEG keine Veränderungen zu sehen sind, weil die epileptische Entladung auf eine von den Elektroden zu weit entfernte Lokalisation beschränkt bleibt.

Tabelle 1. Pathogenetische Klassifikationen der Psychosen bei Epilepsie

1. Iktale Psychosen
2. Postiktale Psychosen
3. Pariktale Psychosen
4. Alternative Psychosen
5. Toxische Psychosen
6. Entzugspsychosen
7 Psychosen ohne Beziehung zur Epilepsie

2. Die *postiktale Psychose* ist der Typ, bei der der Zusammenhang mit den Anfällen besonders evident sein sollte. Meistens beginnt die Psychose jedoch nicht sofort nach den Anfällen, sondern erst nach einem symptomfreien Intervall von 1-2 Tagen. Die Bedeutung dieses Intervalls ist noch ungeklärt, doch verleitet es den Unerfahrenen u. U. zu der Annahme, daß die zwei Ereignisse, Anfälle und Psychose, in keiner Beziehung zueinander stünden. Postiktale Psychosen entwickeln sich nach Grand mal-Status oder Grand mal-Serien, sehr viel seltener nach einer Serie von komplexen fokalen Anfällen und nur ausnahmsweise nach einem einzelnen großen oder komplex-fokalen Anfall. Postiktale Psychosen sind häufig durch mehr oder weniger ausgeprägte Bewußtseinsstörungen charakterisiert. Alle Typen akuter organischer Psychosen oder akuter exogener Reaktionstypen sind zu beobachten, besonders delirante oder katatonieähnliche Syndrome. Nicht selten erleben diese Patienten einen ekstatischen Wahn mit religiösen und kosmischen Halluzinationen.

Gewöhnlich dauern postiktale Psychosen zwischen wenigen Tagen bis zu 4-5 Wochen. Das EEG ist immer pathologisch verändert mit vermehrter langsamer Aktivität, und besonders in den frühen Phasen und bei einer produktiven Symptomatik findet man auch mehr oder weniger stark ausgeprägte Anfallsaktivität.

3. *Pariktale Psychose*: Damit ist eine eher seltene Variante gemeint, bei der sich subakute Episoden mit paranoid-halluzinatorischer oder milder organischer Symptomatik entwickeln. Sie folgen zwar nicht einem definierten, umschriebenen Anfallsereignis, entwickeln sich aber in einer Periode erhöhter Anfallshäufigkeit. Wenn die Anfallsfrequenz nicht über längere Zeitabschnitte dokumentiert und ausgewertet wird, wird man diese Beziehung zu der Epilepsie übersehen, und die Psychose kann dann leicht als unabhängig von der Epilepsie verkannt werden, besonders in Fällen, in denen die organischen Symptome wenig ausgeprägt sind.

Auch hier kann das EEG zur Diagnose beitragen, da es üblicherweise vermehrte langsame Aktivität und manchmal auch vermehrte Anfallsaktivität zeigt.

Iktale, postiktale und pariktale Psychosen werden manchmal zusammengefaßt als "peri-iktale" Psychosen beschrieben. Ihre Unterschiede sind auch eher gleitend als scharf, und alle führen zu derselben therapeutischen Schlußfolgerung: Die Epilepsie bedarf dringend einer besseren und effektiveren Einstellung, da die Anfälle inzwischen ein erhöhtes Risiko psychiatrischer Komplikationen bedingen. Alle diese Psychosen sind anfangs episodisch, können aber bei wiederholtem Auftreten zur Chronifizierung tendieren.

4. Als *alternative Psychosen* werden psychotische Episoden bezeichnet, die sich in einer Zeit vollständiger oder annähernd vollständiger Anfallsfreiheit entwickeln, besonders wenn außerdem epileptische Entladungen aus dem EEG verschwinden. Aufgrund dieser EEG-Charakteristik wird dann auch von forcierter Normalisierung (Landolt 1955) oder paradoxer Normalisierung (Wolf 1990) gesprochen - paradox, weil sich der klinische Zustand verschlechtert, während sich das EEG scheinbar normalisiert. Viele pathophysiologische Theorien zur Erklärung dieses Paradoxons sind entwickelt worden, die hier nicht ausführlich diskutiert werden können. Jedoch scheinen die wichtigsten Hypothesen in Richtung auf eine übereinstimmende Hypothese zu konvergieren, die im Prinzip annimmt, daß während der paradoxen Normalisierung die Epilepsie subkortikal weiterhin aktiv ist, vielleicht mit einer Entladungsausbreitung in unüblicher Richtung. Es wird angenommen, daß diese Aktivität die Energie für das psychotische Syndrom liefert und vielleicht einige der Symptome beisteuert, wobei aber anzunehmen ist, daß eine Reihe von anderen pathogenen Faktoren zu der Entwicklung mit beitragen (Wolf 1990).

In den meisten Fällen stellen sich alternative psychotische Episoden als oligosymptomatische paranoide Zustände bei klarem Bewußtsein dar, wobei Schlaflosigkeit, sozialer Rückzug, Gefühle der Einengung und hypochondrische Symptome als Vorfeldsymptome auftreten können. Im allgemeinen entwickeln sich solche Episoden aufgrund der Verordnung einer effektiveren antiepileptischen Medikation, so daß häufig eine Änderung der antiepileptischen Einstellung notwendig wird. Man sollte jedoch immer versuchen, eine Therapiestrategie zu entwickeln, welche die Anfallskontrolle nicht aufgibt und trotzdem psychotische Symptome vermeidet. Dies kann z. B. durch eine Dosisänderung der verordneten Medikamente oder durch einen Medikamentenwechsel erreicht werden. Falls es sich um einen Patienten mit Absencen handelt, sollte man berücksichtigen, daß Succinimide ein sehr viel höheres Risiko für die Entwicklung alternativer Psychosen bedeuten als alle anderen heute gängigen Antiepileptika. Dies ist bei Succinimiden auch bei niedrigen Serumspiegeln möglich, vorausgesetzt, daß sie die Spike-wave-Aktivität kontrollieren.

5. *Toxische Psychose:* Bei Psychosen unter hochdosierter Succinimidbehandlung kann es schwierig sein zu entscheiden, ob eine alternative oder eine toxische Psychose vorliegt. Die letzteren sind jedoch nicht von einem positiven antiepileptischen Effekt abhängig wie bei der alternativen Psychose, sondern von hohen Serumspiegeln. Toxische Psychosen sind unter Phenytoin, Primidon, Bromiden, Phenace-

mid und antiepileptischen Polymedikationen ohne eine klare Beziehung zu einem bestimmten Medikament beschrieben worden. Auch unter dem neuen Antiepileptikum Vigabatrin scheinen des öfteren Psychosen vorzukommen, wobei noch nicht entschieden ist, ob es sich um toxische oder alternative Psychosen handelt. Die Symptomatik toxischer Psychosen ist von dem verantwortlichen Medikament abhängig, doch sind auch hier paranoide Syndrome am häufigsten, und das Bewußtsein ist ungestört, sofern nicht hochsedative Medikamente im Spiel sind.

6. Ein weiterer Psychosetyp, der in Beziehung zur antiepileptischen Therapie steht, ist die *Entzugspsychose.* Der Entzug verschiedener Antiepileptika kann zu erhöhter Anfallsfrequenz und Status epileptici führen, welche ihrerseits von einer Psychose gefolgt sein können. Diese Psychosen werden nicht als Entzugspsychosen im eigentlichen Sinne bezeichnet, sondern sind postiktale oder vereinzelt pariktale Psychosen. Sehr viel seltener kann eine Psychose als unmittelbare Konsequenz eines Medikamentenentzugs ohne das Bindeglied vermehrte Anfälle auftreten. Zwei eigene Beobachtungen hierzu beziehen sich auf die Antiepileptika Clonazepam und Pheneturid. In beiden Fällen handelte es sich um ziemlich dramatische Psychosen mit reichen Wahninhalten und fluktuierenden Illusionen sowie vermehrter motorischer Aktivität. Beide Male war die Prognose nicht so günstig, wie man bei einer so eindeutig symptomatischen Ursache begrenzter Zeitdauer erwarten würde, sondern es entwickelte sich ein chronisches Residualsyndrom, das eine langfristige neuroleptische Behandlung erforderte. Soweit ich sehe, ist eine solche Entwicklung in der Literatur über Benzodiazepin-Entzugspsychosen nicht beschrieben worden, in der aber die Frage der Prognose ohnehin nur wenig Aufmerksamkeit gefunden hat.

An dieser Stelle kann darauf hingewiesen werden, daß auch toxische Psychosen bei Epilepsie eine unerwartet hohe Tendenz zur Chronifizierung zu haben scheinen.

7. Psychosen ohne Beziehung zum Verlauf der Epilepsie bilden eine Gruppe, die sowohl Fälle einschließt, in denen die Psychose auf dieselbe Ätiologie wie die Anfälle zurückgeht - in Form einer parallelen Manifestation -, sowie Fälle von zufälliger Kombination von Epilepsie und Psychose. Zu der ersten Möglichkeit gibt es eine ganze Reihe von Kasuistiken z. B. beim Sturge-Weber-Syndrom, anderen arteriovenösen Angiomen, benignen Hirntumoren, tuberöser Sklerose, Chromosomenanomalien, subakuter sklerosierender Panenzephalitis und noch anderen Ätiologien. Die zweite Möglichkeit wird man selten überzeugend diagnostizieren und sollte dies nur tun, wenn die Psychose die Kriterien einer endogenen Psychose erfüllt und auch das Epilepsiesyndrom klar definiert werden kann. Andernfalls bleibt der Verdacht auf eine symptomatische Psychose bei Epilepsie bestehen - zumindest in den Fällen, in denen die Epilepsie zuerst aufgetreten ist.

Überzeugende Beispiele zufälliger Kombinationen aus Epilepsie und Psychose im eigenen Material betrafen seltene Fälle unverkennbarer Schizophrenie, von Altersparaphrenie und von sensitivem Beziehungswahn.

Ein hochinteressanter und wenig bekannter Zug der Epilepsiepsychosen ist eine Tendenz zu wiederholten Episoden mit verschiedener Pathogenese. In einer epidemiologischen Untersuchung dieser Verhältnisse fand Schmitz (1988) 43 Patienten mit Epilepsie und Psychose, von denen 25 wiederholte Episoden aufwiesen. In 6 der letzteren gehörten die späteren Episoden zu einer anderen pathogenetischen Kategorie als die erste. Neben anderen theoretischen Implikationen bedeutet dies, daß selbst eine vollständig remittierte episodische Psychose nicht ein für alle Mal ausgelöscht wird, sondern ein Reaktionsmuster darstellt, was sowohl in ähnlichen als auch anderen pathogenen Umständen reaktiviert werden kann.

Es sollte auch darauf hingewiesen werden, daß nicht nur der pathogenetische Mechanismus, sondern auch der klinische Phänotyp der Psychose bei wiederholten Episoden sich ändern konnte.

Epidemiologie und Beziehung zur Art der Epilepsie

Die eben erwähnte epidemiologische Untersuchung wurde in der Anfallsambulanz der neurologischen Abteilung Berlin-Westend durchgeführt mit dem Ziel, einige kontroverse Fragen über Epilepsiepsychosen zu klären. Viele Veröffentlichungen sind in ihrer Aussage durch die Auswahl der Patienten beeinträchtigt, z. B. wenn es sich um psychiatrisch behandelte Patienten oder Kandidaten für neurochirurgische Eingriffe handelt. Völlig unausgelesene Gruppen von Patienten mit Epilepsie sind nicht erreichbar, aber die Patienten einer neurologischen Anfallsambulanz sind jedenfalls nicht psychiatrisch ausgelesen, auch wenn sie einen relativ hohen Anteil von schwer zu behandelnden Patienten mit einem allgemein erhöhten Komplikationsrisiko enthalten.

Die gesamte Prävalenz von Psychosen bei diesen Patienten betrug 4%, woraus man schließen kann, daß Psychosen selbst bei relativ problematischen Fällen seltene Komplikationen einer Epilepsie darstellen.

Die Studie untersuchte speziell die Beziehung zu bestimmten Anfallstypen und Syndromen. Einer weitverbreiteten Ansicht zufolge finden sich Psychosen besonders häufig bei Temporallappenepilepsien. Diese Hypothese ist so häufig wiederholt worden, daß manche sie für bewiesen halten. Die wenigen kontrollierten Studien hierzu haben jedoch keinen signifikanten Zusammenhang ergeben (Small et al. 1962, 1966; Stevens 1966). In der Untersuchung von Schmitz (1988) konnte die Temporallappenhypothese definitiv zurückgewiesen werden, jedoch fand sich auch eine mögliche Erklärung für diese irrtümliche Annahme: Psychosen erwiesen sich als signifikant korreliert mit komplexen fokalen Anfällen, d.h. fokalen Anfällen mit gestörtem Bewußtsein, und dieser Anfallstyp ist bei Temporallappenepilepsien besonders häufig. Psychosen waren jedoch nicht mit einfach fokalen Anfällen limbischer Symptomatik korreliert, die noch eindeutiger auf eine Beteiligung des Temporallappens hinweisen.

Außerdem waren Psychosen mit Absencen korreliert. Der gemeinsame Nenner für Absencen und komplex fokale Anfälle ist, daß es sich um begrenzte Anfälle handelt (im Vergleich mit generalisierten tonisch-klonischen Anfällen) und daß es Anfälle mit Bewußtseinsstörung sind (Schmitz 1988). Die Entwicklung von Psychosen bei Epilepsie scheint somit eine doppelte Voraussetzung zu haben, nämlich, daß ein epileptisch erkranktes Gehirn begrenzte Anfallsentladungen produzieren kann und daß es zu iktalen Bewußtseinsstörungen kommt (Wolf 1980). Dies ist von Interesse für die Diskussion der Pathogenese dieser Psychosen (Wolf 1990). Die erste Voraussetzung läßt sich neurophysiologisch verstehen, und sie stimmt gut mit der Annahme überein, daß Epilepsie-Psychosen begrenzte iktale Entladungen zugrunde liegen. Die zweite Voraussetzung könnte lebensgeschichtlich interpretierbar sein im Sinne der Auswirkung einer ständigen Bedrohung der Identität und der natürlichen Selbstverständlichkeit des Lebens durch die Erfahrung, daß die bewußte Existenz jederzeit in unvorhersehbarer Weise unterbrochen werden kann.

Risikofaktoren

In den vorhergehenden Abschnitten wurde auf verschiedene Risikofaktoren für Psychosen bei Epilepsie hingewiesen: Status und Serien großer und komplex fokaler Anfälle, Behandlung mit bestimmten Antiepileptika sowie bestimmte Anfallstypen. Andere vermutete Risikofaktoren wie Temporallappenepilepsie oder noch speziellerer Beteiligung des linken Temporallappens (Schmitz 1988) haben sich nicht bestätigt. Eine Anzahl von weiteren Risikofaktoren stehen noch in Diskussion oder konnten identifiziert werden. Einer davon, nämlich eine lange Krankheitsdauer ohne Anfallskontrolle (Wolf 1976) unterstreicht die Notwendigkeit einer effektiven antiepileptischen Behandlung, die zur Anfallsfreiheit führt. Man kann diese Beziehung aber auch so interpretieren, daß eine relativ hohe Therapieresistenz ein Risikofaktor sei. Therapieresistenz ist ein Anhaltspunkt für die schwierig zu definierende "Schwere" der Epilepsie (Janz 1989). Ein weiterer Anhalt hierfür ist die Zahl verschiedener Anfallstypen bei einem Patienten, die sich ebenfalls als ein Risikofaktor für Psychose herausgestellt hat, besonders dann, wenn sich mehrere Anfallstypen gleichzeitig manifestieren (Schmitz 1988).

Soziale Risikofaktoren umfassen den beruflichen Status des Patienten ebenso wie familiäre Bedingungen. Berufliche Desintegration schien besonders problematisch zu sein, wenn sie einer erfolgreichen Ausbildung gegenüberstand (Wolf et al. 1986). Als negative familiäre Einflüsse erwiesen sich ein Familienstil religiöser Bigotterie sowie eine unsichere Haltung der Familie gegenüber Fragen der Sexualität sowie gegenüber der Bedeutung der Epilepsie für die Familie. Diese Patienten waren unter überprotektiven und restriktiven Bedingungen aufgewachsen, in denen außerdem körperliche Strafen üblich waren. Als Konsequenz ihrer Erziehungsgeschichte zeigte sich bei diesen Patienten eine relativ hohe Unsicherheit in Bezug auf die Übernahme bestimmter sozialer Rollen (Wolf et al. 1986).

Es ist nicht unbedingt gesagt, daß es sich hierbei immer um Risiko*faktoren* handelt und nicht auch um Risiko*indikationen*. Ihre hohe Heterogenität legt jedenfalls nahe, daß nur selten eine einzige Ursache für die Entwicklung einer Psychose verantwortlich ist und häufiger eine multifaktorielle Pathogenese mit verschiedenartigen Einflüssen vorliegt. Zum Beispiel kann das Aufhören von Anfällen und die scheinbare Normalisation im EEG den Patienten mit einem erhöhten Psychoserisiko in eine kritische Situation bringen, die von sozial gut angepaßten und flexiblen Personen allein oder mit der Hilfe anderer gemeistert werden kann, während ein Patient mit geringerer sozialer Kompetenz in ihr leichter dekompensieren wird.

Die Kenntnis dieser Risikofaktoren oder Indikatoren ist deshalb wichtig, weil Psychosen eine ernste und äußerst unangenehme Komplikation einer Epilepsie darstellen, die - wenn irgend möglich - verhindert werden sollte. Das Wissen um die typischen Risikofaktoren kann zur Entwicklung therapeutischer Strategien beitragen, welche auf sie Rücksicht nehmen und so einer Psychose vorbeugen.

Literatur

Janz, D (1989) Was ist eine schwere Epilepsie? Nervenarzt 60:1-9

Landolt H (1955) Über Verstimmungen, Dämmerzustände und schizophrene Zustandsbilder bei Epilepsie. Ergebnisse klinischer und elektroenzephalographischer Untersuchungen. Schweiz Arch Neurol Psychiat 76:313-321

Schmitz B (1988) Psychosen bei Epilepsie. Eine epidemiologische Untersuchung. Inaugural-Dissertation, Berlin

Small JG, Milstein V, Stevens JR (1962) Are psychomotor epileptics different? Arch Neurol 7, 187-194

Small JG, Small JF, Hyden MP (1966) Further psychiatric investigations of patients with temporal lobe epilepsy. Am J Psychiatry 123:303-310

Stevens JR Psychiatric implications of psychomotor epilepsy. Arch Gen Psychiatry 14:461-471

Wolf P (1976) Psychosen bei Epilepsie, ihre Bedingungen und Wechselbeziehungen zu Anfällen. Habilitationsschrift, Berlin

Wolf P (1989) Psychic disorders in epilepsy. In: Canger R, Angeleri F, Penry JK (eds) Advances in epileptology. Vol. XI. Raven, New York, pp 159-160

Wolf P (1990) Acute behavorial symptomatology at disappearance of epileptiform EEG abnormality: Paradoxical or "forced" normalization. In: Smith D B, Treimann D, Trimble MR (eds) Neurobehavorial problems in epilepsy. Raven, New York

Wolf P, Thorbecke R, Even W (1986) Social aspects of psychosis in patients with epilepsy. In: Whitman S, Herman BP (eds) Psychopathology in epilepsy. Social dimension. Oxford University Press, New York, pp 269-383

Verhaltensforschung in der Psychiatrie am Beispiel der endogenen Psychosen

W. Gaebel

Psychopathologischer Gegenstand der Psychiatrie sind neben den Störungen von Bewußtsein, Orientierung, Konzentration und Gedächtnis sowie Denken und Wahrnehmung vor allem auch Störungen von Psychomotorik, Antrieb und Affektivität. Letztere sind für den Verlauf und sozialen Ausgang psychischer Erkrankungen, zumal für den der sog. endogenen Psychosen, von großer Bedeutung. Die psychopathologische Besonderheit derartiger Merkmale besteht darin, daß sie weit stärker über beobachtbares Verhalten als über berichtetes Erleben der Patienten definiert sind. Verhaltensforschung in der Psychiatrie mit Hilfe audiovisueller Methoden hat demnach ihre Domäne.

Der englische Psychiater H.W. Diamond, der als erster vor fast 150 Jahren anhand von Photographien den Ausdrucksaspekt im Krankheitsverlauf seiner Patienten dokumentierte, kommentierte seine Methode vor der Royal Society folgendermaßen: "Der Photograph hält mit unfehlbarer Genauigkeit die äußere Erscheinung jeder Gemütsbewegung als wirklich zuverlässiges Anzeichen einer inneren Störung fest und enthüllt so dem Auge die wohlbekannte Wechselwirkung, die zwischen dem kranken Hirn des Menschen und seinen Körperorganen und Gesichtszügen besteht." Die programmatische Formulierung sieht, wie später von Darwin(1872) detailliert ausgeführt, im Ausdrucksverhalten einen Schlüssel zur Erkenntnis des Fremdseelischen und seiner Störungen. So wurde in der Psychiatrie versucht, Erkrankungen wie z. B. die Schizophrenie aus dem Ausdruck bzw. dem korrespondierenden Eindruck - von Rümke (1948) als "Praecox-Gefühl" bezeichnet - zu diagnostizieren. Erfahrene Psychiater verzichten offensichtlich trotz der Entwicklung operationalisierter Diagnosesysteme auch heute nicht auf den Eindruck der Uneinfühlbarkeit des fremdseelischen Erlebens bei der Diagnose der Schizophrenie, wie eine jüngste Umfrage in New York zeigte (Sagi u. Schwartz 1989).

Psychopathologische Vergleiche, z.B. mit dem AMDP-System (Arbeitsgemeinschaft für Methodik und Dokumentation in der Psychiatrie) (Gaebel, unveröffentlicht), zeigen, daß Schizophrene ausschließlich über die Verhaltensbeobachtung beurteilte Ausdrucksmerkmale (Fähndrich u. Stieglitz 1989) häufiger aufweisen als Patienten mit affektiven Psychosen (Tabelle 1).

Parathymie, aber auch Parakinesen, Maniriertheit und Mutismus werden offensichtlich häufiger bei Schizophrenien als bei Affektpsychosen kodiert.

Die von Diamond seinen Photographien nachgerühmte "unfehlbare Genauigkeit" dürfte aber solchen visuellen Eindrucksbildungen fehlen, da sie z. B. durch sog. Kanalinterferenzen (Informationen aus

Tabelle 1. Prozentuale Auftretenshäufigkeit rein verhaltensbezogener Störungen von Affektivität, Antrieb und Psychomotorik (AMDP) bei schizophrenen und affektiven Psychosen (ICD) am Krankengut der Psychiatrischen Klinik und Poliklinik der Freien Universität Berlin (1/1981 - 6/1989)

Merkmal	ICD 295 (n=2170)	ICD 296 (n=1374)
affektarm	39,5	29,7
klagsam	12,9	39,9
parathym	41,0	5,5
affektstarr	31,6	36,6
Parakinesen	6,1	0,8
maniriert	20,7	5,6
theatralisch	9,8	8,9
mutistisch	15,6	7,1

dem auditiven Kanal) sowie diagnostische Vorurteile beinflußt werden. Den Nachweis diagnosespezifischer Effekte konnten wir mit einer kleinen Untersuchung führen, über deren vorläufige Teilergebnisse hier vorab berichtet werden soll (Gaebel et al., in Vorbereitung).

Bei abgeschaltetem Ton wurden vier Ratern ca. 5minütige Videointerviewsequenzen mit je 10 schizophrenen und je 10 depressiven Patienten (Research Diagnostic Criteria) vorgespielt. Anschließend waren die Items der Dimension "Affektverflachung" der Scale for the Assessment of Negative Symptoms (SANS) von Andreasen (1982) mittels Verhaltensbeobachtung zu beurteilen (starrer Gesichtsausdruck, verminderte Spontanbewegung, Armut der Ausdrucksbewegungen, geringer Augenkontakt, fehlende affektive Auslenkbarkeit, inadäquater Affekt) und eine diagnostische Einschätzung ("Schizophrenie" oder "Depression") abzugeben. Da ein Teil der Patienten dem einen oder andern Beurteiler bekannt war, bot sich durch getrennte Analyse die Möglichkeit, den Einfluß von bekannter Diagnose und (bei unbekannten Patienten) vermuteter Diagnose auf das Rating zu untersuchen und gleichzeitig zu überprüfen, ob der nonverbale Kanal genügend Informationen bereithält, um mit mehr als Zufallswahrscheinlichkeit eine richtige diagnostische Entscheidung zu treffen, und darüber hinaus zu untersuchen, welche nonverbalen Merkmale zwischen den Diagnosen trennen.

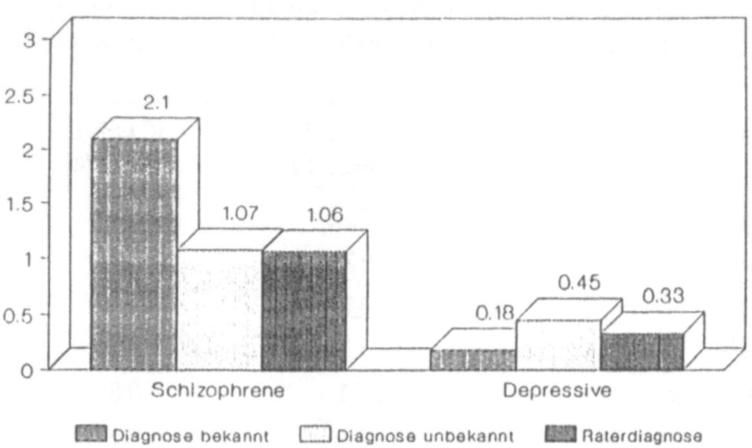

Abb. 1. Video-Rating bei abgeschaltetem Ton. Mittlere Scores (4 Rater) des SANS-Items "Inadäquater Affekt" (möglicher Scorerange 0-5; 0= nicht vorhanden, 5=schwer ausgeprägt) für Schizophrene (n=10) und depressive Patienten (n=10) mit den Ratern bekannter oder unbekannter klinischer Diagnose bzw. mit der von den Ratern jeweils aufgrund der Verhaltensbeobachtung vermuteten Diagnose.

Eine mit statistischer Signifikanz zutreffende Diagnoseeinschätzung über den visuellen Kanal gelang keinem Beurteiler. Allerdings wurde eine Schizophrenie in 60-75% richtig diagnostiziert, eine Depression hingegen nicht über Zufallswahrscheinlichkeit. Hieraus ließe sich vermuten, daß über den nonverbalen Kanal eher schizophreniespezifische als depressionsspezifische Verhaltensinformationen wahrzunehmen sind. Inadäquater Affekt war das einzige der aufgeführten Negativ-Symptome, dessen Ausprägung bei Schizophrenen signifikant höher ausfiel als bei Depressiven. Berücksichtigt man nun beim Vergleich der klinisch gesicherten Diagnosegruppen, ob es sich um teils bekannte oder unbekannte Fälle gehandelt hat, wird deutlich, daß bei bekannter Diagnose die Differenz wesentlich deutlicher ausfällt, während sie sich beim Vergleich klinischer Diagnosen unbekannter Fälle wie beim Vergleich von vermuteten Raterdiagnosen bei unbekannten Fällen nicht unterscheidet (Abb. 1).

Eine mögliche Schlußfolgerung, daß die Kenntnis der Diagnose die Wahrnehmung diagnosespezifischer Verhaltensbesonderheiten schärft oder überzeichnet, während sich bei unbekannten Patienten der krankheitsspezifische Verhaltenseindruck und die ausschließlich am Verhalten orientierte Diagnose in ihrem Einfluß auf das psychopathologische Ratingurteil vermutlich gegenseitig beeinflussen und nivellieren. Trotz diagnostischer Schwierigkeiten bei der auf einen Wahrnehmungskanal beschränkten Beurteilungssituation scheint das Verhaltensmerkmal inadäquater Affekt, wie auch die AMDP-Ergebnisse zeigen, am ehesten ein diagnostisches Spezifikum schizophrener Patienten zu sein. Die Feststellung von Meinertz (1955), daß "Inadäquatheit und Weltentzweiung (...) auch am Kranken unmittelbar wahrzunehmen sein solle", findet hierin eine gewisse Bestätigung. Demnach scheint es lohnend, Verhaltenseigentümlichkeiten von Patienten mit endogenen Psychosen auch im Hinblick auf ihre diagnostische Bedeutung genauer zu untersuchen. Allerdings dürfte das geeignete methodische Hilfsmittel weniger das Ausdrucksverstehen als eine objektive Verhaltensbeobachtung sein (s.unten).

Auch wenn in der forschungsorientierten Schizophreniediagnostik die im Erleben wurzelnden Erstrangsymptome Kurt Schneiders aufgrund ihrer guten Operationalisierbarkeit gegenüber den an Verhaltensmerkmalen orientierten Grundsymptomen Bleulers mehr Eingang in moderne diagnostische Klassifikationssysteme gefunden haben, gibt es doch neben der eingangs erwähnten prognostischen Bedeutung weitere grundsätzlich Argumente für eine biologisch orientierte Psychiatrie, sich stärker dem Verhalten (im Sinne einer Komplementarität psychopathologischer Perspektiven, vgl. Heimann 1987) zuzuwenden (vgl. Gaebel 1990a):

1. Verhaltensmerkmale sind subjektiven Symptomen in der Datenqualität überlegen: sie sind objektiv, beobachtbar und prinzipiell meßbar;
2. Verhaltensmerkmale erlauben einen direkteren Rückbezug auf neurobiologische Substrate.

Das Letztgenannte knüpft an das Konzept einer hierarchischen Organisation biologischer, psychologischer und sozialer Funktionen des Menschen an (vgl. Pickenhain 1968), wonach Verhaltensprogramme in phylogenetischer und ontogenetischer Hinsicht Ausdruck einer elementaren Organisationsstufe des Zentralnervensystems sind, die mit fortschreitender telenzephaler Entwicklung zwar überformt und in den Dienst höherer mentaler Prozesse gestellt wird, gemäß einem hierarchischen Aufbau des Nervensystems aber grundsätzlich verfügbar bleibt.

Es ist Johst (1982) zuzustimmen, wenn er die Zielsetzung der Verhaltensforschung am Menschen in einer "Analyse der biologischen Systembedingungen menschlichen Verhaltens auf der gesamten Skala möglicher Zusammenhänge zwischen den genetischen und erlernten Programmen" sieht. Die Anwendung einer verhaltensorientierten "ethnologischen" Beobachtungssprache (Feer 1985) auf psychiatrische Störungen ist nicht zuletzt die Voraussetzung, um Befunde am Menschen und am Tiermodell in Beziehung zu setzen. Psychotische Erkrankungen als "Zustände primitiver seelischer Struktur" bieten eine gute Gelegenheit, "präformiertes, angeborenes Verhalten in ähnlicher Weise zu studieren wie motorische Schablonen während hirnorganischer Störungen" (Ploog 1958). Forschungsansätze in dieser Richtung sind von verschiedener Seite (z. B. Kleist 1909, Kretschmer 1953, Ploog 1964, Leonhard 1976, Bente 1978) vertreten worden. Das Konzept von Ploog (1958) ("Faßt man die Psychopathologie als eine Lehre von den Störungen des Verhaltens auf, läßt sich ein biologisches Konzept der Psychiatrie erarbeiten, das die Dichotomie somatischer und psychischer Vorgänge im Ansatz vermeidet und mit naturwissenschaftlichen Methoden vorangetrieben werden kann"), ist in seinem Reduktionismus für eine klinische Verwendbarkeit aber offenbar zu extrem. Ein vermittelnder Standpunkt wäre der, wonach "die biologische Psychiatrie (...) außerhalb der Materalismus-Idealismus-Alternative auf einer biologischen Basis, auf der Basis der Evolutionstheorie" steht, woraus sich die Forderung ableitet, daß "die somatische Forschung sich mit der psychologischen vereinen muß, weil die psychischen Erkrankungen, insbesondere die endogenen Psychosen, nur durch dieses interdisziplinäre Zusammengehen erfaßt werden können" (Feer 1985) Diese Sichtweise entspricht dem heute geläufigen "mehrdimensionalen" Vorgehen in der biologischen Psychiatrie.

Verhalten in seinen verschiedenen Formen markiert demnach einen Grenzbereich zwischen Psychiatrie und Neurologie, der von beiden Seiten zu bearbeiten ist, wie dies bereits Griesinger gefordert hat. Katatone Bewegungsstörungen Schizophrener, tardive Dyskinesien, die psychomotorische Verlangsamung Depressiver oder die Ruhelosigkeit der Maniker sind Beispiele für Verhaltensaspekte psychiatrischer Erkrankungen, deren Analyse ebenso wie die Untersuchung psychiatrischer Aspekte neurologischer Erkrankungen, wie z.B. Morbus Parkinson und Chorea Huntington, dem vertieften neurobiologischen Verständnis neuropsychiatrischer Erkrankungen dient (Benson 1990).

Leonhard (1986), der in seiner Systematik der endogenen Psychosen wie kein anderer die diagnostische Bedeutung krankhafter Bewegungs- und Verhaltensmuster herausgestellt hat, hat in seiner Monographie "Der menschliche Ausdruck in Mimik, Gestik und Phonik" (1976) die Charakteristika verschiedener Verhaltensformen, ähnlich wie vor ihm schon Kraepelin (1921), aufgeführt (Tabelle 2).

Formale Bewegungsmerkmale, "Gestimmtheit" (Ploog 1964), situative Auslöse- und Randbedingungen (Kontext), Zielgerichtetheit

Tabelle 2. Charakteristika verschiedener Verhaltens-(Bewegungs-) Formen (in Anlehnung an Leonhard 1976)

Bewegungs-formen	Definition		Bewegungs-ablauf
Reflex-Bew.	Reizsituation —>	Bewegung	starr
Ausdrucks-Bew.	Reizsituation —>	Erleben Bewegung	starr[a]
Instinkt-Bew.	Reizsituation —>	Bewegung->Ziel	starr
Zweck-Bew.	Intention —>	Bewegung->Ziel	variabel

[a] bzw. abhängig von kulturspezifischen Darbietungsregeln

und Zweckmäßigkeit, willentliches oder unwillentliches Ingangsetzen sind demnach einige der wesentlichen verhaltensanalytischen Kategorien, mit deren Hilfe Reflex-, Ausdrucks-, Instinkt- und Zweckbewegungen sowie deren Störungen untersuchbar sind. Hier ergeben sich breite Überschneidungen zur experimentalpsychologischen Untersuchung neuropsychologischer Syndrome (z. B. Apraxien) und zur vergleichenden Neurologie von Instinktbewegungen (Pilleri 1971).

Veränderte Handlungsbereitschaften, Hervortreten von Bausteinen angeborenen Verhaltens, Verlust der Handlungsfreiheit charakterisieren eine krankheitsbedingt zunehmende Dissolution von Verhaltensweisen (vgl. Ploog 1964), die sich dem Psychiater häufig bereits unabhängig von der erlebnisphänomenologischen Psychopathologie als diagnostisch wegleitend aufdrängen, ohne aber über den "Eindruck" hinaus explizierbar zu sein. Auch die mimischen Ausdrucksbewegungen, normalerweise unverstellter Zugangsweg zur psychischen Befindlichkeit (abgesehen von kulturspezifischen Abwandlungen durch sog. "display rules"), können unter Krankheitsbedingungen vom Erleben abgekoppelt leerlaufen (pathologisches Lachen und Weinen) oder als unwillkürlicher Ausdruck nicht mehr zur Verfügung stehen (Hypomimie). Dies unterstreicht die Notwendigkeit, bei einer experimentellen Verhaltensanalyse sowohl die subjektive wie die objektive Untersuchungsebene zu berücksichtigen und erst aus dem jeweiligen Verhaltens*muster* auf die Besonderheit der zugrundeliegenden Funktionsstörung rückzuschließen.

Das verhaltensanalytische Vorgehen muß methodisch hinsichtlich funktionaler (Mimik, Gestik, Haltung, Blickmotorik, Sprech- und Stimmcharakteristika), zeitlicher (kontinuierlich, diskret) und situativer Merkmale (Felduntersuchung, Interaktion, Einzelbeobachtung) weiter differenziert werden. Die jeweilige Auswahl aus diesen Merkmalsfeldern hängt von der Fragestellung und der zur Verfügung stehenden Untersuchungsmethodik ab. Die Untersuchung von Territorialverhalten einerseits und umschriebenem mimischen Ausdrucksverhalten andererseits erfordert naturgemäß völlig unterschiedliche zeitliche und meßmethodische Erhebungsstrategien.

Für unsere Untersuchungen haben wir uns für einen stationären Untersuchungsaufbau entschieden, der eine Untersuchung der Patienten unter definierten Verhaltensbedingungen erlaubt (Gaebel 1990a). Wir befassen uns derzeit schwerpunktmäßig mit der Erfassung und Differenzierung schizophrener Negativsymptomatik mit objektiven verhaltensanalytischen Methoden (Gaebel u. Renford 1988). Ausgangspunkt dieses Forschungsansatzes ist, daß trotz der zunehmenden Beachtung von Negativsymptomatik für die klinische Subtypologie und neurobiologische Aufklärung schizophrener Erkrankungen deren exakte Definition und demzufolge nosologische Spezifität, Zeitstabilität, Behandlungsansprechen, klinische Korrelate,

Tabelle 3. Verhaltensmerkmale und objektive Analysemethoden schizophrener "Negativ-Symptomatik" (nach Andreasen 1982)

Skalenintems	Verhaltenssektor	Analysemethoden
Starrer Gesichtsausdruck Fehlende affektive Auslenkbarkeit Unangemessener Affekt	Mimik	Facial Action Coding System (FACS)
Verminderte Spontanbewegung Armut der Ausdrucksbewegungen	Gestik Haltung	Codierung
Geringer Augenkontakt	Blickmotorik	Infrarot-Okulographie
Mangel an vokaler Ausdrucksfähigkeit Verarmung der Sprechweise Erhöhte Antwortlatenz	Stimme Sprechen	Frequenzanalyse On/off-Muster

prognostische Wertigkeit und Pathogenese immer noch offene Probleme sind. Tabelle 3 zeigt die Dimension "Affektverflachung" der SANS (Andreasen 1982), die mit Hilfe von Verhaltensmerkmalen operationalisiert ist.

Für die den einzelnen Skalenitems entsprechenden Verhaltenssektoren (Mimik, Gestik und Körperhaltung, Blickverhalten, Stimmcharakteristika und Sprechverhalten) liegen heute differenzierte Notationssysteme bzw. Meßverfahren vor, die z.T. bei der Analyse von Negativsymptomatik bereits eingesetzt worden sind (Gaebel 1990b). Da eine wesentliche Frage die der pharmakologischen Beeinflußbarkeit dieser Merkmale ist, untersuchen wir schizophrene Patienten unter verschiedenen therapeutischen Interventionen im Verlauf und im Vergleich zu depressiven Patienten und normalen Kontrollen.

Blickbewegungen stellen eine vergleichsweise einfache Zweckhandlung dar, die mit Hilfe bestimmter Meßverfahren (z.B. Infrarot-Okulographie) objektivierbar ist. Suchparadigmen mit klarer Zielvorgabe (z.B. Buchstabenlisten, Gaebel 1989a) erlauben die Prüfung von Hypothesen wie der von Frith (1987), daß Schizophrene mit Negativsymptomatik Störungen der Intentionsbildung aufweisen, keine angemessene Handlungsstrategie auswählen können und, ähnlich wie Frontalhirnkranke, verstärkt distraktorabhängig sind. Bei Aufgabenstellungen, in denen auch eine manumotorische Komponente involviert ist (z.B. Trailmaking- und Labyrinth-Test), ermöglicht die zusätzliche computergestützte Erfassung der Handbewegungen komplexe Analysen der Hand-Auge-Koordination und gibt damit Einblick in zielorientierte Handlungsabläufe und deren Störungen (Gaebel 1989b).

Schizophrene haben Schwierigkeiten beim Erkennen emotionalen Gesichtsausdrucks. Dieser Befund ist offenbar nosologiespezifisch, wir konnten ihn für Schizophrene, nicht jedoch für Depressive replizieren (Gaebel et al. 1989). Während die Patienten eine Bilderserie von Ekman u. Friesen (1978) betrachteten, wurden simultan die Blickwendungen aufgezeichnet. Hierbei fand sich u. a., daß Schizophrene im postakuten Zustand vor allem bei negativen Emotionen schwerpunktmäßig stärker als Gesunde die linke Gesichtshälfte explorieren, die bevorzugter Träger emotionaler Informationen ist. Möglicherweise erklärt diese Verhaltensauffälligkeit zumindest partiell die höhere Vulnerabilität Schizophrener gegenüber (negativen) emotionalen Reizen, die zwar genau erkannt, "unbewußt" aber als Stressoren wirksam werden.

Eine "verhaltensneurologische" Erklärung dieser Befunde wäre, daß durch eine krankheitsspezifische Minderfunktion rechtshemisphäraler Aufmerksamkeitsstrukturen korrespondierende linkshemisphärale Strukturen funktionell überwiegen, was zu einer Verschiebung des visuellen Explorationsschwerpunks ins rechte Blickfeld führen könnte (Mesulam 1985).

Ausdrucks*erkennen* und Ausdrucks*verhalten* sind physiologisch mutmaßlich assoziiert, was erklären würde, daß bei Schizophrenen beide Aspekte der Emotionalität häufig gestört sind. Zur systematischen Untersuchung dieser Zusammenhänge ist es daher notwendig, mit Hilfe objektiver Analysemethoden in einer standardisierten Untersuchungssituation Dekodierung wie Enkodierung unter unwillkürlichen (Spontanausdruck) und willkürlichen Bedingungen (Simulation, Imitation) auf verschiedenen Meßebenen (motorisch, subjektiv, physiologisch) zu untersuchen. Die Möglichkeit einer objektiven Analyse mimischen Verhaltens bietet das Facial Action Coding System (Ekman u. Friesen 1978).

Sprechverhalten und Stimmcharakteristika sind schließlich weitere Verhaltensmerkmale, die einer genaueren objektiven Analyse zugänglich sind. Die Sprechaktivität des Patienten, gemessen an der Länge seiner Sprechphasen und Sprechpausen, läßt sich als entsprechendes On-/Off-Muster unter Nichtberücksichtigung des Sprachinhaltes analysieren. Desweiteren können verschiedene Parameter der Sprechstimme (z. B. Grundfrequenz und deren Modulation) gemessen und als Indikatoren emotionaler Störungen analysiert werden.

Faßt man die Ausführungen zusammen, so eröffnet die Verhaltensforschung in der Psychiatrie mit der formalen, funktionalen und situativen Analyse definierter Verhaltensstörungen die Möglichkeit einer Verhaltenstaxonomie und damit differenzierten Klassifikation psychischer Erkrankungen, insbesondere endogener Psychosen. Zielsetzung eines entsprechenden Forschungsprogramms sind die Identifizierung von verhaltensbezogenen State- und Trait-Indikatoren sowie deren biologische Validierung. Die Intensivierung dieses Forschungsansatzes ist von verschiedener Seite gefordert worden (WHO 1983, NIMH 1988). Die befürchtete Selbstaufgabe der Psychopathologie "unter dem Diktat des logischen Empirismus" (Glatzel 1990) scheint gerade dann nicht begründet, wenn sich die Psychopathologie nicht auf eine "psychiatrische Semiotik" beschränkt, sondern sich für die Integration experimentalpsychologischer Ansätze offenhält. Im Rahmen einer funktional orientierten biologischen Psychiatrie stellt die Verhaltensforschung ein Bindeglied zu den mit naturwissenschaftlicher Methodik arbeitenden Neurowissenschaften dar.

Literatur

Andreasen C (1982) Negative symptoms in schizophrenia. Arch Gen Psychiatry 39: 784-788

Benson DF(1990) Behavorial aspects of movement disorders. Neuropsychiat Neuropsychol Behav Neurol 3: 1-2

Bente D(1978) Methodische Gesichtspunkte zur Videoanalyse psychomotorischer Störungen. In: Helmchen H, Renfordt E (Hrsg): Fernsehen in der Psychiatrie. Thieme, Stuttgart, S 40

Darwin C (1872) Der Ausdruck der Gemütsbewegungen. Reprint nach der Stuttgarter Ausgabe von 1872. Greno, Nördlingen (1986)

Diamond HW (1979) Über die Anwendung der Photographie auf die physiognomischen und seelischen Erscheinungen der Geisteskrankheit (1856). In: Burrows A, Schumacher I (Hrsg) Doktor Diamonds Bildnisse von Geisteskranken. Syndikat, Frankfurt/M.

Ekman P, Friesen WV (1978) Facial action coding system. Consulting Psychologists Press, Palo Alto, CA

Fähndrich E, Stieglitz D (1989) Leitfaden zur Erfassung des psychopathologischen Befundes. Springer, Berlin Heidelberg NewYork Tokyo

FeerH (1985) Biologische Psychiatrie. Enke, Stuttgart

Frith CD (1987) The positive and negative symptoms of schizophrenia reflect impairments in the perception and initiation of action. Psychol Med 17: 631-648

Gaebel W (1989a) Visual search, EEG, and psychopathology in schizophrenic patients. Eur Arch Psychiatr Neurol Sci 239: 49-57

Gaebel W (1989b) Blickmotorische Strategien und visuelle Suchleistung schizophrener Patienten: Bewilligtes Forschungsvorhaben im Schwerpunktprogramm "Neurobiologische Determinanten sensomotorischer und kognitiver Störungen bei Schizophrenen" der DFG

Gaebel W (1990a) Verhaltensanalytische Forschungsansätze in der Psychiatrie. Nervenarzt 61 (1990) 527-535

Gaebel W (1990b) Erfassung und Differenzierung schizophrener Minussymptomatik mit objektiven verhaltensanalytischen Methoden. 1. Bonner Kraepelin-Symposium, 24.-25.11.1989, im Druck

Gaebel W, Renfordt E (1988) Objektivierende Verhaltensanalyse schizophrener Residualsymptome im Verlauf verschiedener therapeutischer Interventionen. Bewilligtes Forschungsvorhaben im Förderschwerpunkt "Therapie und Rückfallprophylaxe psychischer Erkankungen im Erwachsenenalter" des BMFT

Gaebel W, Stolz J, Wölwer W, Frick K (1989) Eye movements and face perception in schizophrenia. In: Schmid R, Zambarbieri D (eds) Fifth Europeas Conference on Eye Movements. University of Pavia 1989

Glatzel J(1990) Die Abschaffung der Psychopathologie im Namen des Empirismus. Nervenarzt 61: 276-280

Heimann H (1987) Über die Perspektivität psychiatrischer Befunde. Fund Psychiatr 1: 15-18

Johst V (1982) Biologische Verhaltensforschung am Menschen: Grundlagen, Methoden, Anwendungen. Akademie-Verlag, Berlin

Kleist K (1909) Weitere Untersuchungen an Geisteskranken mit psychomotorischen Störungen. Habilitationsschrift, Erlangen

Kraepelin E (1921) Psychiatrische Klinik, 4. Aufl., Bd. 1. Barth, Leipzig

Kretschmer E (1953) Der Begriff der motorischen Schablonen und ihre Rolle in normalen und pathologischen Lebensvorgängen. Arch Psychiat Z Neurol 190:1-3

Leonhard K (1976) Der menschliche Ausdruck in Mimik, Gestik und Phonik. Barth, Leipzig

Leonhard K (1986) Aufteilung der endogenen Psychosen und ihre differenzierte Ätiologie. Akademie-Verlag, Berlin

Meinertz F (1955) Was ist inadäquat bei der Schizophrenie? Nervenarzt 26: 232-238

Mesulam M (1985) Principles of behavioral neurology. Davis, Philadelphia

NIMH (1988) A national plan for schizophrenia research. Schizophr Bull 14: 1-123

Pickenhain L (1968) Methodologische Probleme der Untersuchung biologischer Faktoren bei psychiatrischen Erkrankungen. In: Pickenhain L, Thom A (Hrsg) Beiträge zu einer allgemeinen Theorie der Psychiatrie. Fischer, Jena, S 79-119

Pilleri G (1977) Instinktbewegungen des Menschen in biologischer und neuropathologischer Sicht. In: Bilz R, Petrilowitsch N (Hrsg) Beiträge zur Verhaltensforschung. Karger, Basel

Ploog D (1958) Endogene Psychosen und Instinktverhalten. Fortschr Neurol Psychiat 26: 83-98

Ploog D (1968) Verhaltensforschung und Psychiatrie. In: Gruhlke HW, Jung R, Mayer-Gross W, Müller M (Hrsg) Psychiatrie der Gegenwart, Forschung und Praxis. Springer, Berlin Göttingen Heidelberg

Rümke HC (1948) Het kernsymptoom der schizophrenie en het "praecoxgevoel". In: Rümke HC (ed) Studies end vordrachten over Psychiatrie. Scheltema & Holkema, Amsterdam

Sagi GA, Schwartz MA (1989) The "precox feeling" in the diagnosis of schizophrenia; a survey of Manhattan psychiatrists. Schizophr Res 2: 35

WHO/ADAMHA (1983) Diagnosis and classification of mental disorders and alcohol- and drug-related problems: a research agenda for the 1980s. Psychol Med 13: 907-921

Visuelle Halluzinationen als neurologisches Symptom

H. W. Kölmel

Die Formulierung des Themas impliziert, daß visuelle wie auch andere Halluzinationen ihrem Wesen nach keine eigentlich neurologischen Symptome sind. Tatsächlich haben sich durch die weitgehende Trennung der Nervenheilkunde in ihre Teildisziplinen verschiedene Zuständigkeiten für einzelne Symptome, so auch für Halluzinationen entwickelt, Zuständigkeiten, die keinesfalls immer den klinischen Tatsachen entsprechen müssen.

Entgegen den klassischen Zeiten klinischer Nosologie im ausgehenden letzten und beginnenden 20. Jahrhundert (Henschen 1890, Schröder 1925) finden Halluzinationen in der zeitgenössischen Neurologie - wenn man von der epileptischen oder der Migräne-Aura einmal absieht - nur noch marginales Interesse, und es sieht so aus, als habe man sie ganz der Psychiatrie überlassen. Selbst der Patient scheint sich inzwischen an diese Entwicklung anzupassen, denn, in der Neurologie aufgenommen, verschweigt er tunlichst seine Wahrnehmungen und wird eigentlich nur noch dann auffällig, wenn er seine Halluzinationen für echt hält und seine Umwelt beunruhigt.

Hat man indes sein Ohr nah genug beim Patienten, und läßt man sich nicht durch die zahlreichen diagnostischen Verpflichtungen allzusehr ablenken, so wird man unschwer längst Bekanntes neu erfahren, daß nämlich Trugwahrnehmungen - und speziell die visuellen - keinen geringen Raum in der Hirnpathologie, und so auch in der Neurologie einnehmen.

Die zunehmende Beschäftigung mit dem Thema läßt allerdings auch auf verschiedene, teils unerwartete Schwierigkeiten stoßen. Diese Schwierigkeiten beginnen spätestens mit der Definition des Begriffes Halluzination und enden frühestens mit der für die Neurologie wichtigen Frage, ob und inwieweit, auf welche Art und Weise auch immer definierte, unterschiedliche Begriffe auch einer unterschiedlichen Pathophysiologie oder -anatomie entsprechen. Die Halluzinationen werden üblicherweise als Wahrnehmung ohne entsprechendes äußeres - objektives - Korrelat bezeichnet. Die Definition geht zurück auf Jaspers (1912), welcher sich dabei wiederum auf Esquirol (1838) beruft. Von den Halluzinationen sollen die Illusionen getrennt werden, bei letzteren handelt es sich um Trugwahrnehmungen, die rein endogener Natur sind und die zumindest keinen Bezug zu einem äußeren Reiz auf das entprechende Sinnesorgan erkennen lassen. Wenn wir uns die ursprünglichen Wortbedeutungen von Halluzination – hallucinari (lat.) faseln, Unsinn reden – und von Illusion – (frz.) Täuschung, Einbildung – vornehmen, so erscheinen die Definitionen von Jaspers allerdings mehr oder weniger willkürlich. Und prüfen wir die Brauchbarkeit dieser beiden Begriffe auf ihre Anwendbarkeit in der Praxis, so werden wir auch hier immer wieder auf Schwierigkeiten stoßen. Das gilt vor allem für vestibuläre Trugwahrnehmungen, das gilt aber auch für manche Formen visueller Perseveration, bei denen es sich in der Regel um Illusionen handelt, die in manchen Ausprägungen aber auch zu den Halluzinationen gerechnet werden können (Kölmel 1982). Keine Frage, daß man in allen Fällen begrifflicher wie diagnostischer Entscheidung auf die Beschreibungen des Kranken und auf die sorgfältige Beobachtung seines Verhaltens angewiesen ist.

Die einfachen visuellen Halluzinationen, die Photopsien oder Phosphene, werden von den komplexen getrennt, welche die Wahrnehmung von Gegenständen, Tieren, Menschen - statisch wie animiert - beinhalten. Im folgenden will ich mich auf die Darstellung komplexer Halluzinationen beschränken, die in der Neurologie etwas seltener sind als die Photopsien, denen aber keineswegs weniger Bedeutung zukommt. Dabei werden komplexe visuelle Halluzinationen, wenn sie Symptom von fokalen Epilepsien oder von Migräne sein sollten, nicht dargestellt oder nur dort berücksichtigt werden, wo sie für das Verständnis wichtig sein könnten.

Die Diskussion über das Wesen der visuellen Halluzinationen kreiste lange Zeit um den sie generierenden Ort, wobei sich im wesentlichen zwei Lager gegenüberstanden, eines, das eine periphere, den optischen Apparat (Binet 1884, Liepmann 1895) und eines, das eine zentrale, überwiegend den Kortex betreffende Genese favorisierte (Henschen 1925, Schröder 1925). Diese extremen Standpunkte sind zwar längst zugunsten eines Sowohl-als-auch aufgegeben worden (Uhthoff 1899, Weinberger u. Grant 1940). Die Diskussion darüber soll im folgenden aber noch einmal nachvollzogen werden, indem über visuelle Halluzinationen ganz unterschiedlicher, peripher wie zentral lokalisierter Krankheiten berichtet wird: Erkrankungen des Auges, des Thalamus und des Kortex. Es soll dabei versucht werden, ob sich aus der Phänomenologie dieser Halluzinationen bestimmte Ordnungskriterien erkennen lassen, und im positiven Falle der Ort der Läsion an Bedeutung gewinnt.

Jackson vermutete, daß die physiologische visuelle Wahrnehmung im Normalfall nicht nur eine Welle der Erregung auslöst, sondern auch einen hemmenden Einfluß auf bereits gespeicherte visuelle Gedächtnisinhalte ausübt. Jacob (1949) spricht von einer notwendigen "optischen Sättigung" und West (1962) von einem "Bombardement" von Informationen, die von Stimuli innerhalb unseres Körpers und von der Außenwelt stammen. Diese permanenten Stimuli würden zwar zu permanenter neuer Speicherung führen, sollen aber gleichzeitig verhindern, daß bereits Gespeichertes in das Bewußtsein gelangt und dann etwa mit der Außenwelt um die Echtheit konkurriert. Wenn die Wahrnehmung eingeschränkt oder die innere Erregung, gleich welcher Genese erhöht ist, gelangen bereits gespeicherte Gedächtnisinhalte in das Bewußtsein, tauchen als Halluzinationen, als Release-Phänomen nach Cogan (1973), auf. Ängste und Wünsche können solche Faktoren der inneren Erregung und Mobilisation werden.

Erkrankung der Augen - Das Charles Bonnet Syndrom

Augenerkrankungen, die zu einer schweren beidseitigen Visusreduktion führen, reduzieren zwangsläufig den physiologischen Fluß visueller Stimuli oder bringen ihn auch vollends zum Erliegen. Entsprechend der o.g. Theorien werden gespeicherte visuelle Inhalte leichter mobilisiert. Es handelt sich um visuelle Halluzinationen, die heute gelegentlich unter dem Begriff des "Charles Bonnet Syndroms" zusammengefaßt werden. Der Philosoph und Naturforscher Bonnet beschrieb Mitte des 18. Jahrhunderts die Halluzinationen seines augenkranken Großvaters, und das Schicksal wollte es, daß Bonnet selbst im vorgerückten Alter und bei erheblicher Sehminderung solche Halluzinationen wahrnahm (Berrios u. Brook 1982, Burgermeister et al. 1965).

Fallbericht:

Eine Augenärztin schickte ihren Patienten, weil sie mit seinen Beschwerden nicht mehr zu Rande kam. Es erschien ein rüstiger Endsiebziger in Begleitung seiner Frau. Beide verstrickten mich zunächst in ein Gespräch über ihre vielfältigen Aktivitäten und Pläne. Dann endlich bat der Mann seine Frau, sie solle doch jetzt sagen, warum sie hier seien. Sie meinte, daß dies eigentlich seine Angelegenheit sei. Und er entgegnete darauf, daß sie sich doch gestört fühle, weniger er. Ein halbes Jahr zuvor hatte er vor seinen Augen plötzlich seltsame Farben gesehen. Dann waren Menschen aufgetaucht, bekannte und unbekannte, meist in graue oder dunkle Kleider gehüllt. Er wollte mit ihnen sprechen, sie antworteten aber nicht. Wollte er auf sie zugehen oder sie genauer fixieren, so verschwanden sie. Seine Frau erschien ihm mehrmals als eine Fremde. Vor dem Fernseher sah er bunte Szenen, die sich aber dort nicht abspielten. Diese Szenen konnten auch aus dem Fernsehschirm schlüpfen und an verschiedenen Stellen des Zimmers auftauchen. Mehrmals war er derart von der Echtheit seiner Wahrnehmungen überzeugt, daß er seine Frau in Angst und Schrecken versetzte. Sie wagte kaum noch, ihn zu korrigieren. In einer Klinik konnte man nur feststellen, daß seine Sehkraft aufgrund einer vaskulären Retinopathie stark nachgelassen hatte - der Visus erreichte beidseits etwa 0.05 -, helfen konnte man ihm nicht. Während unseres Gesprächs stellte sich heraus, daß er sich mit der Einschränkung seiner Sehkraft nicht abfinden konnte. Es paßte nicht in das Bild, das er von sich hatte, das Bild eines tatkräftigen, aktiven Mannes.

Unter dem Charles Bonnet Syndrom sollte man nur die visuellen Halluzinationen jener älteren Menschen verstehen, die an einer ausgeprägten Sehschwäche oder einer Blindheit leiden. Als Ursache der Sehstörung muß eine Erkrankung der Augen vorliegen. Aufgrund der auffälligen Verbindung der Halluzinationen mit einer, den Visus beeinträchtigenden Augenkrankheit prägte Lhermitte (1951) den Begriff "Hallucination des ophthalmopathes".
Für die Halluzinationen lassen sich folgende Charakteristika herausarbeiten:

- rein visuell,
- im gesamten Gesichtsfeld,
- lebhaft, bewegt, unterschiedlich farbig,
- vielfältig und nicht stereotyp,
- oft etwas kleiner als in der Natur,
- Auslöschung durch Augenbewegungen,
- Episoden von Sekunden bis Minuten,
- keine tageszeitliche Bindung,
- Gesamtzeitraum Wochen bis Monate,
- richtige Einschätzung des Gesehenen möglich, allerdings nicht immer auf Anhieb.

Es handelt sich keinesfalls um ein seltenes Phänomen. Auch die Beschränkung allein auf alte Menschen besteht im Grunde nicht. Unter Späterblindeten verschiedenen Alters fand Fitzgerald (1971) immerhin 10%, die visuelle Halluzinationen wahrnahmen. In der Untersuchung von Jacob (1949) werden zwar keine Zahlenangaben gemacht, der Autor überblickte aber eine große Zahl von auch jüngeren Patienten, die nach ihrer Erblindung visuelle Halluzinationen hatten. Warum gerade ältere Menschen durch ihre Halluzinationen auffällig werden, mag daran liegen, daß sie sie zunächst schwer als irreal identifizieren können, dementsprechend auffällig werden oder auch schneller als jüngere Menschen davon berichten. Olbrich (1987) meint, daß die im höheren Lebensalter häufiger auftretende Vigilanzminderung für die Halluzinationen verantwortlich sei. Ob bei all diesen Patienten neben der Augen- auch eine Gehirnerkrankung, etwa im Sinne einer Demenz vorliegen muß, wie vermutet (Patry 1939), bezweifle ich schon deshalb, weil auch bei so vielen jüngeren Patienten mit Späterblindung, bei denen man keine Veranlassung hat, eine altersbedingte, etwa auf dem Boden einer Arteriosklerose beruhende Hirnerkrankung anzunehmen, visuelle Halluzinationen auftreten. Auch bei unserem Patienten gab es weder nach seinem Verhalten noch nach den Befunden der bildgebenden Verfahren einen Hinweis für eine Hirnerkrankung. Eine tiefenpsychologische Interpretation, sowohl was die Tatsache des Auftretens als auch den Inhalt von Halluzinationen angeht, erscheint mir naheliegender (Lauber u. Lewin 1958). Meist handelt es sich um phantasiebegabte Menschen, für die Sehen ein wesentliches Kommunikationsmittel mit der Außenwelt bedeutet. Die Halluzinationen treten um so eher auf, je schneller sich die Visusreduktion ausgebildet hat. Am häufigsten sind sie deshalb bei akut aufgetretener Blindheit, etwa als Folge einer Retinablutung, eines retinalen Infarktes oder einer traumatische Schädigung der Bulbi. Cohn (1971) spricht deshalb auch von "phantom vision" und stellt Verbindungen zu den Phantomphänomenen nach Amputation her.

In der Regel verschwinden die Halluzinationen spätestens einige Monate nach Eintreten der Sehstörung. Sie können aber erneut auftauchen, wenn sich neue körperliche oder seelische Erschütterungen ereignen. Der Weg der Therapie sollte individuell beschritten werden. Das beginnt mit der konstanten Korrektur der Trugwahrnehmungen durch den Außenstehenden und hört möglicherweise auf mit einigen psychotherapeutisch orientierten Gesprächen, die helfen sollen, den Zusammenhang zwischen Verlust des Sehens und Auftretens der Halluzinationen aufzudecken. Medikamente, etwa Neuroleptika, sind selten erfolgreich und sollten deshalb nur ausnahmsweise versucht werden.

Pedunkuläre Halluzinationen

Jean Lhermitte beschrieb 1922 eine Patientin, die von lebhaften visuellen Halluzinationen verfolgt wurde. Ihre neurologischen Symptome wiesen auf eine Läsion im Mesenzephalon und im Pons hin, und Lhermitte war der Auffassung, daß die mesenzephale Läsion Ursache für diese Art der Halluzinationen sei. 5 Jahre später nahm van Bogaert (1927) ähnlich lokalisierte, in seinem Fall aber pathologisch-anatomisch verifizierte Befunde zum Anlaß, für diese Trugwahrnehmungen den Begriff der "pedunkulären Halluzinationen" zu prägen. Zur Pathogenese sagt dieser Begriff nichts aus. Gemeint war von Lhermitte und van Bogaert lediglich die topische Zuordnung zum Mesenzephalon. Später wurden bei anderen Patienten mit visuellen Halluzinationen und vergleichbaren neurologischen Befunden auch Läsionen im Thalamus festgestellt (Caplan, 1980), und es ist anzunehmen, daß der Thalamus als Tor zum Bewußtsein mit seinen vielfachen Verknüpfungen auch zum visuellen Assoziationskortex ursächlich eine wichtigere Rolle spielt als etwa die Pedunculi cerebri.

Fallbericht:

Es handelt sich um einen 56 Jahre alten Mann, der eingewiesen wurde, weil er seit einigen Tagen am hellichten Tag unvermittelt und immer wieder in einen schlafähnlichen Zustand geriet. Bei der ersten neurologischen Untersuchung fiel tatsächlich auf, daß das Bewußtsein dieses Mannes rasch wechseln konnte. Er war zwar jeweils gut erweckbar, konnte aber innerhalb Sekunden und auch während der Untersuchung immer wieder in Schlaf fallen. Auch die Orientierung zur Zeit, zur Situation und ebenso zum Ort war wechselnd. Als konstanter neuropathologischer Befund ergab sich eine komplette vertikale Blickparese nach oben wie nach unten. Auch die horizontalen Blickbewegungen wurden nicht voll durchgeführt oder konnten nicht anhaltend durchgeführt werden. Dabei gab der Patient inkonstant das Sehen von Doppelbildern an. Eine Einschränkung der Gesichtsfelder bestand nicht. In den folgenden Tagen wurden die Phasen vollen Wachseins immer länger. Man konnte sich jetzt gut und ausführlich mit dem Patienten unterhalten. Er berichtete, daß er lange Zeit schwer gearbeitet, geknüppelt hätte, wie er es nannte, vielleicht zuviel, anders könne er seine Herzkrankheit und jetzt dies nicht erklären.
Der Patient befand sich gerade eine Woche auf unserer Station, als eines Abends plötzlich aus seinem Zimmer laute Geräusche kamen. Er hatte mit allen Gegenständen, mit Flaschen, Büchern, seinem Uringlas, mit allem, was er nur fassen konnte, um sich geworfen, saß nun ängstlich und erregt auf seinem Bett und konnte nur schwer beruhig werden. Zwei ihm unbekannte, dunkel gekleidete Männer, der eine klein, der andere groß und ungeschlacht, hatten sich in sein Zimmer geschlichen, beide mit Knüppeln bewaffnet, sich langsam von rechts auf ihn zubewegt. Mehrere Sekunden konnte er sie vor seinem Bett beobachten. Als er sie flüstern hörte, den machen wir jetzt fertig, hatte er sich in höchster Todesangst zur Wehr gesetzt. Die Angreifer hatten sich dann langsam zurückgezogen und waren plötzlich aus dem Zimmer verschwunden. Nur schwer war er davon zu überzeugen, daß es Halluzinationen waren, die er für wahr gehalten hatte. Am Abend des nächsten Tages erschienen die Männer wieder in seinem Zimmer, sie hatten Verstärkung geholt, denn nun waren es drei, alle mit Knüppeln bewaffnet. Wieder hatte der Patienten den Eindruck, daß sie sich abgesprochen hatten, ihn umzubringen. Und in seiner Not warf er alles nach ihnen, was er zu fassen bekam. Tatsächlich verschwanden die Gestalten. Nach diesem Ereignis hatte der Patient Ruhe.

Während das Computertomogramm des Gehirns normal war, fanden sich im Kernspin des Gehirns kleine frische Läsionen in

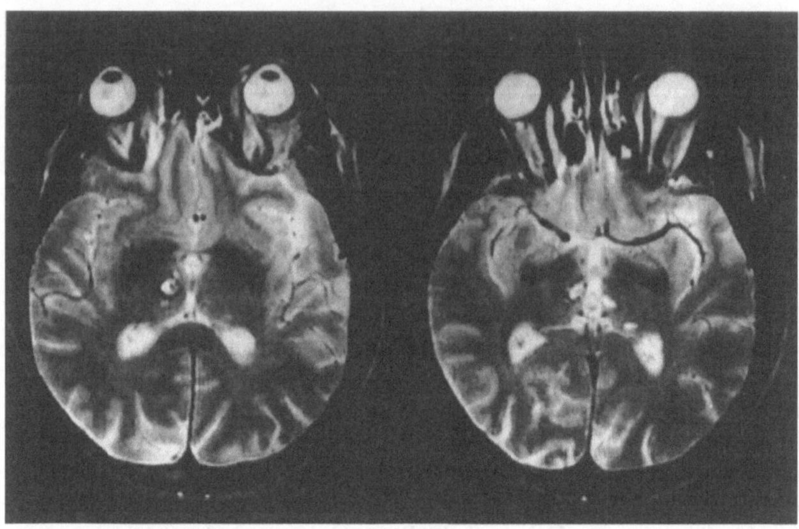

Abb. 1. Kernspintomogramm zeigt medial beidseits des Thalamus und im Pulvinar thalami links ischämische Läsionen.

mittleren Teilen des Thalamus sowie im Pulvinar (Abb. 1). Solche gleichzeitig entstandenen beidseitigen Läsionen sind denkbar, einmal weil die Bereiche über frühe Äste der A. cerebri posterior versorgt werden, zum anderen, weil sie nach den Befunden von Percheron (1976) gelegentlich auch über eine unpaar angelegte A. thalamoperforata versorgt werden können.

Für "pedunkuläre" Halluzinationen ergeben sich folgende Charakteristika:

- überwiegend visuell, aber auch andere Sinnesmodalitäten,
- im gesamten Gesichtsfeld,
- lebhaft, bewegt, gering farbig,
- vielfältig,
- Einfluß von Augenbewegungen unbekannt,
- Episoden von Sekunden,
- vornehmlich abends oder in der Dämmerung,
- Gesamtzeitraum Tage bis Wochen,
- Einschätzung der Halluzinationen nicht immer möglich.

Inwieweit die häufig beobachteten Blickstörungen an der Genese der Halluzinationen mitverantwortlich sind, muß dahingestellt sein. Immerhin verbindet sich damit eine reduzierte retinale Stimulation und eine Beeinträchtigung des physiologischen Erregungsflusses.

Lhermitte (1951) mißt zu Recht der Veränderung des Bewußtseins eine wesentliche pathogenetische Bedeutung bei. Zusammengefaßt findet man fast regelmäßig folgende neurologischen Symptome: Störung der Blickbewegung, Störung des Schlaf-Wach-Rhythmus, wechselnde Bewußtseinslage, und Störung der Rumpf- und Extremitätenkoordination.

Hemianopische Halluzinationen

Sind die pedunkulären Halluzinationen ein seltenes Ereignis, so handelt es sich bei den hemianopischen Halluzinationen um ein durchaus gewöhnliches Phänomen. Auch hier ist der physiologische visuelle Strom unterbrochen, und wie zu erwarten projizieren sich in die ausgefallene Hälfte bereits gespeicherte visuelle Engramme. Da in der anderen Hälfte die Außenwelt unverändert aufgenommen werden kann, gelingt dem Betreffenden schnell die richtige Einordnung seiner Halluzinationen, d.h. er kann sie korrigieren. Er unterscheidet sich deshalb von den Patienten mit Charles Bonnet Syndrom oder pedunkulären Halluzinationen, bei denen einmal durch die schwere beidäugige Sehstörung, einmal durch Störung des Bewußtseins eine Korrektur nicht ohne weiteres möglich ist.

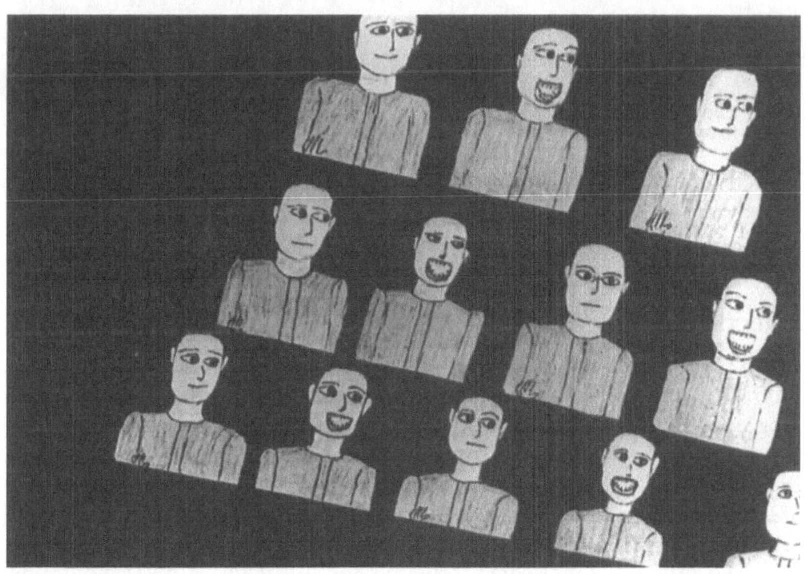

Abb. 2a. Stereotype komplexe visuelle Halluzinationen im hemianopen Feld

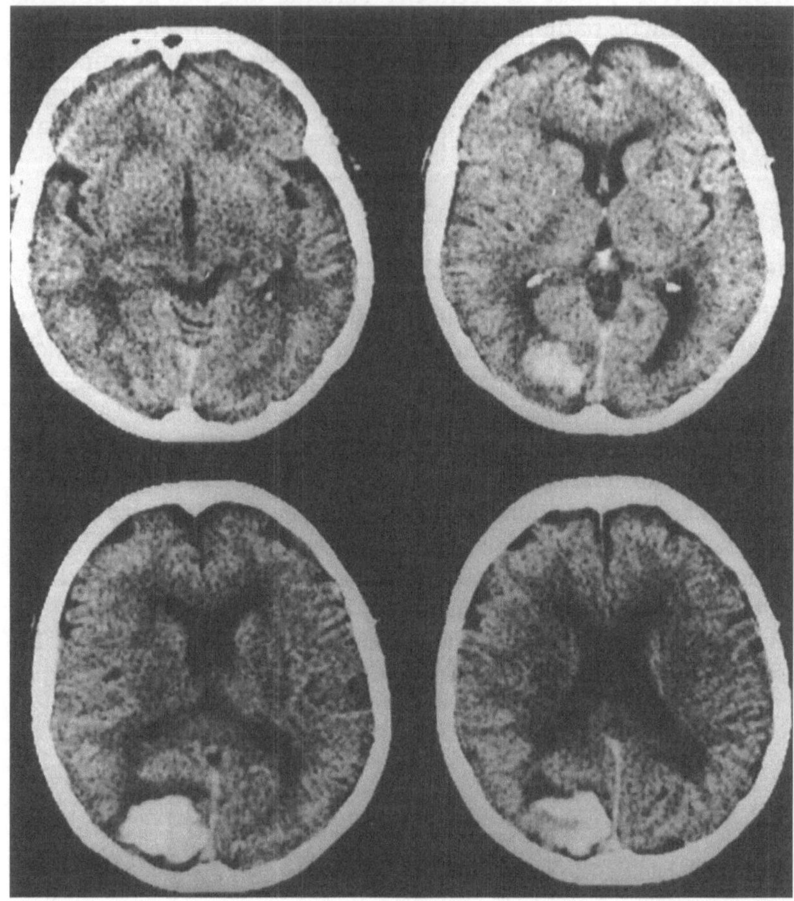

Abb. 2b. Das Computertomogramm zeigt eine spontane Blutung okzipital links .

Fallbericht:

Eine 62 Jahre alte Frau erleidet eine spontane intrazerebrale Blutung links (Abb. 2b) okzipital mit kompletter homonymer Hemianopsie rechts. Am 2. oder 3. Krankheitstag nimmt sie in ihrem ausgefallenen Gesichtsfeld erstmals und dann immer wieder in Reih und Glied stehende, kleine, gleich aussehende Männer wahr, die ihr zuwinken oder die den Mund aufreißen (Abb. 2a). Diese Erscheinungen tauchen bis zu 40mal am Tag auf, werden am 6. Krankheitstag seltener und verschwinden dann ganz nach weiteren 2 Wochen. Die Patientin konnte die Erscheinungen sofort als Trugwahrnehmung identifizieren und in Zusammenhang mit ihrer Sehstörung bringen.

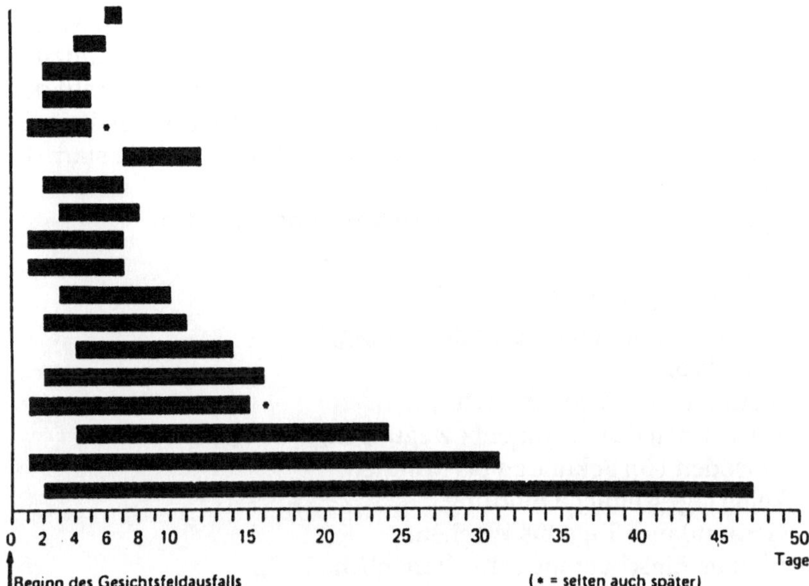

Abb. 3. Zeitpunkt des ersten Auftretens von Halluzinationen nach Eintritt der Hemianopsie und Gesamtzeitraum, innerhalb dessen Halluzinationen wahrgenommen wurden.

Nach unserer Erfahrung können etwa 10% aller Patienten mit homonymer Hemianopsie über solche Halluzinationen im hemianopen Feld, also halbseitige Halluzinationen berichten (Kölmel 1984). Die Betonung liegt auf halbseitig. Denn damit ergeben sich zumindest phänomenologisch Unterschiede zu anderen paroxysmalen visuellen Erscheinungen, wie etwa zu den komplexen visuellen Auren. Diese sind nämlich nie oder doch nur ausnahmsweise lateralisiert. Die Patienten sagen dann in aller Regel, vor mir tauchte etwas auf, oder etwas bewegte sich von rechts nach links oder umgekehrt, aber eben doch vor dem gesamten Gesichtsfeld. Auch in den sorgfältigen Beschreibungen von Penfield u. Perot (1963) über komplexe visuelle Halluzinationen als epileptische Aura kommen nie halbseitige Halluzinationen vor. Schließlich gibt es keine epileptische visuelle Aura im hemianopen Feld, sondern immer im funktionell noch erhaltenen Gesichtsfeld. Höchstens kann sich an den Anfall passager eine Hemianopsie im Sinne eines Toddschen Phänomens anschließen.

Die visuellen Halluzinationen treten nie zusammen mit dem Gesichtsfeldausfall auf, immer verstreichen etliche Stunden, meist auch Tage, bis die ersten auftauchen (Abb. 3). Mehrere Wochen hinterein-

ander können sie immer wieder erscheinen. 6 Wochen nach Krankheitsbeginn nimmt aber kaum noch ein Patient komplexe Halluzinationen wahr. Die Wahrnehmungen beschränken sich immer auf den visuellen Bereich und sind weit stereotyper als die Charles-Bonnet- oder die pedunkulären Halluzinationen. Meist stehen sie starr da, seltener sind sie animiert.
Folgende Charakteristika lassen sich zusammenstellen:

- nur visuell,
- im halben Gesichtsfeld,
- lebhaft, meist unbewegt, selten farbig,
- stereotyp,
- meist kleiner als in der Natur,
- Auslöschen durch Augenbewegungen,
- Episoden von Sekunden bis Minuten,
- keine tageszeitliche Bindung,
- Gesamtdauer Tage bis Wochen,
- richtige Einschätzung schnell möglich.

Oft wird von stereotyp sich wiederholenden Objekten oder Szenen berichtet. Diese Stereotypie mag auf eine bestimmte funktionale Kortexarchitektur hinweisen, so wie man sie von den Fortifikationsmustern der Migräne, die von Area 17 generiert werden, kennt.

Andere Charakteristika, ob z. B. die Halluzinationen unbewegt oder bewegt sind, ob es sich um Palinopsie oder Heautoskopie handelt, sind sicher weniger eine Frage der Hirnlokalisation als vielmehr Ausdruck der Wünsche und Ängste des betreffenden Patienten.

Alle Patienten, zumal aber jene, die von ihren Halluzinationen stark gepeinigt werden, machen eine wesentliche Erfahrung: Bewegungen der Augen bringen die Halluzinationen zum Verschwinden (Kölmel 1984). Wahrscheinlich hängt dieser Löscheffekt der Sakkade mit einer Weckreaktion zusammen. Unmittelbar nach der Sakkade kommt es zu einer verstärkten Aufnahmeleistung des visuellen Systems, weil das zuvor Gesehene, gleich ob nun objektiv und exogen oder ganz subjektiv und endogen, gelöscht wurde. Entweder läuft die Arousal-Reaktion über die Retina via Sehbahn selbst, oder die durch die Innervation der Augenmuskeln hervorgerufene ponto-mesenzephale Erregung läuft über ponto-genikulo-okzipitale Bahnen zum visuellen Kortex. Der Einfluß der Augenbewegung erweist sich als ein wesentliches Merkmal dieser Halluzinationen. Gleich verhalten sich übrigens auch die Halluzinationen nach Charles Bonnet.

Die Schädigung ist überwiegend auf den Okzipitallappen begrenzt (Abb. 4), aber ausgedehnter und mehr nach temporal reichend als bei

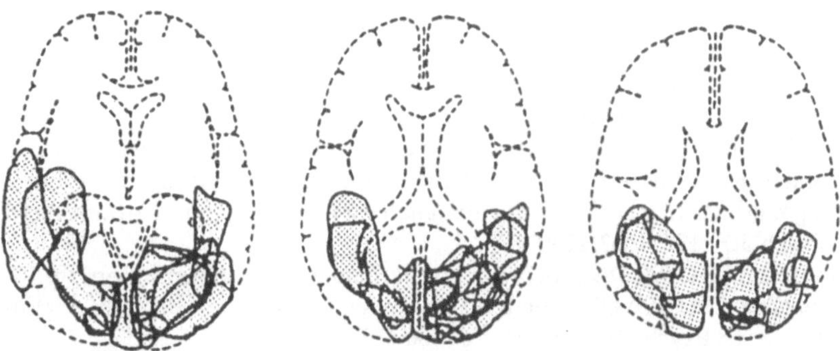

Abb. 4. Übereinanderprojektion der Läsionen von 18 Patienten mit komplexen visuellen Halluzinationen.

solchen Patienten, die keine Halluzinationen wahrnehmen. Es wurde diskutiert, ob Halluzinationen eher von der linken oder von der rechten Hirnhemisphäre ausgelöst werden, ob eher kortikale oder subkortikale Läsionen dafür verantwortlich sind. So wurde die Auffassung vertreten, daß ein gestörtes Zusammenspiel zwischen Wahrnehmen und Denken, eine Beeinträchtigung des interhemisphärischen Transfers verantwortlich sei. Jackson vertrat die Auffassung, daß eine Hirnhemisphäre mehr für das automatische, sprich unbewußte Wiederaufleben von Bildern verantwortlich sei, die andere mehr für das willentliche Wiederaufleben. So vermutete man eine rechtshemisphärische Über- und eine linkshemisphärische Unteraktivität (Teuber 1961). Lance (1976) meinte konsequent, die Schädigungen seien überwiegend rechts zu suchen, etwa unter der Vorstellung, daß links mehr die rationale und rechts mehr die emotionale, nichtsprachliche Ebene repräsentiert sei. In den von mir angestellten Untersuchungen kam keine sichere Präferenz einer Hirnhemisphäre zum Ausdruck (Kölmel 1985). Von 18 Patienten hatten 7 eine linksseitige, 10 eine rechtsseitige und 1 Patient eine beidseitige Hirnläsion. Allenfalls angedeutet lag damit die Läsion mehr auf der rechten Seite.

Literatur

Berrios GE, Brook P (1982) The Charles Bonnet syndrome and the problem of visual perceptual disorders in elderly. Age Ageing 11: 17-23

Binet A (1884) L'hallucination, recherches théorétiques et expérimentales. Rev Philos 411-412

Bogaert L van (1927) L'hallucinose pédonculaire. Rev Neurol 47:608-617

Burgermeister JJ, Tissot R, Ajuriaguerra J (1965) Les hallucination visuelles des ophthalmopathes. Neuropsychologia 3: 9-38

Caplan LR (1980) "Top of the basilar" syndrom. Neurology 30: 72-79

Cohn R (1971) Phantom vision. Arch Neurol 25: 468-471

Esquirol JED (1838) Die Geisteskrankheiten in Beziehung zur Medizin und Staatsarzneikunde. Bd. I. Verlag der Ross'schen Buchhandlung, Berlin

Fitzgerald RG (1971) Visual phenomenology in recently blind adults. Am J Psychiatry 127: 1533-1539

Henschen SE (1890-1892) Beiträge zur Pathologie des Gehirns. Uppsala

Henschen SE (1925) Über die Lokalisation einseitiger Gesichtshalluzinationen. Arch Psychiatr Nervenkr 75: 630-655

Jackson H (1932) Selected writings of John Hughlings Jackson. Hodder & Stoughton, London

Jacob H (1949) Der Erlebniswandel bei Späterblindeten. Zur Psychopathologie der optischen Wahrnehmung. Abhandlungen zur Psychiatrie, Psychologie, Psychopathologie und Grenzgebieten, Bd 1. Nölke, Hamburg

Jaspers (1912) Allgemeine Psychopathologie. Springer, Berlin Heidelberg New York (1973)

Kölmel HW (1982) Visuelle Perseveration. Nervenarzt 53: 560-571

Kölmel HW (1984) Visuelle Halluzinationen im hemianopen Feld. Schriftenreihe Neurologie, Bd. 26 Springer, Berlin Heidelberg New York Tokyo

Kölmel HW (1985) Complex visual hallucinations in the hemianopic field. J Neurol Neurosurg Psychiatry 48: 29-38

Lance JW (1976) Simple formed hallucinations confined to the area of a specific visual field defect. Brain 99: 719-734

Lauber HL, Lewin B (1958) Über optische Halluzinationen bei Ausschaltung des Visus, klinisch und tiefenpsychologisch betrachtet.Arch Psychiatr Z Ges Neurol 197: 15-31

Lhermitte J (1922) Syndrome de la Calotte pédonculaire. Les troubles psychosensorielles dans les lésions du mésencéphale. Rev Neurol 38: 1359-1365

Lhermitte J (1951) Les hallucinations - clinique et physiopathologie. Doin, Paris

Liepmann H (1895) Ueber die Delirien der Alkoholisten und über künstlich bei ihnen hervorgerufene Visionen. Arch Psychiatr Nervenkr 27: 172-232

Olbrich HM (1987) Optische Halluzinationen bei älteren Menschen mit Erkrankungen des Auges (Charles Bonnet-Syndrom). In: Olbrich HM (Hrsg) Halluzination und Wahn. Springer, Berlin Heidelberg New York Tokyo, S 33-41

Patry A (1939) Hallucination visuelle conscience chez le vieillard. Schweiz Med Wochenschr 69: 1090-1091

Penfield W, Perot P (1963) The brain's record of auditory and visual experience. Brain 86: 595-696

Percheron G (1976) Les artères du thalamus humain. Rev Neurol 132: 297-307/309-324

Schröder P (1925) Über Gesichtshalluzinationen bei organischen Hirnleiden. Arch Psychiatr Nervenkr 75:630-655

Teuber HL (1961) Effect of brain wounds implications right or left hemisphere in man. In: Mountcastle VB (ed) Interhemispheric relations and cerebral dominance. The Johns Hopkins Press, Baltimore
Uhthoff W (1899) Beiträge zu den Gesichtstäuschungen bei Erkrankungen des Sehorgans. Monatsschr Psychiatr Neurol 5: 241-264/370-379
Weinberger EA, Grant FC (1940) Visual hallucinations and their neuro-optical correlates. Arch Ophthalmol (Chic) 23: 166-199
West LJ (1962) General theory of hallucinations and dreams. In: West LJ (ed) Hallucinations. Grune & Stratton, New York, pp 275-291

Virusinfektion bei schizophrener Katatonie?

K. Ernst, P. Schröter und H.-P. Putzke

Ein Aspekt des gegenwärtigen Interesses in der biologischen Forschungssituation der Psychiatrie nach Einführung verschiedener Imaging-Verfahren liegt in der neuropathologisch orientierten Schizophrenieforschung unter Berücksichtigung moderner morphometrisch-statistischer Verfahren. Wenn auch mehr als 250 histologische Studien in den letzten 30 Jahren erschienen, so konnten jedoch kaum eine Übereinstimmung in den verschiedenen Ergebnissen erreicht werden, wenn man von Hinweisen auf eine noch in ihren Ursachen unbekannte Volumenreduktion in verschiedenen Hirnarealen absieht. So konnten seit 1982 vier Forschergruppen unabhängig in Postmortem-Studien an Gehirnen Schizophrener nachweisen, daß in den Arealen des limbischen Endhirns Veränderungen in Form von Parenchymverlusten (Bogerts 1984, Bogerts et al. 1985, Brown et al. 1986), verminderten Nervenzellzahlen (Falkei und Bogerts 1986) und pathologischen Zellanordnungen (Kovelmann u. Scheibel 1984) sowie eine gestörte Zytoarchitektonik (Jakob u. Beckmann 1986) vorliegen. Bogerts sieht die Volumenminderungen der Hippocampusformation, des Mandelkerns, des periventrikulären Graus und des Pallidum internum als lokal begrenzte degenerative Prozesse an, die hirnorganische Substrate schizophrener Symptome darstellen. Nach dem Konzept der Pathoklise von O. Vogt (1925) könnten diese Areale selektiv für verschiedene pathogene Noxen, so auch für Viren, vulnerabel sein.

Virale Infektionen als eine mögliche Ursache schizophrener Erkrankungen wurden wohl erstmalig nach der bekannten Grippeepidemie 1918 in Erwägung gezogen, insbesondere als Menninger (1926) 8 Jahre später in den USA über 175 postgrippale Psychosen berichtete, wobei in 77 Fällen die Diagnose Dementia praecox gestellt wurde. Nachdem in Großbritannien Goodall (1932) die Virushypothese formuliert hatte, erschienen immer wieder gelegentliche Beschreibungen von enzephalitischen und postenzephalitischen Psychosen, die sich in ihrer psychopathologischen Symptomatik nicht von endogenen Schizophrenien unterscheiden ließen. Hierbei wurden nicht selten katatone Merkmale hervorgehoben. Neuerdings kam es besonders durch Crow (1984) zu einer Wiedergeburt der Virushypothese, wobei mehr genomische Alterationshypothesen in den Vordergrund rückten, so z.B. unter Berücksichtigung saisonaler Geburtsraten des Auftretens im Ewachsenenalter - die Retrovirus-Hypothese. Von diesen Viren – eine horizontale Übertragung wird als wenig wahrscheinlich angesehen – ist bereits bekannt, daß sie sich in einer latenten Form, als "Provirus", im Genom integrieren können, so daß man gewissermaßen von einer "genetischen Übertragung" ausgehen könnte.

Tabelle 1. Synonyma der perniziösen Katatonie

- Delirium acutum (Calmeil 1859, Schüle 1867)
- komplizierte und tödliche Verlaufsformen der Katatonie (Kahlbaum 1874)
- akute halluzinatorische Verwirrtheit (Schönthal 1891)
- akute Paranoia (Serbski 1891)
- tödliche Katatonie (Stauder 1934)
- febrile Katatonie (Scheid 1937)
- perniziöse Katatonie (Braunmühl 1947)
- lebensbedrohliche Katatonie (Huber 1969)
- akute lebensbedrohliche Katatonie (Häfner u.Kasper 1982)

Relativ einig ist sich wohl die Mehrheit der Psychiater, daß es am ehesten beim Prädilektionstyp der katatonen Schizophrenie gelingen könnte, eine körperliche Ursache aufzudecken. Dazu hat sicherlich die ebenfalls von Kraepelin den Schizophrenien zugeordnete perniziöse Katatonie wesentlich beigetragen, die unter verschiedenen Synonymen bekannt ist (Tabelle 1). Dieses Syndrom kann auch im Rahmen einer nachweisbaren Enzephalitis auftreten. Erinnert sei insbesondere an die autoptischen Befunde von Huber (1954a) mit dem Nachweis auch von atypischen, nicht sicher zu rubrizierenden Enzephalitiden. Auf solche gefährlichen Verlaufsformen der Schizophrenie, die mancherorts schon fast vergessen schienen, wurde in den letzten Jahren wieder aufmerksam gemacht. Nach Häfner u. Kasper (1982) liegen heute die relativ seltenen perniziösen Katatonien unter 1% der als Schizophrenie und etwa bei einem Viertel aller als katatone Schizophrenie diagnostizierten Episoden.

Im Zeitraum von 1968-1985 starben in der Nervenklinik der Universität Rostock 6 Patienten aus der Untergruppe katatone Schizophrenie nach der ICD-9 Rev. (295.2), wobei auch 5 Krankheitsepisoden den "Research Diagnostic Criteria" für katatone Schizophrenien nach Spitzer et al. (1975) entsprachen. Letztere wiesen ein Krankheitsbild auf, das entsprechend der klinischen Akuität und Schwere mit Hyperthermie, Tachykardie, Hypertonie und Muskeltonuserhöhung der sog. perniziösen Katatonie zugeordnet werden mußte (Tabelle 2).

Aus den bereits genannten Gründen, der lebensbedrohlichen katatonen Symptomatik mit psychischem Symptomenkomplex, der reevaluierten Virushypothesen und der selektiven Volumenreduzierung zentraler limbischer Strukturen, gingen wir deshalb der Frage

Tabelle 2. Kasuistik von 6 Patienten perniziöser Katatonie

Sektion Nr.	Alter	Geschlecht	EA	Liquor	Diagnose	Neuropathologischer Befund	Todesursache
13/68	17 J.	w.	kat. Schizophrenie 1967	-	perniziöse Katanonie	Hyperämie u. Ödem des Gehirns. Ischämische Ganglienzellschäden in Ammonshorn u. Kleinhirnrinde	zentrale Dysregulation infolge Hirnödems
16/68	17 J.	m.	-	-	perniziöse Kat.	Hyperämie u. Ödem des Gehirns.	s.o.
30/69	47 J.	w.	kat. Stupor 1960	0,79 Monozyt.	perniziöse Kat.	Hypooxidotische Ganglienzellschäden in d. Groß- u. Kleinhirnrinde u. Ammonshorn. Diffuse diskrete Gliaphaserproliferation in Form.reticularis des Zwischen-, Mittel- u. Rautenhirns sowie **subependymär d. Ventrikelsystems**	Pneumonie
1/78	**67 J.**	**w.**	**kat. Schizophrenie** 1976, 1977	-	**katatone** Schizophrenie	**Hyperämie u. Ödem des Gehirns.** Hypooxidotische Ganglienzellschäden in Groß- u. Kleinhirnrinde, Ammonshorn, Basal- u. Stammganglien. Diffuse diskrete Gliafaserproliferation in Form.reticularis der Basal- u. Stammganglien des Zwischen-, Mittel- u. Rautenhirns	**Pneumonie**
1/83	26 J.	m.	seit 1979 3 Schübe einer paran. Schizophrenie	-	perniziöse Katatonie	Hyperämie u. stärkergradiges allgemeines Hirnödem	Lungenthromboembolie
37/85	56 J.		-	0,92 Monozyt.	perniziöse Katatonie	Hyperämie u. stärkergradiges allgemeines Hirnödem. Hypooxidotische Ganglienzellschäden in Groß- u. Kleinhirnrinde u. Ammonshorn	Lungenthromboembolie

nach, ob bei solchen Verlaufsformen der Schizophrenie mittels elektronenmikroskopischer Untersuchungen ultrastrukturelle Veränderungen zu erfassen sind, die auf eine evtl. Virusinfektion hinweisen könnten.

Von den 6 Verstorbenen (4 Frauen und 2 Männer, Durchschnittsalter der Frauen 46,7 Jahre, der Männer 21,5 Jahre) wurden relevante Anteile des limbischen Systems, Nucleus amygdalae und Ammonshorn sowie das Pallidum internum einer elektronenmikroskopischen Untersuchung unterzogen, wobei die Organentnahme 36-72 h nach Eintritt des Todes und eine Fixierung in einer 10%igen gepufferten Formalinlösung erfolgt war. Für die ultrastrukturelle Untersuchung wurde eine Umfixierung in einer 4%igen Glutaraldehydlösung mit Nachfixierung in 1%igem OsO_4 und eine Einbettung in EPON vorgenommen. Mit Toluidinblau gefärbte, 1µm starke Semidünnschnitte dienten der Orientierung. Die Ultradünnschnitte wurden mit 1%igem methanolischem Uranylazetat und 1%iger Bleizitratlösung nachkontrastiert und im ELMI BS 540 (Tesla, Brno) untersucht.

Als Kontrolle dienten 2 Vergleichsfälle (2 Frauen, Durchschnittsalter: 56,6 Jahre), bei denen keine psychiatrische oder neurologische Erkrankung vorlag.

Die Untersuchungen erstreckten sich insbesondere auf ultrastrukturelle Veränderungen der Zellkerne von Nerven- und Gliazellen im Nucleus amygdalae, im Ammonshorn (H_4 und H_1) sowie im Pallidum internum.

Bei jedem der 6 Schizophreniepatienten waren in den genannten limbischen Arealen und im Pallidum in den Zellkernen von Nerven- und Gliazellen ultrastrukturelle Veränderungen im randständigen Heterochromatin festzustellen. Hier zeigten sich Aufhellungszonen, in denen sich bei stärkerer Vergrößerung sowohl einzelne als auch kolonienartig angereichert parakristalline virusartige Strukturen darstellten, die z. T. ein mosaikartiges Muster mit zentraler Verdichtung und peripherer Aufhellung aufwiesen. Diese Strukturen maßen im Durchmesser 17,0-19,0 µm (Abb. 1-3).

In den gleichen Hirnarealen der 2 Kontrollfälle, bei denen keine neuropsychiatrische Erkrankung vorlag, stellten sich derartige intranukleäre Strukturen nicht dar.

In mehreren grundlegenden Arbeiten (Bogerts 1984, Huber 1976 1983, Stevens 1973, 1982, Torrey u. Peterson 1974, Bogerts et al. 1987) wird dem Zusammenhang zwischen Funktionsstörungen limbischer und paralimbischer Hirnanteile und Psychosen eine große Bedeutung beigemessen, wobei der derzeitige Stand der Hirnphysiologie erlaubt, besonders die paralimbischen Strukturen als Assoziations- und Integrationsorgane anzusehen. In diesem Bereich wurden durch

Abb. 1. Kontrolle. Gliazelle, Nukleusanschnitt mit randständigem Heterochromatin (—>). Vergr. 28800 : 1

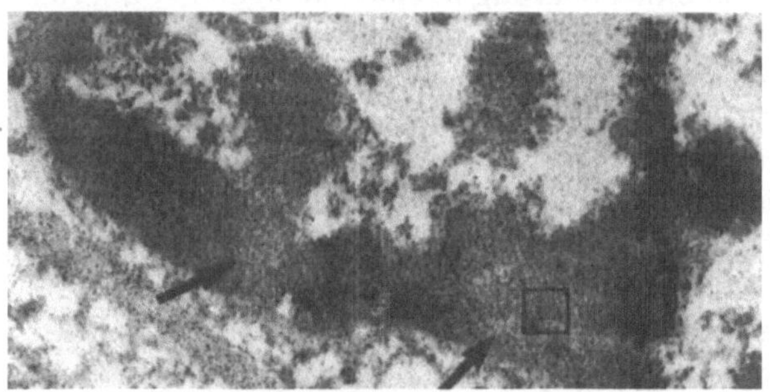

Abb. 2. Gliazelle, Aufhellungszonen im randständigen Heterochromatin (—>). Vergr. 28800 : 1

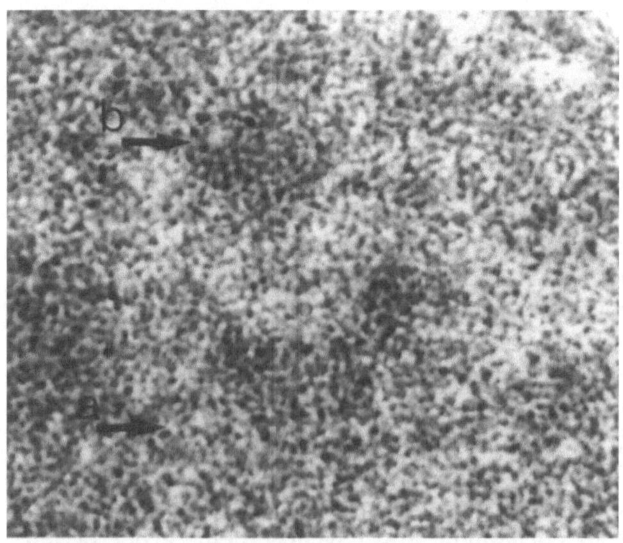

Abb. 3. Gliazelle, Ausschnitt aus Abb. 2 □ . Intranukleäre parakristalline virusartige Strukturen, einzeln (bei a —>) und kolonienartig angereichert (bei b —>), im Durchmesser 17-19 µm messend, im wandständigen Heterochromatin. Vergr. 222000:1

unabhängige Forschergruppen sowohl durch computertomographische Untersuchungen lokalisierte Hirnsubstanzreduktionen als auch neuropathologische Veränderungen in Form von Parenchymverlusten, verminderte Nervenzellzahlen, pathologische Zellanordnungen und eine gestörte Zytoarchitektonik nachgewiesen. Diese limbischen Strukturdefizite könnten nach Bogerts die Basis einer besonderen Vulnerabilität für zusätzliche schizophrenieauslösende Faktoren sein. Sie könnten zwar als sog. "trait marker" den typischen Krankheitsverlauf nicht erklären, der vielmehr durch zusätzliche "state"-Variablen u.a. den Verlauf im mittleren Lebensalter herbeigeführt und bestimmt werden könnte, wobei vorrangig bei diesen Interaktionen endokrine Faktoren Berücksichtigung finden sollten. Es lassen sich unserer Meinung nach aber durchaus auch andere Variablen für die Vermittlerfunktion des limbischen Systems vermuten, so eben auch eine Gen-Virus-Interaktion.

Unsere elektronenmikroskopischen Untersuchungen relevanter Abschnitte des limbischen Systems sowie des Pallidum internum bei allen 6 lebensbedrohlichen katatonen Schizophrenien mit den beobachteten ultrastrukturellen Veränderungen in Zellkernen von Nerven- und Gliazellen könnten dafür ein Indiz sein. Die festgestellten Aufhellungszonen im randständigen Heterochromatin enthielten sowohl einzelne als auch kolonienartig angereichert parakristalline virusartige Strukturen. Sie zeigten ein mosaikartiges Muster mit zentraler Verdichtung und peripherer Aufhellung. Diese intranukleären parakristallinen Strukturen könnten ein möglicher Hinweis auf eine Virusinfektion sein, was uns auch Gomez-Barry (1988, pers. Mitteilung) bestätigte.

Bislang stand in den letzten Jahren besonders in der Forschungssituation der Virusätiologie der Schizophrenien das Herpes simplex-Virus als dritthäufigster Erreger viraler ZNS-Erkrankungen im Vordergrund, wobei auch einzelne Fälle schizophreniformer Psychosen mit perniziöser oder katatoner Symptomatik beschrieben worden sind (Pogody u. Kocis 1983, Raskin u. Frank 1974,Wilson 1976, Schlitt et al. 1985, Steinmann u. Ullmann 1981, Ullmann u. Kühn 1988). Jedoch blieben u. a. entsprechende Antikörperstudien ohne nennenswerte Aussagen. Zytomegalieviren wurden in einigen Fällen ebenfalls vermutet, konnten jedoch nicht nachgewiesen werden. Dies gilt ebenso für Retroviren.

Unsere nachgewiesenen virusartigen Strukturen mit einem Durchmesser von 17-19 µm lassen sich klassifikatorisch hinsichtlich ihrer Größenordnung diesen genannten Viren auch nicht zuordnen. Sie entsprechen diesbezüglich kleinster bis kleiner Viren. Unsere Untersuchungen könnten somit ein Hinweis auf eine mögliche Infektion aus der Picorna-Virusgruppe bei perniziösen Katatonien sein.

Viele drängende Fragen müssen derzeit noch offen bleiben. Aufgrund unserer Untersuchungsergebnisse an klinisch und auch teilweise liquorologisch bisher nicht als organisch, körperlich begründbar erkennbaren Katatonien, die der Schizophrenie zugeordnet werden, ist es berechtigt, Hubers (1954a) noch petit gedruckten Worten in seiner bekannten Arbeit "Zur nosologischen Differenzierung lebensbedrohlicher katatoner Psychosen" ein umfassenderes Verständnis entgegenzubringen und sie auf die sog. endogenen schizophrenen Katatonien ebenso zu beziehen: "Wirft man einen Blick auf den heutigen Stand der Virusforschung und die Hypothese einer endogenen Virusgenese, dann wäre selbst die Annahme einer Virusätiologie, mit einer endogenen , d. h. letzten Endes anlagebedingten Entstehung unserer auf entzündliche Hirnprozesse zurückführbaren katatonischen Psychosen vereinbar" - und weiter zitiert: "Man muß sich ernstlich fragen, ob nicht auch einem kleinen Teil der in Heilung ausgehenden, als Schizophrenie diagnostizierten katatonen Psychosen ein entzündlicher oder andersartiger nicht einzuordnender Hirnprozeß zugrunde liegt".

Literatur

Bogerts B (1984) Zur Neuropathologie der Schizophrenien. Fortschr Neurol Psychiat 52: 428-437

Bogerts B (1985) Schizophrenien als Erkrankungen des limbischen Systems. In: Huber G (Hrsg) Basisstadien endogener Psychosen und das Borderline-Problem. Schattauer, Stuttgart

Bogerts B, Mertz R, Schönfeld-Rausch R (1985) Basal ganglia and limbic pathology in schizophrenia. Arch Gen Psychiatry 423: 784-791

Bogerts B, Wurthmann C, Piroth HD (1987) Hirnsubstanzdefizit mit paralimbischem und limbischem Schwerpunkt im CT Schizophrener. Nervenarzt 58: 97-106

Brown R, Colter N, Corsellis J, Crow TJ,(1986) Postmortem evidence of structural brain changes in schizophrenia. Differences in brain weight, temporal horn area an parahippoccampal gyrus with affective disorder. Arch Gen Psychiatry 43: 36-42

Crow TJ (1984) A re-evalution of the viral hypothesis: Is psychosis the result of retroviral integration at a site to the cerebral dominance gene? Br J Psychiatry 145: 243-253

Eggers C (1981) Die Bedeutung limbischer Funktionsstörungen für die Ätiologie kindlicher Schizophrenien. Fortschr Neurol Psychiat 49: 101-108

Falkei P, Bogerts B (1986) Cell loss in the hippocampus of schizophrenics. Eur Arch Psychiatr Neurol 236: 154-161

Goodall E. (1932) The exciting cause of certain states, at present classified under "schizophrenia" by psychiatrists, may be infection. J Men Sci 78: 746-755

Häfner H, Kapser S (1982) Akute lebensbedrohliche Katatonie. Nervenarzt 53: 385-394

Huber G (1954a) Zur nosologischen Differenzierung lebensbedrohlicher katatoner Psychosen. Schweiz Arch Neurol 74: 216-244

Huber G (1954) Schizophrene Katatonie und atypische Enzephalitis. Zentralbl Ges Neurol Psychiatr 130: 191

Huber G (1976) Indizien für die Somatosehypothese bei den Schizophrenien. Fortschr Neurol Psychiat 44: 77-94

Huber G (1983) Das Konzept substratnaher Basissymptome und seine Bedeutung für die Therorie und Therapie schizophrener Erkrankungen. Nervenarzt 54: 23-32

Jakob H, Beckmann H (1986) Prenatal developmental disturbances in the limbic allocortex in schizophrenics. J Neural Transm 65: 303-326

Kovelmann JA, Scheibel AB (1984) A neurohistological correlate of schizophrenia. Biol Psychiatry 19: 1601-1621

Menninger KA (1926) Influenza and schizophrenia. An analysis of postinfluenzal "dementia praecox" as of 1918, and five years later. Am J Psychiatry 5: 469-529

Pogody J Kocis L (1983) Theory of microstructure in a hypothetical viral etiology of functional psychoses. Arch Biol Psychiatry, 12: 112-122

Raskin DE, Frank SW, (1974) Herpes encephalitis with catatonic stupor. Arch Gen Psychiatry 31: 544-546

Schlitt M, Lakeman FD, Whitley RJ (1985) Psychosis and herpes simplex encephalitis. South Med J 78: 1347-1350

Spitzer R, Endicott J, Robins E (1975) Research diagnostic criteria. Instrument Nr. 58. New York State Psychiatric Institut

Steinmann J, Ullmann H (1981) Viruserkrankungen des zentralen Nervensystems. Med Klin 76: 582-588

Stevens JR (1973) An anatomy of schizophrenia. Arch Gen Psychiatry 29: 177-189

Stevens JR (1982) Neuropathology of schizophrenia. Arch Gen Psychiatry 39: 1131-1139

Torrey EF, Peterson MR (1974) Schizophrenia and the limbic system. Lancet II: 942-046

Ullmann H, Kühn J (1988) Varizellen-Zoster-Virus-Infektion des ZNS mit herzphobisch und schizophren wirkender Symptomatik. Nervenarzt 59: 113-117

Vogt O (1925) Der Begriff der Pathoklise. J Psychol Neurol 31: 245-255

Vogt C Vogt D (1948) Über anatomische Substrate. Bemerkungen zu pathoanatomischen Befunden bei Schizophrenie. Ärztl Forsch 3: 1-7

Wilson LG (1976) Viral encephalopathy mimicking functional psychosis. Am J Psychiatry 133: 165-170

Sachverzeichnis